U0527845

时刻人文

以知为力　识见乃远

中国
THE CHINESE DREAMSCAPE
梦境

公元前 300 年 — 公元 800 年

Robert Ford Campany

[美] 康儒博 著

罗启权 顾漩 朱宝元 译 陈霞 校

中国出版集团 东方出版中心

图书在版编目（CIP）数据

中国梦境：公元前300年—公元800年 / (美) 康儒博著；罗启权，顾漩，朱宝元译. -- 上海：东方出版中心，2024.5
ISBN 978-7-5473-2376-2

Ⅰ.①中… Ⅱ.①康… ②罗… ③顾… ④朱… Ⅲ.①梦-文化-中国-古代-通俗读物 Ⅳ.①B845.1-49

中国国家版本馆CIP数据核字（2024）第076557号

上海市版权局著作权合同登记：图字09-2023-0158号

THE CHINESE DREAMSCAPE, 300 BCE-800 CE by Robert Ford Campany
Copyright © 2020 by the President and Fellows of Harvard College
Published by arrangement with Harvard University Asia Center through Bardon-Chinese Media Agency
Simplified Chinese translation copyright ©2024 by Orient Publishing Center.
ALL RIGHTS RESERVED

中国梦境：公元前300年—公元800年

著　　者　[美]康儒博（Robert Ford Campany）
译　　者　罗启权　顾漩　朱宝元
译　　校　陈霞
丛书策划　朱宝元
责任编辑　刘玉伟
封扉设计　安克晨

出 版 人　陈义望
出版发行　东方出版中心
地　　址　上海市仙霞路345号
邮政编码　200336
电　　话　021-62417400
印 刷 者　山东韵杰文化科技有限公司

开　　本　890mm×1240mm　1/32
印　　张　10.75
插　　页　2
字　　数　272千字
版　　次　2024年7月第1版
印　　次　2024年7月第1次印刷
定　　价　78.00元

版权所有　侵权必究
如图书有印装质量问题，请寄回本社出版部调换或拨打021-62597596联系。

献给 Sue

当一个人无所攀缘时，思想和呼吸都将自由，被赋予正定之知，就像水中的盐块一样，溶入纯粹的、最高的真实之中。他已经撕开了妄想之网，而他所看到的一切就像一场梦一样。

——《拉古-阿瓦杜塔奥义书》

(*Laghu-Avadhūta Upaniṣad*)

帕特里克·奥里弗尔（Patrick Olivelle）的译文

做梦是一种更长久和更清醒的清醒状态。做梦就是认识。除了白天的学习之外，还出现了另一种必然是反叛的学习形式，它超越了法律。

——奥克塔维奥·帕斯（Octavio Paz）:

《塞壬与贝壳》(*The Siren and the Seashell*)

若与予也皆物也，奈何哉其相物也！

——栎社树见梦于匠石曰，见《庄子·人间世》

中国人。梦中看到中国的人或物品，预示着你的所有问题都将得到圆满的解决。但是如果这些物品被损坏或者这些人看起来并不友好，你可能会进行一段长途旅行（或者接待远道而来的、令人惊喜的客人）。

——罗宾逊（Robinson）和科贝特（Corbett）:

《做梦者字典，从A到Z》

(*The Dreamer's Dictionary from A to Z*)

目　录

中文版序　*i*

英文版序　*iii*

致谢　*v*

致读者的说明　*vii*

第一章　绘制梦境　*1*

"我们"　*11*

梦与他异性　*23*

梦与万物有灵论的再现　*31*

概念：采纳与摒弃的方法　*37*

　　定位与乌托邦　*38*

　　萌发形态、可供性和周围世界　*40*

　　摒弃的方法　*45*

为什么选择这个主题　*49*

第二章　难以捉摸的梦的本质　*51*

呢喃与隐喻　*51*

外来精灵的接触　53

　　　对价值行为的回应　61

　　　灵魂游荡　65

　　　对能量和身体刺激的回应　71

　　　内在冲突的显现　72

　　　内在失衡的显现　75

　　　思想活动的结果　79

　　　类别　83

　　　　　王符的分类　86

　　　　　佛教的分类　93

　　　叙事中的暗示　97

　　　只有联系　103

第三章　释梦和释梦者（第一部分）　109

　　　梦、占卜与妄想　110

　　　直接与间接意义：梦境的裂缝　115

　　　对释梦的初步观察　117

　　　　　由"象"构成的梦　120

　　　梦书　127

　　　　　插曲：一部佛教梦书　143

　　　从梦书到叙事　147

目 录

第四章　释梦和释梦者（第二部分）　151

释梦轶事与解释学模式　152
　　解释学的解释　154
　　文字游戏　161
　　宇宙关联性与《易经》　170
著名的专业释梦者　174
　　管辂　175
　　周宣　177
　　索统　180
　　赵直　182
　　庾温　184
拾遗　184
前瞻与回顾　188
对梦的接受　198

第五章　到访　209

到访范式　214
真实的触感　216
梦的可供性　225
面对面　235
接触的危险　243
他者的视角　246
不是一个或两个，而是许多个以通道连接的世界　250

中国梦境：公元前300年—公元800年

一个零碎的结语：绘制与蝴蝶 *255*

引用文献 *261*
   缩略语征引 *261*
   标题征引 *262*
   作者征引 *264*

索引 *305*
译后记 *319*

表目录

表1 《黄帝内经·灵枢》中与"盛气"相关的梦 / 76

表2 《黄帝内经·灵枢》中与正气不足相关的梦 / 77

表3 王符《潜夫论》中常见的梦"象"及其含义 / 131

中文版序

在过去的四十年里，我一直沉浸在对古代与中古中国文本的研究、写作，有时还有翻译之中，它们涉及文化、思想、文学和实践诸多方面。但你现在拿着的这本书，是我迄今为止最个性化的书。部分原因是这是一本关于梦和做梦者的书，而我也是一个做梦者。然而这本书更具个性化的原因还在于，我必须找到一种方法，以不预设弗洛伊德、荣格或者任何其他西方或现代对梦的理解方式，去接近中国前现代关于梦的文本。换句话说，在这本书的写作过程中，我所面临的最基本但也是最困难的任务就是尝试搁置我自己对我们做梦时发生事情的预设，这样我就可以更清楚地看到古老的中国文本在某人做梦时预设或论证的事情。我的一个发现是，对于"梦是什么"这个问题，前现代的中国并不存在单一的观点；相反，有多种观点。这本书是我为这个主题绘制一幅图景的尝试。

我很感谢译者及译校者为将我的英文散文翻译成现代汉语所做的努力。我知道，正如他们所做的那样，将一位作者的文字翻译为一种非常不同的语言有时是相当困难的。这是一项充满了误解或者歪曲他人原意、存在风险的事业。然而，这项工作至关重

i

要，因为我们必须永不停息地尝试跨越国家、文化、时代与语言来相互理解。也许在人类历史上，这种努力从未像今天这般重要。

康儒博

2022年12月

英文版序

我还是个小男孩的时候,家里书架上立有一本关于梦的象征的辞典。它是一本薄薄的、破旧的普通平装书。翻开书,便是按照字母排序的粗体单词,每个单词后面有一句简短的说明,指明它在梦中预示了什么。[1] 这些词条究竟说了什么,我早已忘却,但我仍然记得每次查阅时,心头涌起的着迷、怀疑与不安等复杂心情。比如说,梦到楼梯预示着某种特定的财富,这样的想法很诱人。这意味着,我所梦到的大部分东西,不像看起来那般杂乱无章,而实际上是某种隐含着未来信息的密码。这也意味着密码不是我所独有,而是超越个人的。尽管书中为梦的各类元素指定的意义相当具体,但似乎很武断,就好像背后有着某种隐秘的体系。但是,我并不能从这些关联中看出任何逻辑或模式,假如它们真的是依照某种体系形成的,那么书中不仅没有解释这一体系,甚至都没有提到它的存在。这样一个观点留待我思考:梦是象征性

---

[1] 类似的著作如 Robinson and Corbett, *Dreamer's Dictionary from A to Z*〔〔美〕斯特恩·鲁宾逊、〔英〕汤姆·库伯特著,李毅、刘溢译:《析梦辞典》〕。在许多语言中,可能还有很多其他这样的书在市场上销售。这是我在第三章"梦书"一节中讨论的一种跨文化证明(cross-culturally-attested)的体裁。

iii

的信息，说得委婉些，它的意义完全不是直观的，而且如果有托梦者的话，也是一个谜。这本小书就立在客厅钢琴背后的书架上，在一大堆书中，它的书脊闪着勾魂夺魄的蓝色；就算很长时间不查阅，它也时时萦绕在我的心头，不断提醒我关于生命的一个奇怪、绝妙而又诡异的事实：人类三分之一的经验，其意义对于我们必然是晦涩难懂的。

多年以后，我开始写作一本关于早期中古中国的梦与做梦的书。我钻研得越久，就越意识到资料无比庞杂，而这个主题又有着太多层面，很难在一本书中予以充分阐明。所以，我把一本书分成了两本。现在你们拿在手上的是第一本。第二本名为《中国的梦与自我修行：公元前300年—公元800年》(*Dreaming and Self-Cultivation in China*, *300 BCE-800 CE*)，讨论了梦与诸多修行方法之间的关系。两本书有很多地方彼此联系，我会一一注明。

致　谢

特别感谢蒋经国国际学术交流基金会慷慨提供了延续2017年春季学期整个学术休假的学术基金。只有在这样的支持下，人文学科的研究才能够进行下去。

感谢十余年来曾在各类会议上耐心听我谈论这一话题的人，会议主办方有美国宗教学会和亚洲研究协会，以及贝尔蒙特大学、上海佛学院、查理大学（布拉格）、哥伦比亚大学、高等实践研究学院（巴黎）、肯塔基大学、莱比锡大学、由田菱（Wendy Swartz）组织的在罗格斯大学举办的中古汉学研究工作坊、宾州州立大学、密歇根大学、纽约大学、加州大学伯克利分校、加州大学圣塔芭芭拉分校、南加州大学（它曾慷慨地在2009年赞助组织了Visions of the Night工作坊，对梦进行跨文化探讨）、田纳西大学诺克斯维尔分校、普林斯顿大学、圣路易斯华盛顿大学和耶鲁大学。

感谢同行们的鼓励、建议、提供书目信息及提出的启发性问题。他们（如有遗漏，万分抱歉）包括罗秉恕（Robert Ashmore）、齐思敏（Mark Csikszentmihalyi）、韩德（Mick Hunter）、夏含夷（Ed Shaughnessy）和杨美惠（Mayfair Yang）。安娜·亚历山大·福德·雷格尔（Anna-Alexander Fodde-Reguer）、凯文·格罗尔克（Kevin Groark）、克里斯托弗·詹森（Christopher Jensen）和范莉洁（Brigid E. Vance），他们慷慨地把博士论文分享给我。柏夷（Steve Bokenkamp）、钱德樑（Erica Fox Brindley）、安娜·亚历山大·福德·雷格尔（Anna-Alexander Fodde-Reguer）、克里斯托弗·詹森（Christopher Jensen）、范莉洁（Brigid Vance）和一位匿名读者则从他们自己的写作中抽出时间进行了评论。

哈佛大学亚洲中心出版项目的鲍勃·格雷厄姆（Bob Graham）和克里斯汀·万纳（Kristen Wanner）是愉快的合作者（哪怕是在疫情期间！）。特别感谢琳达·坎帕尼（Linda Campany）、克里斯·坎帕尼（Chris Campany）、彼得·哈斯金斯（Peter Haskins）、玛吉·希金斯（Maggie Higgins）、迈克尔·希金斯（Michael Higgins）、我的助手爱犬托维（Tovi），尤其是苏·希金斯（Sue Higgins）。他们始终如一的爱、支持与幽默，对我来说意义重大，远超言语所能表达。

致读者的说明

在如何措辞对于我的论点尤为重要之处，或者在提及重要人物或反复出现的人物之处，本书会提供汉字原文。引用西方语言出版物时，中文的罗马化会自动转换为汉语拼音系统（出版物的标题除外）。除另有说明外，所有编年日期均为公元纪年（CE）。未注明的译文均为我自己翻译。

在论及中文文本的具体段落时，我遵循这些惯例：

- 冒号（：）用以区分一套书的册号与该册的页码。
- 句号（.）用以区分章节号或卷号与页码，即使所论及的册是连续编页的（通常是这样）。
- 斜线（/）用以区分章节号或卷号与所论及的该章或卷中条目的顺序。
- 页码后面的小写字母表示正面页（a）和背面页（b），或（在《大正新修大藏经》中的）横栏部分（a、b或c）。
- ＞号表示我不采用在该号之前的文字，而是采用在该号之后的另一种读法。

汉字的重构发音通常根据 Kroll, *Student's Dictionary of Classical and Medieval Chinese*，而官职名称的翻译通常根据 Hucker, *Dictionary of Official Titles*。

第一章

绘制梦境

这是一本关于中国的梦与做梦的书,时间范围是战国后期至晚唐——大约从公元前300年至公元800年。借助流传至今的文本,我将要探寻与思考人们如何看待做梦,更重要的是,他们会怎样处理与应对梦,梦又在他们的生活中扮演着什么样的角色,至于"中国人到底梦见了什么"则并非本书打算回答的问题。

任何这样的研究计划都必须首先面对方法的问题。梦境到底应当如何"绘制"(mapped)?它能被"绘制"出来吗?这不是一个无聊的问题。它关乎我们如何构建事物,如何用语言具体说明我们想要了解的东西。比如,学者们常常会将文化视为一个连续而不可分割的整体。凯瑟琳·加勒赫(Catherine Gallagher)和斯蒂芬·格林布拉特(Stephen Greenblatt)的以下表述看似无伤大雅:

> 我们对追踪在一种文化中广泛传播的社会能量非常感兴趣,它在边缘与中心之间往复流动,从被标识为艺术的领域

进入似乎漠视或敌视艺术的领域,从底层向上施压,改变那些高尚的领域,又从上层向下施压,殖民低级的领域……[这种方法源于]对一种文化通过一整套多样化的表达来自显的迷恋。[1]

不过,正如卡洛琳·列维尼(Caroline Levine)回应的那样:

"一种文化"应当具有一个"中心"和"一整套多样化的表达",这意味着整体性与统一性;它被"循环"与"流动"的"社会能量"纵横交错,这表明如若没有网格化的运动,那么就没有对文化的理解。作为历史主义文化研究焦点的"文化",在这里透露出来的正是社会网络与整体的和谐互动。[2]

所以,我必须首先强调:就宗教史与文化史的思考与写作而言,通常我不会这样假设,即任何事情——尤其是像梦这样虚无缥缈的事情——都只有一种类似于体系的理论或无所不能的解释。人类学家已经发现,就算在一些小规模的社群里,人们对做梦的解读也千差万别;[3] 而历史学家已经向我们表明,著名的知识

---

[1] Gallagher and Greenblatt, "Introduction," 13.
[2] Levine, *Forms*, 116.
[3] 例如,参见 Barbara Tedlock, "Sharing and Interpreting Dreams in Amerindian Nations," 88;以及 Crapanzano, "Concluding Reflections," 175-76。

第一章　绘制梦境

分子会根据不同语境对做梦作出不同解读。[4]这样的事实会让那些只想建立体系的研究者感到惊讶。在中国（和所有其他社会），我们没有发现一个单一的普遍适用于所有梦的理论，而只有各种不同甚至相互矛盾的大杂烩（还有大量闪烁其词尚未上升到理论水平的想法）——它们有时出现在同一个文本中——就像我们发现有各种各样的关于来世的观念，或者关于灵魂的存在与本质的观点，或者关于祭祀效力的理论，或者关于许多其他事情的争论（arguments）一样。这样的混乱恰是我们寻求理解的一个方面，而不是提出一个应当克服或通过解释去消解的问题。

众所周知，中国一直是一小部分"传统"（traditions）或"教派"（isms）的发源地。检视它们各自典籍中的相关段落，也许就能展现出佛教、道教、儒家和"民间"（folk）的梦境观，随后便可进行归类和比较。[5]这种研究方法的问题不仅仅在于，对梦这样普遍存在的事物，佛教与道教从来没有什么单一的、标准的观点，正如我们将会看到的那样，这是肯定的、相当明显的事实；也不仅仅在于，比如说，道教徒关于梦的一套固定的"信仰"，我们也不能这样假设，即其在为了归类和比较的目的而选出的各种汇编文本中已经得到了完整而直接的记载。[6]根本问题在于，当我们构想

4　例如希波的奥古斯丁，参见 Graf, "Dreams, Visions and Revelations," 227-28。

5　以一种非常粗略的方式，采用这种方法的如韩帅：《梦与梦占》，第15—34页（加入医学文献作为教派的一种）。关于梦文化按历史时期所作的更详细的综述，可参见杨健民：《中国古代梦文化史》。

6　作为一个相关的例子，请注意贯穿于林富士"Religious Taoism and Dreams"一文中的张力。一方面，林富士显然感到有压力要识别出唯一的、"独特的"道教徒关于做梦的"态度"或"信仰"，仿佛就应该只有一种。另一方面，他所青睐的这一荣誉的候选人〔也就是说，一个人根本就不应该做梦的信仰，参见（转下页）

3

个体与"传统"的关系时，不自觉地使用了一种特定的模型。"佛教徒相信梦具有特征X，P'是一名佛教徒'，所以P相信梦具有特征X。"这样的三段论是站不住脚的。比如，"佛教徒"不仅仅是佛教徒。佛教不是一种"身份染料"（identity-dye），不能给佛教徒存在的每一根"纤维"和他们经验的每一个方面都染上不可磨灭的"色彩"，更不要说他们的梦中生活，以及他们清醒时对待梦中生活的方式。相反，那些致力于所有我们称之为"佛教"的思想和实践的人，他们和其他人一起生活在一片现今名为"中国"的广袤土地上。[7] 从交州到敦煌，他们和其他不同信仰的人共享了我们可能称之为"中国文化圈"（Sino-cosmopolis）的地方，或者用亚历山大·比克罗夫特（Alexander Beecroft）的术语，"泛华夏"（Panhuaxia）地区，指的是这个地区的人们至少有着共享的书写系统，尽管松散多样却古老并受人推崇的共同文本，以及许多关键术语、价值观、流派、宏大叙事、写作实践，还有那些被融入写

（接上页）Diény, "Le saint ne rêve pas"] 被他所展示的各种文本证据所掩盖，即便是在一部大型的、据称道藏精华尽收于内的汇编（编成于1019年的《云笈七签》）中也是如此。然后，他不得不去弥合他所识别的"独特的信仰"与他所举证的文本证据的多样性和复杂性。于是，他将这些证据看作是道教徒利用故事向外人，即世俗人士"宣扬他们的信仰"的结果而不予考虑。所以，做梦最初被认为是道教徒采取统一立场的主题，这是关乎他们"信仰"的问题；之后，关于这个主题的令人惊讶的各种文本证据，被解释为是由于传教的需要。我认为，这种方法是建立在一些错误的假设之上的，并被它无意识地建立的隐含模型（关于"宗教"、文本以及人们与它们的关系）所困扰。

7 关于这些复杂问题的更加详细的讨论——这几行文字就是基于这些讨论——参见 Campany, "On the Very Idea of Religions"; Campany, "Religious Repertoires and Contestation"; 以及 Campany, "'Buddhism Enters China' in Early Medieval China"。

作体系和文本中的人物。[8]

综观这个文化圈数个世纪以来的文献，我们能够看到多种多样的对于梦的理解。然而，如果我们带着自己的问题（稍后将详细讨论）阅读这些文本，一种特定的图像就会浮现：中国人或许称之为一种内含的图形（implicit patterning，即"理"，在半透明石头上可见的纹理）。我们在史料中发现的对梦的解读，并不像记载它们的文字段落那么多。[9] 而且——这正是关键所在——"理"贯穿于所有我们熟知的"教派"之中，并构成它们的基础。"理"有接缝与裂缝，却与大学教科书和课程里泛滥成灾的、容器般的"教派"完全不符。这类似于乔纳森·史密斯（Jonathan Z. Smith）所描述的困扰着古代晚期地中海宗教研究的情况：

> 这在很大程度上取决于叙述的框架。"早期基督教""犹太教""非犹太人""异教徒""希腊—东方式"等含义模糊的传统术语是不够的。这些笼统的术语，每一个都指向复杂而多样的现象。如果要进行比较，就必须将这些术语进行拆解，将每一个组成部分放置到更大范围的学术论题下进行讨论。也就是说，就各种特征来看，基督教模式在内部的差异，可能会比各个古代晚期宗教的一些模式之间的差异更加显著。"整体论"

---

8 我不严谨地改用了"cosmopolis"这个概念，参见 Pollock, *Language of the Gods in the World of Men*（esp. 10-19）和 Sen, "Yijing and the Buddhist Cosmopolis of the Seventh Century"。关于 Panhuaxia 一词（类似于"Panhellenic"["泛希腊"]），参见 Beecroft, *Authorship and Cultural Identity in Early Greece and China*, 9。

9 在此处及全书中，我所说的"史料"均指本书所讨论时期流传下来的全部文本，无论是传世的，还是考古发现的。

的预设不是"现象学的",它是一个宏大的、保守的、理论的预设,曾对宗教文献的研究造成许多误导,特别是在基督教的"起源"问题上。[10]

因此,我的方法便是选择一个"更大范围的学术论题"——梦和做梦,从中提取出一小组问题,通过指明那些不太显见的差异与相似之处,去理解"各种特征"。这样,我们就能深入文本背后,揭示那些与梦相关的思想和实践是如何运作的,以及它们被允许对梦做什么。

以这种方式显现出来的"理",我称之为"梦境"(dreamscape)。这不是一个家喻户晓的词语,所以我最好解释什么叫作梦境,尤其是近几十年来,这个词似乎已经在一系列出人意料的语境中传播开来。[11]比如,有两部科幻悬疑片、一部戏剧、几张录制的音乐专辑和几首歌曲、一个致力于让世界向残疾人开放的基金会,都使用了这个词作为名称。此外,还有十几本书、一大堆影院的虚拟现实体验系统、一个在线游戏平台、一个唱片公司、一支德

---

10 Smith, *Drudgery Divine*, 117-18;我添加了着重号。
11 dreamscape是近几十年来在学术和流行话语中激增的各种"-scape"词的一个例子,也许部分源于阿帕杜莱(Appadurai)所写的"Disjuncture and Difference",以及它对五种不同的"全球文化流动的维度"的划分。阿帕杜莱用与我们的目的相关的术语解释道:"我使用带有共同的术语,首先表明这些不是客观给定的、从任何角度看都是一样的关系,相反,它们是深度的视角构造,被不同类型行动者的历史、语言和政治情境……改变……这些景观(landscapes)……借用本尼迪克·安德森(Benedict Anderson)的话,是我想称之为'想象的世界(imagined worlds)……'的组成部分……后缀-scape也可以让我们指向这些景观的流动、不规则的形状。"(Appadurai, 296-97)

国前卫金属乐队,都名为"dreamscape",有时它又被用来统称所有在影片中出现的和梦相关的场景。在阿斯利·尼亚齐奥卢(Asli Niyazioğlu)对奥斯曼帝国传记中梦的角色的精深研究中,她似乎以"dreamscape"意指梦在奥斯曼社会中所涉及的所有事物——它们的内容(contents)——尽管读者只能从她对这一词的附带使用中推论出来。[12] 林凌翰(Ling Hon Lam)在研究晚期帝制中国出现他所谓"戏剧性"(theatricality)时,将"dreamscape"作为研究的核心,尽管我承认我不能辨识他用这一词的具体所指。[13]

无论如何,我所说的梦境不是指这样的意思:某些做梦者在梦中经历的、看到的、穿越的虚幻地形(topography)或者景观(landscape)(或者借助多个梦的叙述拼凑所得的此类景观的集合)。[14] 梦境也不仅仅是现存文本中记载的梦的内容。更确切地说,我所说的梦境指的是,几个世纪以来现存文本所谈论的关于梦的形态或者结构——一种关于梦的集体想象物(imaginaire),人们认为

---

12 Niyazioglu, *Dreams and Lives in Ottoman Istanbul*.
13 Lam, *Spatiality of Emotion in Early Modern China*。显然,对他来说,无论"dreamscape"意为何义,它都是指被"戏剧性"所取代的早期事物,不管那是什么。在一段文字中(第25—26页),他似乎以"dreamscape"指做梦者在他们各自梦中相遇的共同本体论或认识论基础,不过至少对我来说,这仍然不够清晰。
14 此即这个术语在以下两文中的含义:Kempf and Hermann, "Dreamscapes: Transcending the Local in Initiation Rites" 及 Evan Thompson, *Waking, Dreaming, Being*, 124。"自我之境"(selfscape)这个词被提出来作为梦的一种功能的核心特征,其中"有些梦向做梦者真实地反映出他或她当前的自我组织如何将它的各个部分与身体、他人和世界联系起来"(Hollan, "Selfscape Dreams," 61)。相较于Knudson, Adame and Finocan, "Significant Dreams",这是一个潜在的有用的概念,但我并未在本书中采用。

梦是什么类型的东西，梦是否承载意义及如何承载意义，梦如何组成，人们用梦来做什么，人们又如何回应梦。我认为，这本书是对所论及的历史时期内中国梦境的"绘制"，而所谓"绘制"就是对论题形态的勾画，也就是勾勒一系列与梦相关的思想与实践，启发式地想象一下，就好像它是一种地理地貌，由多种特征和主题杂糅而成。

5 　　在进一步讨论之前，有必要强调的是：无论是从前还是当下，梦境都是被创造（made）而不是被发现（found）的；它绝非佛教徒所谓的具足"自性"（own being）的东西。这在两层意义上是正确的。首先，就像任何其他大量的思想和实践一样——比如"来世"的观念，梦境是一种被创造的东西，因为它是在几个世纪里，由无数人（其中有许多人将永远不为我们所知）在梦到、思考、谈论、写作和阅读与梦有关的一切过程中，逐渐构建出来的；人们将梦和做梦用于各种现实的或者修辞的目的，最终收集、编纂、改写并传播与梦相关的书面文本。其次，梦境的绘制是我基于在现存文本史料中发现的材料而创造的，因此梦境是一种被创造的东西。梦境是我和原始文献互动的产物。当然，我的研究质量如何，有多大用处，必须取决于读者认为它在多大程度上阐明了主题和原始文献。在此，我得首先为自己辩解一番：在辨别出贯穿于文本的一套模式（"理"）的时候，我还是强调了多样性、复杂性、不确定性和多义性，以免落入本质主义的陷阱，就像苏源熙（Haun Saussy）对杰出汉学家葛兰言（Marcel Granet，1884—1940年）所作的恰如其分的批评那样，我们不能"将时隔数百年甚至上千年的文献看作互补的碎片"，尔后不假思索地塞入"中国文明这一宏大模式中"。[15]

话说回来，以下是我阅读史料时想到的问题。在任何给定的一份或者一组文本中，人们推想会在做梦中出现什么？梦是怎么回事？梦是如何被回应的？梦的用途是什么？梦还和生活中的其他要素有什么关系？简言之，在特定的情境下，梦是由什么构成的，又被认为有哪些功能？

针对这些问题，我找到了至少五组答案，每一组答案都可以在不同社群、传统、世纪和流派的大量材料中找到支撑。为了方便起见，我将这些群组称为范式（paradigms）。尽管它们的意义比某些读者可能认为的更加松散，但每一种范式中确实存在着某种逻辑，帮助它把各个部分结合为一个稳定的形态。

驱魔范式（the exorcistic paradigm）：梦是外来存在者的侵扰、闯入。人们通常的回应包括嵌入符号化过程的仪式行为，借此而诉请第三方来驱逐梦的施动者（dream agent），同时从理论上杜绝它们卷土重来。在某些方面，这类仪式回应具有述行性（performative）特征：它包括"述行话语"（performative utterances），[16]旨在影响（而不仅是描述）所说的内容；施行仪式的说话者扮演着独特的角色，表现出被赋予权力而能向入侵的精灵发号施令的身份；仪式本身则将改变，或者宣称能够改变世界的

---

15 Saussy, *Great Walls of Discourse*, 177〔〔美〕苏源熙著，盛珂译：《话语的长城：文化中国探险记》〕。
16 在 Austin, *How to Do Things with Words*〔〔英〕J. L. 奥斯汀著，杨玉成、赵京超译：《如何以言行事》〕书中首次详尽阐述的意义上。

态势。

前瞻范式（the prospective paradigm）：梦中出现的东西是某种密码，意味着梦实际上并非它们表面的样子。梦中包含的征象必须由某人进行解读。当征象被解读时，只有被解读者选取的梦的某些内容才作数，解读的结果几乎都是一则预言。因此，释梦是一种占卜。本质上，梦与释梦都不具有述行性。（与其他范式相比，这层含义将会显得更加清晰。）

到访范式（the visitation paradigm）：梦是跨越一些本体论、空间或生物分类学的鸿沟，而与其他存在者面对面地相遇。这样的相遇是直接的，不是编码的。一些信息会通过梦传递，一些事情也会因为梦而改变。通常，梦中会出现礼物相赠，或恶行报应。梦是世界中的真实事件，而不是关于世界的元陈述（meta-statement）。在这个意义上，梦具有述行性。

诊断范式（the diagnostic paradigm）：梦关乎做梦者的各个方面。它指明做梦者问题（医学上的或者其他方面的）的性质和起源。因此，梦打开了通往做梦主体内在隐蔽领域的通道。这类梦通常是编码的、不直白的。因此需要对梦进行解读，在这种范式中，文本的主要作用就是提供解读的关键线索。

溢出范式（The spillover paradigm）：做梦者是某种自我修行者，因此梦也是从修行角度得到解读的。梦本身是清醒时修行活动的延续。梦几乎总是直接的相遇，而不是编码的。梦有着多方面的述行特征：做梦者通过梦来施行新的身份，而它是由做梦者的自我修行实践获得的；梦会促进修行；做梦者不仅仅是梦的被动旁观者。梦可以通过孵化实践（practices of incubation）来积极寻求。[17]

我要强调的是，这些范式不是脱离文本臆想出来，然后再强行对应到文本上的。相反，它们是在我不断苦思前述与文本相关的疑问过程中产生的。对于某些特定的案例，范式只能大致地契合，而对于另外一些案例，可能五种范式都不适用。不过，它们之间似乎有着良好的融贯性。我认为这些范式能够帮助我们理解保存在史料中的大量而庞杂的相关材料。[18]

"我们"

梦是一个很难写作的话题，这有几个原因。最明显的原因在于，梦本身就有飘忽不定、光怪陆离而又转瞬即逝的特性。（我有意地，也是为了这项研究的目的而不采用这样的观点，即以任何"现代的"或"科学的"视角去谈论梦或讨论梦的进化功能。一定要说的话，我会将梦简单地描述为睡眠中产生的一种想象。）[19] 准确地描述自己的梦已经很难了，更不要说描述两千年前遥

---

17 关于驱魔、诊断和溢出范式的更多例子，可参见 *Dreaming and Self-Cultivation*。
18 这五种范式不应与第二章中介绍的做梦模型混淆。那些模型通常只有一种特征，而且只涉及关于梦作为一个过程或事件本质的理论或者隐喻。
19 "梦是想象，而不是虚假的感知……当你想象的时候，你唤起某种不在场的东西（某种在那一刻没有直接刺激你的东西），并让它呈现在你的脑海中……形成老虎的心理图像就是想象感知到老虎。老虎从某个角度或视角出现，就好像你看到它一样。想象老虎会说话就是想象世界以某种方式存在，即包含有会说话的老虎。"(Evan Thompson, *Waking, Dreaming, Being*, 179-80) "那么，梦究竟是什么？梦不是一种随机的错误感知；它是一种自发的（转下页）

远国度的梦了。此外，中国的相关材料浩若烟海，但又常常是零碎的、不全面的。我们在史料中看到无数关于梦的记载，但令人惊讶的是，很少有关于这个主题的持续讨论。不过这里还有一个研究者自己对待这一主题及材料的立场问题，即"作者型叙述声音"（authorial voice）的问题。与所有学术研究一样，我处理这一主题的方法、选择的证据，以及对证据的解读，都不可避免地反映出我自身知识的局限性，以及我对梦这一现象的初始假设。在中国的史料中，哪些是让我印象深刻的或感觉微不足道的，哪些是令我惊奇的或司空见惯的，在很大程度上取决于初始假设。然而，研究与写作这本书的过程也改变了我对梦的看法，就像其他几位研究者写到的，他们对梦的看法也因为在这一领域的经验

（接上页）心理模拟，是我们想象自己世界的一种方式"（Thompson, 184）。"感知……不是在线的幻觉；它是与世界的感觉运动接触。梦不是离线的幻觉；它是睡梦中自发的想象力。我们不是做梦的机器，而是有想象力的存在者。我们不是对世界产生幻觉；我们以想象力感知世界。"（Thompson, 188）与这些有点类似的提法，参照Bulkeley, "Dreaming Is Imaginative Play in Sleep"; Bulkeley, *Big Dreams*, 136-40; Sosa, "Dreams and Philosophy"; Stephen, "Memory, Emotion, and the Imaginal Mind"; McGinn, *Mindsight*, 74-112; 以及Ichikawa, "Dreaming and Imagination"。关于对各种相互矛盾的做梦功能理论的简要概述，可参见Windt, *Dreaming*; Bulkeley, "Dreaming Is Imaginative Play in Sleep," 1-2; Bulkeley, *Big Dreams*; Domhoff and Schneider, "Are Dreams Social Simulations?"; Barrett and McNamara, *New Science of Dreaming*; 以及Barrett, "An Evolutionary Theory of Dreams and Problem-Solving"。我对新近的基于科学的关于做梦是什么或者做梦为了什么的理论不作概述。关于做梦的最新科学调查，据我所知有两种简明通俗的介绍：Rock, *Mind at Night*〔[美] 安德烈·洛克著，宋真译：《夜间思维》〕和Robb, *Why We Dream*，我发现前者比后者更有参考价值。也可参见Walker, *Why We Sleep*, 191-234〔[英] 马修·沃克著，田盈春译：《我们为什么要睡觉?》〕。

而有所改变。[20] 从这个角度来讲，我也将不可避免地成为本书故事的角色之一。解释如下。

当我们书写另一种文化及另一个历史时期的时候，会发现很多事情显得无足轻重，但也会被那些看似陌生或者令人惊讶的事情打动。因为人们总是间接地（或直接地）将自己的假设与其他文化的史料中的假设进行比较。某些问题的答案令人惊讶，某些完全没有被问到的问题也令人诧异——沉默本身就引人注目。这种局外人的惊奇是必要的研究方法。惊奇激发思想。它指引研究者可以深入挖掘的地方，并在修正他们初始假设的同时，加深对其他文化的理解。[21] 正如马歇尔·萨林斯（Marshall Sahlins）所说："就像民族志一样，历史人类学要求研究者从他所研究的文化中抽身而出，这样才能更好地了解它。"[22] 为此，他引用米哈伊尔·巴赫金（Mikhail Bakhtin）的一段话来阐述这一观点：

> 长久以来都存在着一种片面的并因此是错误的印象：人们要想更好地理解一种异域文化，就需要融入其中，忘却自己的文化而用异域文化的视角来观看世界……当然，一定程度地融

---

20 这方面的例子包括当然不限于 Ewing, "Dreams from a Saint"; Mittermaier, *Dreams That Matter*; Stephen, *A'aisa's Gifts*; Turner, *Experiencing Ritual*, 120-21, 219n11; Barbara Tedlock, "A New Anthropology of Dreaming"; 以及 George, "Dreams, Reality, and the Desire and Intent of Dreamers"。值得一提的或许是，这六位研究者均为女性。

21 就中国事物的研究而论，对"阐释学循环/解释学循环"（hermeneutic circle）这一概念（及其含义）有说服力的探讨，可参见 Zhang Longxi, *Mighty Opposites*, 46-48。

22 Sahlins, *Apologies to Thucydides*, 4.

入异域文化之中,以及使用异域文化的视角来观看世界,这是了解异域文化必不可少的步骤;不过,如果理解止步于此,它就只是单纯的重复,不会带来任何新鲜的或丰富的东西。创造性理解不排斥自身、自己所处的时空、自己的文化;它不遗忘任何东西。理解的要义恰恰在于外位性(exotopy)——从时间、空间到文化,理解者相对于他所要创造性理解的对象都是外位的。哪怕是他自己的外在方面,也不是[一个]人可以真正理解到的,他也不能将其作为一个整体来解释;镜子和相片也无济于事;人的外在形象只能被他者看到和理解,这要归功于他者的空间外位性,以及他们是他者这一事实。

在文化领域内,外位性是最有力的理解方法。只有在他者文化的眼中,异域文化才能更加完整而透彻地展现自身(但决不会穷尽,因为会有其他文化出现,它们会观察与理解得更多)。[23]

换言之,就像萨林斯总结的那样:"需要另一种文化来认知他者的文化。"[24]

至此,就我们当前的目的而言,一切都显得有条不紊。然而,当本书写到一半时,我意识到"外位性"本来就美中不足。我发现自己越是把中国梦境的某些方面描述为"容易使我们感到惊奇的"或者"不同于我们熟知的",以及我越是将一些关于梦的观点归结为"现代做梦者的",或者简单地归结为"我们的",我就

---

23 Sahlins, *Apologies to Thucydides*, 5 引用了 Todorov, *Mikhail Bakhtin*, 后者又引用巴赫金(Bakhtin)的话。

24 Sahlins, *Apologies to Thucydides*, 5.

越是感到不安。我所认为的会和我有类似反应的"我们"究竟是谁?"我们"对做梦的看法是什么——而这种看法与我所写的观点形成鲜明的对比?需要另一种文化来认知他者的文化,然而他者的文化使我觉得,我反而对自己所处的文化无知。从一开始,我就下意识地假设大多数读者对梦的看法或多或少和我一样,慢慢地,我意识到自己尽管了解了一些古代中国关于梦的观点,但是当代北美、欧洲甚至当代亚洲的观点究竟如何,我依然一无所知。[25] 我认识到,关于梦是什么或者为什么(及是否)重要的"常识修辞"(rhetoric of common sense)[26]是行不通的。因此,问题不仅仅在于"我们〔历史学者〕必须……为这样一种可能性做好准备,即我们正在讲述的古人,不等于生活在古代的我们,不能通过理解我们自己来理解他们"。[27] 同样地,当谈到当代读者对他们的梦中生活,以及对梦是什么、梦是否或者如何重要的看法时,我也不能假设他们和我一样。

为了弥补我对读者的无知,我首先通过社交媒体对朋友发起了几次不科学的调查。从这些调查中,我惊奇地发现,虽然我自己完全想不起来有什么梦曾经准确地预示了未来的事情,但是很多朋友却做过这样的梦。虽然我从来没有在梦中体验过自己成为另一个人,或者另一个物种的一员,但有些朋友体验过。虽然我

---

25 在中国文化圈的一些地区,古老的占梦形式依然使用着(例如参见 Laurence Thompson, "Dream Divination and Chinese Popular Religion"),而西方的方法也被采用(参见 Scharff, "Psychoanalysis in China")。

26 Sahlins, *How "Natives" Think*, 151〔[美]马歇尔·萨林斯著,张宏明译:《"土著"如何思考:以库克船长为例》〕。

27 Lawrence Levine, *Unpredictable Past*, 280.

从来没有梦到过动物用人类的语言和我交谈,但有些朋友却梦到过。[28] 渐渐地,我意识到,尽管有些作者曾经将我自己相当贫乏的假设概括为整个"西方"或者"现代性"——诸如"西方文化认为梦是没有意义的"[29]或者"在文化上,我们是一个缺乏梦的社会"[30]之类的陈述——但事实上,即便在我认识的人当中,对梦的态度及经验也各不相同。于是,我转而搜索关注对这些态度和经验的研究,看看在专业的心理学家或者神经科学家以外,当代北美或者欧洲大众到底是如何看待梦的。很可惜,这一内涵极其丰富的课题,显然缺乏引人入胜的大部头专题著作,[31] 尽管如此,我还是偶然发现了大量规模较小的社会科学研究。这些研究证实了我(部分已被我抛弃)对梦的观点,即梦主要与我自己的焦虑、记忆和希望有关,对我之外的任何人都无关紧要,也不一定能够代表我所处的文化,或者发达世界中的其他当代文化。

例如,来自美国、韩国、印度的一群学生调查了人们对梦的看法,结果发现,大部分受访者认为,梦的内涵比清醒时的思想更有意义。这项研究还指出,很多受访者都认为一些梦能够让他们洞察未来的事件。然而,研究者显然无法将受访者的想法与他

---

28 从我最初写下这句话,到它在你现在拿到的这本书中发表,似乎是为了填补我在梦的经历中的这个漏洞,我确实梦到了一只猫用言语和我说话。

29 King and DeCicco, "Dream Relevance and the Continuity Hypothesis," 209.

30 Ullman, *Appreciating Dreams*, xxii 〔[美] Montague Ullman 著,汪淑媛译:《读梦团体原理与实务技巧》〕。他将"我们的"轻视态度称为"梦主义"(dreamism)。

31 事实上,有人已正确地观察到,当代北美人与欧洲人现在对许多其他社会和时期做梦观念的研究,比对我们自己的研究要多(参见 King and DeCicco, "Dream Relevance and the Continuity Hypothesis," 208)。一项开创性但可惜尚未发表的研究,是 Hall, "Beliefs about Dreams"。

们自己的假设（与我的初始假设相仿）相统一，于是研究者相当自信地予以否定："做像空难这样的噩梦可能是因为做梦的人太焦虑于计划参加的会议，而肯定不是空难即将发生的证据。"[32][毕竟，如果梦唯一可能的主题是做梦者本人——做梦者寄给自己的关于自己的明信片，那么梦就不能被视为对未来事件的预测。迪娜·纽曼（Deena Newman）曾经指出，尽管当代西方仍然盛行占卜，但"人类学家无法书写占卜者的经验，因为他们自己的信仰导致他们无法认识那样的经验"。][33]

在另一项研究中，有超过一半的受访者相信，逝去的人"真的会在梦中与我们相会"。[34]在一项基于现代德黑兰的研究中，也有超过一半的受访者认为，梦会传达重要的消息。[35]在另一项研究中，超过80%的受访者认为梦蕴含着重要信息。[36]还有一项研究发现，在英语世界的记载中，有100多例"同梦"（也就是同时有两个或者两个以上的人做相同的梦）。[37]有一些研究则关注到不同文化共有的性别差异：当代女性比男性更有可能回忆与分享自己的梦，也更倾向于赋予梦以意义，或者尝试去解读梦的内涵。[38]概言

---

32 Morewedge and Norton, "When Dreaming Is Believing," 261.
33 Newman, "The Western Psychic as Diviner," 101.
34 Kunzendorf et al., "The Archaic Belief in Dream Visitations."
35 Mazandarani, Aguilar-Vafaie, and Domhoff, "Iranians' Beliefs about Dreams."
36 King and DeCicco, "Dream Relevance and the Continuity Hypothesis."
37 McNamara, Dietrich-Egensteiner, and Teed, "Mutual Dreaming."
38 例如，参见Schredl and Piel, "Interest in Dream Interpretation"; Schredl, "Frequency of Precognitive Dreams"; Schredl and Göritz, "Dream Recall Frequency"; Olsen, Schredl, and Carlsson, "Sharing Dreams"; Vann and Alperstein, "Dream Sharing as Social Interaction"; Cohen and Zadra, "An Analysis of Laypeople's Beliefs." 尽管如此，我们还是看到了巨大的差异。有一项研究估计，8%的德国人（转下页）

之，这些基于调查的研究当然是片面的，大概只涉及几种当代文化中的不超过7 000名受访者，[39]但它们足以肯定地表明这一点：我对梦的观点是局限的、贫乏的，它无法作为标准去衡量到底什么样的中国史料才会让读者感到惊奇。

不仅如此，我意识到自己陷入了一个熟悉的陷阱：祛魅的迷思（the myth of disenchantment），它部分源于马克斯·韦伯（Max Weber）矛盾而复杂的"祛魅"（Entzauberung）概念，它既不等同世俗化，也不同于理性化。[40]也就是说，在设想"我们的"整个现代性都共享我自己对于梦的狭隘而贫乏的观点以后，我陷入了对前现代、非西方的"他者"——即古代与中古中国——过于对立和二元的思考之中。[41]查尔斯·泰勒（Charles Taylor）发现了这一迷思的许多关键因素，尽管他似乎又将之视为事实而非迷思：

每个人都会同意，我们和五百年前的祖先之间最大的差异

（接上页）曾翻阅过有关释梦的自助书籍（Schredl, "Reading Books about Dream Interpretation"）；另一项研究基于相同的调查样本，发现54%的受访者认为梦没有意义（Schredl, "Positive and Negative Attitudes towards Dreaming"）。有些研究将人们对梦的态度分成几组不同的向量（如Beaulieu-Prévost, Simard, and Zadra, "Making Sense of Dream Experiences"）。

39 在当今美国，有一位学者对梦与个人身份之间的交集做了令人耳目一新的非调查式的创新研究，她就是珍妮特·玛丽·马吉奥（Jeanette Marie Mageo）。参见她的 *Dreaming Culture*；"Nightmares, Abjection, and American Not-Quite Identities"；"Subjectivity and Identity in Dreams"；以及"Theorizing Dreaming and the Self"。

40 一个很好的分析，参见Josephson-Storm, *Myth of Disenchantment*, 269-301。

41 对西方—现代/他者—前现代二元复合体中关于做梦观点各种元素的很好概括，可参见Schnepel, "In Sleep a King," 213-14。

之一，在于他们生活在一个"魔幻的"世界中，而我们不是。我们也许认为，这是因为我们"丢失"了一些信仰，以及使之成为可能的实践。本质上，我们之所以步入现代，就是因为破除了"迷信"，能够站在更加科学与技术的立场上来审视世界。不过，我想强调一些不一样的东西。在"魔幻的"世界中，精灵与经由意义定义的力量（爱情魔药或者圣物所拥有的力量）扮演着重要角色。甚至，在魔幻的世界中，这样的力量可以从精神和物质上塑造我们的生活。我们的祖先与我们之间的巨大差异之一，便是我们生活在一个自我与他者有着更为严密界限的世界中。我们是"缓冲的"（buffered）的自我。我们已经变了。[42]

对于现代性之祛魅的宏大叙事，有人提出了一些权宜之计。在此只提一位作家简·班纳特（Jane Bennett），她曾指出，在我们的时代和之前的所有时代之间的所谓鸿沟的此岸，有魅惑的"幸存者"（survivals）（这不是她的术语）。[43] 我认为，她的研究项目本意是想要让我们在乏味的现代性中得到安慰。不过，也有一些学者扬弃了整个"祛魅"的比喻，认为它是古怪的现代迷思、一个我们讲给自己听的故事，这个故事已被大量证据证伪。正如布鲁诺·拉图尔（Bruno Latour）所说："我们因为'世界的祛魅'流的泪还不够多吗？那些可怜的欧洲人，被抛入一个冷冰冰的、没

---

[42] Charles Taylor, "Western Secularity," 38-39; 原文即有着重号。参照Puett, "Social Order or Social Chaos," 109-13。

[43] Bennett, *Enchantment of Modern Life*.

有灵魂的宇宙，徘徊在一颗死气沉沉的星球上，踯躅于毫无意义的世界里，这样的情形还不够恐怖吗？"[44] 杰森·约瑟夫-斯托姆（Jason Josephson-Storm）汇编了一份令人印象深刻的反证材料档案，争辩道："这些新的哲学家们［如班纳特］就像他们试图取代的后结构主义者一样，正在反抗一个从未完全掌控的霸权。施魔法于本体，以及将自然精神化的取向，一直都存在，从未像他们说的那样已然消失。"[45] 事实证明，我所生活的社会和大多数读者所生活的其他社会，人们对于做梦的观念比我意识到的更加生动活泼。我才是被祛魅了的那个人。

因此，我面临着将中国的梦境观视为一种"自我的他者"（own Other）的巨大风险，这与我对这个主题的看法是相反的。正如苏源熙曾经尖锐地问道："中国案例的意义就是为其他地方制造和讲述的故事提供反事实吗？"[46] 他发现："'中国'最常被视为本质化了的西方的反例而进入讨论之中，西方是那些巨大负担或严重假象的唯一源头，而中国的图景终结了这一切。（'西方'被我们等同于'现代性'——又一桩本质主义的处理。）"[47] 因此，在写作本书的过程中，我一直努力对我关于现代西方梦的观念去本质化，而且生发出我对做梦本质的不同看法。[48] 同时，我也避免将所

---

44 Latour, *We Have Never Been Modern*, 115〔［法］布鲁诺·拉图尔著，刘鹏、安涅思译：《我们从未现代过：对称性人类学论集》〕。
45 Josephson-Storm, *Myth of Disenchantment*, 5.
46 Saussy, *Great Walls of Discourse*, 111. 我采用了他的术语"自我的他者"。
47 Saussy, *Great Walls of Discourse*, 185.
48 由于这不是一本关于我个人对做梦观点的书，因此我的观点是如何改变的在此略而不论。我只想说，我已经对用更多可能的方式去看待和回应我自己和别人的梦持开放态度，践行约翰·济慈（John Keats）所说的"消极感受力"（转下页）

第一章 绘制梦境

有在这里检视的中国资料都视为一种单一的"中国的"梦境观的统一表述,而更强调它们的多样性。此外,在一定程度上,我通过随文提及来自其他社会和文化中文本的、历史的和人类学的例证,也避免了分别归并"现代的/西方的"观念和"中国的"观念来合成一个大的二元组,以便将这两种观念放置到一个更大的可能性领域之中。不过,归根结底,一个人必须从某些特定的视角出发来写作,一个人必须以某种特定身份、在某个特定时段进行写作。并且,说不定还是会有一些读者会怀着同我最开始一样的假设翻开这本书,也就是认为梦同我们的余生是没有什么关系的,它只是一个精神事件,仅仅发生在做梦者的脑海中,不涉及其他人,通常对任何人(哪怕是对于我们)来说都没有什么现实的意义,也不太可能会被人拿出来分享,最多是在一小部分的密友之间有出于纯粹好奇心的探讨。所以,我有意保留了一些最初的框架,以及我的一些惊奇与感叹的表达。用苏源熙的话来辩护就是:"为了减轻我自己的偏好,每一章的写作都对其自身的构建过程进行了内置的记录,因为我相信,一件有正式签名并注明了日期的人工制品(artefact)是没有什么可以苛责的。[天文学家所

13

(接上页)(Negative Capability),"那就是当一个人在面对不确定、神秘、怀疑的时候,也能不急不躁,追寻事实和理智"。人类学家米歇尔·斯蒂芬(Michele Stephen)说得好:与"在科学和流行的西方文化中"将梦、幻觉、恍惚和着魔等精神现象"视为病态的"这一趋势相反,"人类学研究特别强调的是,在其他文化中对采用这种思维模式的高度重视"(Stephen, *A'aisa's Gifts*, 107)。"我们不应该轻易地否定这样一种可能性,即梦、占卜、预兆和其他转瞬即逝的直觉可能是使人们接触到有价值的信息及理解的巧妙方式,而这些信息和理解并不总是可以通过公众不着边际的表达方式获得的。"(Stephen, 93)参照 Bourguignon, "Dreams and Altered States of Consciousness"。

说的'伪影'（artefact）是指由表现方式造成的表现扭曲，我遵从这一用法。]"[49]

在一次研讨会上，我将"宗教"这一范畴与中国固有的一些概念进行了比较，我被问道：我的论文能否被翻译成中文？我认为，难点在于，我的论辩太过纠缠于西方范畴与术语之中，甚至无法被清晰地翻译出来，或者假使被翻译出来，也会丢失要点。倘若问我这本书是否可以被翻译，我将回答：是的，这本书可以被译成中文，被翻译的不是一套无凭无据的论断，而是对一个人基于特定的假设、出发点、盲点、他的能力和无能为力，来解读某些材料过程的记录。译文的读者也许会对我所惊讶的东西感到惊讶。或者他们可能和我一样感到惊讶——原因可能和我一样，也可能不一样。无论如何，我们没有上帝视角，无法平静而中立地沉思地球上的历史。我们每一个人都是作为某一个来自特定地方和处于特定时间中的人在写作。面对任何一组材料，可靠的学者都应当或者能够得出一样的观点——这是实证主义者的呓语。当然，材料可以用来核验我们的研究，而学术界会完成这样的工作。

---

[49] Saussy, *Great Walls of Discourse*, 189。对照这段话："读者将看到大量的'我们'（we 和 us），并且从上下文可以看出，隐含的说话者是从外部进入中国的人。我这么做有两个原因，而这些原因是需要被解释的……一个原因，实话说，这本书是由一个特定的人在特定的时间写的，这一点没有必要隐瞒。另一个原因是接受这个角色，并发挥到不一致的地步，将其从里到外地表现出来——为此，我们必须首先进入它。如果我对'我们/他们'的认识论障碍的临时采用能够成功使其失去说服力，那将是一件好事……对于那些想要知道是什么使得西方与中国不同，或者是什么使得中国与西方不同的人来说，这本书没什么帮助，但对于那些准备开始摒弃这种分别的人来说，它则不失为一个鼓励。"（Saussy, 12-13）

梦与他异性

本书的核心是我们如何理解梦与文化之间的关系这个难题。梦永远只是做梦者所属的文化和社会的"表达"吗?对于我们这些历史学者而言,文化是否限制了梦的内涵?梦是否自始至终都是"文化的"?梦是否可以简化为社会历程的反映?或者,我们是否允许梦有某种自身的、不受限于文化的力量——某种他异性(alterity)、某种盈余、某种不总是可以完全同化的东西?

要讨论这个问题,不妨关注人类学家克里斯多夫·皮尼(Christopher Pinney)对于视觉人工制品(visual artifacts)的思考,他注意到,在埃米尔·涂尔干(Emile Durkheim)的传统下,社会学是这样构想的:"人工制品变成了一个空白的领域,人们对它感兴趣,只是因为它被赋予'意义'。在客观世界和人际关系世界的斗争中,后者(经过一番循环论证)必然取得胜利。[正如布鲁诺·拉图尔所说]:'要成为一名社会学家,就要认识到客体的内在属性并不重要,它们仅仅是人为分类的容器。'"[50] 皮尼接着写道:"在阿尔君·阿帕杜莱(Arjun Appadurai)和尼古拉斯·托马

---

50 Pinney, "Things Happen," 257引用了Latour, *We Have Never Been Modern*, 52。类似论点,参照Pinney, "Visual Culture," 82-83。我想起了萨林斯对模型的批评:"对现象的理解(understanding)是以我们对它的所有了解(know)为代价而获得的。我们必须暂停对它是什么的理解(comprehension)。但判断一个理论的好坏,既要看它所要求的无知,也要看它所想提供的知识。"(Marshall Sahlins, *Use and Abuse of Biology*, 15-16)

斯（Nicholas Thomas）的叙述中，客体的命运总是与人类的社会生活有关，或者被卷入文化网络之中，这些文化网络能够重塑客体，同时彰显自己将事物符号化的能力，而客体作为人为勾画的痕迹则总是无力的。"[51] 也可以这么说：

> 因为首先［已经］规定了这些图像就是意识形态力量的视觉呈现，[52] 所以［文本历史编纂学］无法抓住呈现的物质创造其自身力量场域的途径。于是，一种非常直接的涂尔干主义出现了，在这种情况下，图像以某种方式聚拢在一起，并且作为例证……一切可以被认定为潜在地决定它的东西，以及历史学家希望保存在图像中、作为他或她的假设之验证的东西。[53]

相反，皮尼"拒绝使用图像来证明某些现成的东西，而寻求将历史设想为部分地是由在视觉层面的斗争所决定的这一可能性"。[54] 为此，他引入了"扭矩"（torque）的概念，意指一个客体对于仅仅成为投射社会意义的空白幕布的抵抗：

> 如果说，对图像的"社会生活"的阐释强调了它们的可塑

---

51 Pinney, "Things Happen," 259.
52 对照一下历史学家卡洛·金茨堡（Carlo Ginzburg）的这个评论："历史学家在［图像］中读到了他已经通过其他方式学到的东西，或者他认为自己知道的东西，并且想要'证明'之。"（*Clues, Myths and the Historical Method*, 32；原文即有着重号）
53 Pinney, "Things Happen," 261；我添加了着重号。
54 Pinney, 265.

性，以及它们面对变化的时间和地点的灵活性，那么我想要重申图像的在场、"张力"（限制延展）或者"扭矩"，并探索它们的时间并不总是与观众一致的方式……显然，这里有一个辩证的（我们也可以称为"启发性的"）过程，主体制造客体，客体又制造主体。然而，若想强调这一辩证过程的顺理成章，那么我们将回到18世纪德国的"民族（或文化）时空" [national (or cultural) time-space]。[55] 不过，我更愿强调这一过程中的断裂与分离，以及在不同时代实践的可能性……客体从来不会完全被任何"语境"同化。[56]

皮尼围绕人工制品提出的论点（除去对时间性的独特关注），也正是我想大胆借用来谈论梦的。我认为，将梦视为不过是当时文化的显现，而我们又自以为已经通过其他方式掌握了这种文化，这未免过于草率。仅仅将梦看作社会结构或者社会张力的反映，好像社会是所有梦都必然要涉及的那样，这也未免太过简单。在我看来，重要的是尊重梦（至少部分时候），因为它们固守自身而不可同化，本质上是奇特而难以理解的，是对他异性的持续不断的提醒。[57] 就好像卢克莱修（Lucretius）所说的"偏斜"

---

55 皮尼在这里间接提到了赫尔德（Johann Gottfried Herder, 1744—1803）和其他人提出的民族精神（Volksgeist）概念。具有启发性的讨论，参见Lincoln, *Theorizing Myth*, 47-75; de Zengotita, "Speakers of Being"; Bunzl, "Franz Boas and the Humboldtian Tradition"。
56 Pinney, "Things Happen," 268-69.
57 我借鉴了托马斯·杜契提（Thomas Docherty）关于艺术或文学批评的建议，即尊重客体的他者性（otherness）。"我认为有必要对美学中大量的他异性采取一种禁欲主义（ascetic）的立场或态度，这……是批评本身成为可能的（转下页）

（*clinamen*），或者原子降落过程中不可预测的偏转那样，梦也会以某种角度楔入清醒时的生活，并可能产生一些扰动。[58] 我想，正因为此，某些语言仅仅在叙述梦的时候会有特殊的语法标记，或者"特定领域的梦的语言"，或者"梦的语言"：[59] 它们占据了一个从认识论到本体论都完全不同的领域。[60] 梦将他异性带入人的主观性之中。[61] 道格拉斯·霍兰（Douglas Hollan）发现："梦不是严格地由文化过程（cultural processes）决定的。人们在梦中并非仅仅记

（接上页）基础条件。这不是对艺术的自主性（autonomy），而是对艺术相对于主体的他律性（heteronomy）提出要求……我们这个时代的主流批评模式不过是对一种精神政治学焦虑的掩饰，这种焦虑已经随着身份哲学（philosophy of identity）的产生得到解决与消解：这种批评的主要任务是慰藉主体……面对她或他的焦虑，即世界及其审美实践可能会逃脱我们有意识的控制或理解。本书更愿意接受这样一种威胁性的可能，即世界可能不为意识主体而'存在'。其结果是，在批判性地评论一种艺术时，可能需要一种新的、悲观的和禁欲的态度，这种艺术的条件是，它与意识已知的艺术有着根本不同的存在者秩序。"（Docherty, *Alterities*, vii）由于和清醒时的生活相关，也就是说，梦可以被视为苏源熙所讨论意义上的人造卫星（sputniks），参见 Saussy, *Translation as Citation*, 9-10。这个相对于清醒时生活的关于梦是什么的模型，也要归功于尼采关于"对梦的误解"（"Mißverständnis des Traumes"）的说法以及其他人对它的反思，包括 Müller, "Reguläre Anomalien im Schnittbereich zweier Welten"；以及 Assmann, "Engendering Dreams," 288-91。我发现 Riches, "Dreaming as Social Process" 中的沉思不太有用。

58 Lucretius, *On the Nature of Things*, 112-19；以及 Lucretius, *The Nature of Things*, 42-46〔［古罗马］卢克莱修著，方书春译：《物性论》］。相对于清醒时的经验，梦是"特别的"（special），这是就 Taves, *Religious Experience Reconsidered*, Company 所发展的意义而言的，而我的"'Religious' as a Category"一文借用了这个表述。

59 Groark, "Discourses of the Soul," 3。这是我所见任何文化中，对梦的叙事的特殊语言方面进行的最巧妙和最精细的分析之一。

60 例如，参见 Barbara Tedlock, "Sharing and Interpreting Dreams in Amerindian Nations," 92-94；Kracke, "Dream," 160；以及 Crapanzano, "Concluding Reflections," 184-85。

61 Mageo, "Theorizing Dreaming and the Self," 10.

录或再现文化的意义与信仰，而是以创造性的……方式使用、处理、转化这些……资源。"[62] 查尔斯·斯图尔特（Charles Stewart）提醒道："人类学家总是关注梦是如何被文化形塑和被社会解释的……这样……的倾向实则将梦视为社会现实和文化文本……这里唯一的危险是，我们会太过满足于将梦视为文化的建构……我们忽视了梦是一种经验。"[63] 正如沃德·克拉克（Waud Kracke）所写："梦是最顽固的绊脚石，让我们无法确信自己'了解'周围的世界，也无法确信我们对这个世界以及我们彼此之间有相同的经验。"[64] 有一位作者甚至认为记述我们自己的梦，其面临的挑战就好比人类学家试图理解另一种文化。[65] 虽然从任何给定的时间和地点中挑选出来的一些对于梦的记载，会"符合当时梦的类型"，[66] 也总会存在一些"典型的"梦，[67] 但无论是以梦作为参照，还是以清醒时的生活作为参照，总会有一些梦无法归类，也不典型。戴维·林登（David Linden）指出：

---

62 Hollan, "Cultural and Intersubjective Context of Dream Remembrance and Reporting," 169.
63 Stewart, "Fields in Dreams," 878。我在这里并不是说梦的内容完全是他者的，只是说它们与清醒时的生活的假设、节奏和模式存在差异。比如，一个社会的神话常常会在人们的梦中出现并被回想起来（参见 Kracke, "Myths in Dreams, Thought in Images"）。当然，梦通常融入了做梦者的文化元素，尽管是以一种不可预测的方式。参见 Burke, "L'histoire sociale des rêves," 339。
64 Kracke, "Afterword," 212.
65 "梦是在不同的世界中做的，也是在不同的世界中被讲述的，因此梦的记载被侵染了解释学的难题，就好像人类学的叙述之于外来文化那样。"（Brann, *World of the Imagination*, 342）
66 Hacking, *Historical Ontology*, 236.
67 Yu, "Typical Dreams Experienced by Chinese People"; 以及 Yu, "We Dream Typical Dreams Every Single Night"。

梦的经验中最有用的……不是梦的具体内容。你梦见的是一支雪茄而不是一只鞋子，梦见的是父亲而不是母亲，这都不是那么重要。最重要的是，梦让你去体验世界，在那里，正常的清醒时的规则不适用了，因果律、理性思维，以及我们的核心认知图式……都在光怪陆离的、不合常理的故事面前消失了。而且，在梦中，你会随着故事的展开而接受它们。本质上，叙述梦的经验[68]允许你想象那些存在于你清醒时对自然世界认知之外的解释和结构。在清醒时的生活中，你也许会接受梦中世界变形的结构，也许会坚持冷静的理性，也可能两者兼而有之（大多数人都会这样），但无论如何，做梦的经验已然拉开了帷幕，让你能够想象一个运行规则截然不同的世界。[69]

梦具有若干反常的特点：在睡梦中，我们的身体几乎不动，却能够产生如同清醒状态的体验。我们能够与熟悉的逝者和动物交流。我们能够见到老人年轻时的模样。确切地说，时间在梦中消失了。[70] 各种在清醒时的生活中被认为不可能的事情经常在梦

---

[68] 林登所说的梦是指在醒来前不久的快速眼动睡眠中特有的那种漫长而复杂的叙事性的梦，与之相对的是：（1）短暂的、感官知觉丰富但非叙事性的梦，典型地发生在睡眠刚开始时；（2）较深度的、非快速眼动睡眠中特有的梦，可能带有强烈的情绪色彩，但仍然是非叙事性的。参见 Linden, *Accidental Mind*, 209-11〔[美]戴维·J. 林登著，沈颖等译：《进化的大脑：赋予我们爱情、记忆和美梦》〕。叙事性的梦是我们更有可能记住和讨论的梦，"部分原因在于它们是好的故事，但也是因为睡眠周期的结构：在夜间睡眠的最后阶段，即快速眼动睡眠占主导地位的时候，你最有可能醒来，并因此记住了你的梦"。（Linden, 211）

[69] Linden, *Accidental Mind*, 220.

[70] 参见 Stewart, *Dreaming and Historical Consciousness*。

第一章 绘制梦境

中发生。有时,当我们有这些经验时,我们会意识到自己正在做梦。而即便是做一个平淡无奇的梦,也要突然醒来之后,我们才会发觉刚才"只是"在做梦;当我们讲述梦的时候,更是深感词不达意。"梦有原则上难以言喻的方面……梦总是被修饰得可以言说,以牺牲它们原初的、常常是令人恼火的神秘气氛为代价。"[71] 因此,就算是最为司空见惯的梦,也带有一丝神秘感。而且,任何与猫或狗相处过的人都知道,我们不是唯一会做梦的物种。

因此,本书所讨论的内容之一,便是人们试图与梦的他异性作斗争,以及人们努力将梦视为可理解的征象。未经加工的梦可以充当长有牙齿的凶险事物。不管人们作何回应,通常看起来都像试图拔去梦的尖牙。这一点,我们在某些文本中看得最清楚,梦被构建为一种外源性施动者(exogenous agent),被认为是没有好处的(至少对我们没好处)。如果梦是他者,那么回应者的本能便是命名它并将之驱逐。不过,解释的方案也是一种通过记号过程(semiosis)来减少梦的他异性的方法。梦的符号学是一项定位(locative)的工程。("定位"的含义我将在后文加以解释)从这个角度看,史料实际在一定程度上记录了很多人的努力,他们试图缓和、符号化、整合,以及使得梦的陌生感产生意义,并且/或者去除威胁。但与此同时,正如我们将要看到的,也有一些人想要强调梦的陌生感以引发某些争论,他们的努力也被记录在了史料之中。

---

71 Brann, *World of the Imagination*, 343.

当然，我们没有办法直接感知他人的梦（甚至我们也没有办法直接感知自己的梦，除非我们就在梦中）。我们要研究的不是梦本身，而是流传至今的关于梦的文字记录。[72] 后者仿佛是为了某些特定的有说服力的目的而被表达和建构的。不宁唯是。每一份梦的记述或者与梦相关的文本，它们之所以能够被我们看到，是因为它们曾经被分享给其他人，被其他人接收、吸纳并传播。我们研究的不仅仅是关于梦的文字记录，还有被做梦者以外的其他人认为值得保存下来的关于梦的文字记录。我们研究人们回应梦的记录和结果——也就是梦的接受史。梦的历史是且只能是特定的梦被接受的历史，或者是对于梦的一般反思及我们会对梦作何回应的历史。一些梦的接受史的史料可以看作是人们试图压制梦的他异性，另外一些史料则可以看作是人们试图强调梦的他异性。

因此，无论梦本身多么神秘，多么独一无二（虽然，正如我们将会看到的，许多中国人对做梦的观点根本不是将其描绘为独一无二的），讲述与解读梦在很大程度上却是在这个世界中、在言说者的社交圈内通过叙述技巧和语言进行的。通过做梦创造意义的过程是社会进程。它是对话式的、主体间性的与互动性的。梦在本质上是古怪的，但不是什么个人习语。梦建立在取自社会共享世界的意象和语言之上，因为人类是社会性的存在者。梦也是由物理环境的碎片构成的，因为人是与周围世界不断互动的具身存在者（embodied beings）。在梦中，或者至少在我们醒来向自己、

---

[72] "可以被解释的不是梦见的梦本身，而是叙述梦的文本。"（Ricoeur, *Freud and Philosophy*, 5）参照 Obeyesekere, *Work of Culture*, 55。

向他人讲述梦的时候，我们不会重新做梦，而是创造出梦的元素在其中出现的新场景。对于共有的清醒时的世界，梦的影响或许是细微的，或许是巨大的。根据共通的解释方法，梦的意义可以被我们或者话语共同体中的他人所评估。最后，对于历史学家甚至人类学家来说，他人的梦只有得到了公开的记录才有可能被发现。在第四章的末尾，我将回到关于接受与社会记忆的问题上来。

梦与万物有灵论的再现

从现代宗教理论形成之初，梦就占据着关键的位置。的确，爱德华·伯内特·泰勒（Edward Burnett Tylor）认为，梦是引发宗教起源的仅有的两种现象之一（另一种是死亡）。泰勒的理论人人皆知，但我想重温他建立此说的著名段落，这不是为了讲一些老生常谈的19世纪"进化"人类学和比较宗教学，而是想要从一个稍微不同的角度来阐明本书所涉及的内容之一。

这段话发表于1871年：

> 当时还处于文化水平还很低的有思想的人，似乎被两种生物学问题深深地吸引。第一，是什么使活人与死人有差别，是什么导致了清醒、睡眠、出神、疾病和死亡？第二，梦与幻觉中出现的人的形象究竟是什么？着眼于这两种现象，古代的蒙昧哲学家大概是通过这样一个推论来迈出第一步的，即每个人都有属于自己的两样东西——生命（life）和鬼魅

（phantom）。这两者显然都与身体密切关联，生命使身体能够思考、感受和行动，而鬼魅构成了它的影像或者第二个自我；两者也都被认为可以与身体分离，生命可以消失，使身体失去知觉或者死亡，而鬼魅则可以远离身体，在人们面前显现。对于蒙昧人而言，第二步似乎也容易做到，因为文明人发现要推翻它是多么困难。第二步不过是将生命与鬼魅结合起来。既然两者都属于身体，那么它们为什么不能彼此系属，并且是同一个灵魂的表现呢？于是，蒙昧人将生命与鬼魅融为一体，结果得到了一个众所周知的概念，它可以被称为"精魂"（apparitional-soul）或者"幽灵"（ghost-soul）。无论如何，这一概念与较低等种族中的"个体的灵魂"（personal soul）或者"精灵"（spirit）的实际概念一致，可以被这样定义：它是一种缥缈的人的影像，本质上类似于水汽、薄雾或阴影；它使个体有生命力，是其生命和思想的起因，独立支配着肉体所有者从过去到现在的意识与意志；它能够远离肉体，从一个地方瞬移到另一个地方；它的大部分是摸不着看不见的，但它同样表现出身体的力量，尤其是在人清醒或者睡着的时候，它作为一种与身体既相似又分离开来的幻象显现给人；肉体死亡以后，它还能够持续存在，并向人类显现；它能够进入其他人和动物，甚至物体内，支配它们，并在其体内活动。[73]

---

[73] Tylor, *Religion in Primitive Culture*, 12-13〔［英］泰勒著，连树声译：《原始文化》〕。

泰勒接着写道，这些是"以最有说服力的方式回应人们感官明证的学说，并以相当一致和理性的原始哲学加以解释。的确，原始的万物有灵论很好地解释了自然的事实，以至于在高级教育阶段仍然占有一席之地"。[74]

关于这段话撰作的机缘，首先要强调的是，泰勒不但阅读了传教士和殖民地管理者的记录，还到过在伦敦的通灵者的降神活动现场（séances），这一点在他1969年才被发现的日记中得到了证明。[75]泰勒认为，通灵术代表了这种低级文化在他所处时代与社会中的遗存（survival）："公认的关于所谓现象的通灵术理论，属于蒙昧人的哲学。"[76]不过，在日记中，他记录了一场亲眼目睹的扶乩："我想这是真的，&之后，我自己也变得昏昏沉沉&其他人大概也快要进入出神状态了。就我个人而言，我似乎部分受到了昏沉的影响，部分则是有意识地伪装出一种我先前体验过的奇异心态&这很可能是癔症模拟的初期阶段。"[77]泰勒差点被他所认为的早期文化阶段的遗存所魅惑，这种遗存在他所处的时代和地方仍然相当活跃，他认为他的"文化科学"的责任就是将其"划分……出来并摧毁"。[78]

其次需要强调的是，泰勒使用的解释性比喻的含义。史前人类

---

74 Tylor, 13.
75 Stocking, *Delimiting Anthropology*, 116-46; Stocking, *Victorian Anthropology*, 191; 以及Bird-David, "'Animism' Revisited," 69-70。
76 Tylor, *Origins of Culture*, 155。作为一种解释学修辞的"遗存"一词，被知识分子用来解释那些他们声称不理解的"大众的"习俗。参见Campany, "'Survival' as an Interpretive Strategy"。
77 Stocking, *Delimiting Anthropology*, 140.
78 Tylor, *Religion in Primitive Culture*, 539.

究竟是如何产生"灵魂"观念的，这一点仍然缺乏信息，于是泰勒诉诸一个被埃文思-普里查德（E. E. Evans-Pritchard）称为"如果我是一匹马的推理谬误"的思想实验。[79]对于我们的目的来说，重要的是这种思想实验的特殊性质。泰勒假定，万物有灵论是理性演绎的结果。这一演绎源于非常有限的感官证据，尤其是包括了梦的证据。他富有想象力地将原始人类置于罗尔斯主义式的"原初状态"（original position），隐藏在"无知之幕"（viel of ignorance）[80]背后，在那里，原始人类被剥除了语言和文化（关键的是，这里不是指泰勒理解的"文化"，而是后来的人类学家和其他学者所理解的"文化"），[81]但却指望他们能够从有限的梦与死亡的经验中得出本体论的推断，并且这推断和大卫·休谟（David Hume）或任何其他理智的英国经验主义者推断的一样。到底是什么实体的必然存在，使得这些经验成为可能？为什么"幽灵"或"精灵"当然是"一种缥缈的人类的影像，本质上类似于水汽、薄雾或者影子"？等等。

这种思维模式在泰勒之后仍有延续。当伟大的荷兰汉学家高

---

79 Evans-Pritchard, *Theories of Primitive Religion*, 24, 43。"没有任何可能的方法来了解灵魂和精灵的观念是如何起源的，以及它们可能是怎么发展的，于是，学者思想的逻辑结构就被放在原始人身上，并被提出来作为其信仰的解释。这种理论具有像'豹子如何长出斑点'这类故事的性质"（Evans-Pritchard, 25）。

80 这个短语在 Rawls, *Theory of Justice*〔[美]约翰·罗尔斯著，何怀宏等译：《正义论》〕核心的思想实验中发挥着关键的作用。

81 "泰勒对'文化'一词的实际使用缺乏一些通常与现代人类学概念相关的特征：历史性、整合性、行为决定论、相对性，以及——最有代表性的——多元性……泰勒笔下的文化是单一的和有等级的……现代人类学的用法多少是后来在与德国传统有着更密切关系的人类学家〔弗朗兹·博厄斯（Franz Boas）〕的作品中发展出来的"（Stocking, *Victorian Anthropology*, 302）。

延（Jan Jakob Maria de Groot）为自己定下了一项宏伟的任务，即在出版于1892年至1910年的著作中着手研究"中国的宗教体系"的时候，采用的就是泰勒的"万物有灵论"。[82]罗杰·罗曼（Roger Lohmann）写道："民族志学者确实一次又一次地发现，很多人将在梦中周游所看到的东西视为灵魂存在的证据。"[83]就好像灵魂的观念只是新近通过他们的梦的"证据"而提出来的，或者就像他们在灵魂是否真的存在这一问题上摇摆不定，但后来又被梦的证据说服了。杨健民和傅正谷的研究类似，他们都引用了恩格斯（Friedrich Engels）所写的《路德维希·费尔巴哈和德国古典哲学的终结》（1886）中的一段话。[84]马歇尔·萨林斯曾批评加纳纳特·奥贝塞克雷（Gananath Obeyesekere）以类似的方法解读夏威夷人对库克船长的接纳。他写道："客观化自然的条件，不是夏威夷人的本体论与世界的关系。这并不意味着夏威夷人是反经验主义的——更不用说他们重视'理想'更甚于'真实'——但确实意指他们从自己的经验得出自己的结论。"[85]"神的身体代表了自己与人类活动的关系。"[86]又或者说：

---

82 de Groot, *Religious System of China*〔［荷兰］高延著，芮传明译：《中国的宗教系统及其古代形式、变迁、历史及现状》第六卷］。
83 Lohmann, "Introduction: Dream Travels and Anthropology," 2. 参照他对"泰勒洞察的普遍有效性，即梦与人类对超自然领域的信仰是密切关联的"（Lohmann, "Supernatural Encounters," 207）的论断。
84 杨健民：《中国古代梦文化史》，第6—10页；傅正谷：《中国梦文化》，第193页。
85 Sahlins, *How "Natives" Think*, 122；我添加了着重号。关于他们之间争论的反思，参见Geertz, "Culture War"。
86 Sahlins, 122；我添加了着重号。

>　　因为这些经验主义的判断……是受一种独特的生活方式影响的，不能凭借原始的感官知觉加以决断……事物是通过它们与地方性知识系统的关联而被认识的，不仅仅是客观的直觉……"客观性"由文化建构而成。它永远是一种独一无二的本体论。它不是那些很可能会被某人的怀疑主义或实验态度所动摇的假设或"信仰"。它不是一种简单的感官认识论，而是一整套文化宇宙观，由夏威夷人对神性的经验判定沉淀而来。[87]

克拉克提出了同样的看法：人们在梦中频繁接触灵魂，这似乎能够证明泰勒的观点，但实际上恰恰相反。这并不是说那些一开始毫无"灵魂"或"鬼魅"概念的人，最终制造出它们来解释梦的经验；而是说"梦是一种方式，那些行家——无论是牧师还是俗人——都可以在他或她的个人经验中认识到存在者的本质，即按照**群体**的信仰，生活在宇宙之中……[问题在于]个体如何在他们的梦中使灵魂实体对他们自己来说是真实的"。[88]

换言之，人们不是在本体论和认识论的真空中做梦，然后创造出"灵魂"的概念来解释他们梦的经验。相反，他们在梦中遇到在自身所属群体中已经存在的存在者（及他们与存在者之间的关

---

[87] Sahlins, 169。对照："经验主义的？——是的，野性思维（the pensée sauvage）[萨林斯对夏威夷人思维方式的讽刺性术语] 是经验主义的。它是否包含人类普遍的感官能力？——毫无疑问，是的。但是感官知觉还不是一个经验判断。因为后者取决于客观性的标准，而这些标准从来不是唯一可能。我们不能在没有尽力做民族学调查的情况下，就简单地通过常识或者普遍的人性来先天地设想另一个人对'真实性'的判断。人类学也必须是经验性的。没有其他方法可以了解其他人了解什么"（Sahlins, 162-63；我添加了着重号）。

[88] Kracke, "Afterword," 215；我添加了着重号。

系），尽管在梦中或者通过梦，这些关系可能被重新开创、进一步发展或者改变。同样，借用斯图尔特·格思里（Stewart Guthrie）讨论的例子，当我们"现代人""赋予我们所用的电脑、所种的植物、所开的汽车以生命"时，并非出于"错误的感知猜测"，而是"我们通过关系来框定它们。我们是在了解它们的所做与我们的所为之间的关联，它们如何对我们的行为作出回应，它们如何对待我们，它们在环境影响和紧急情况下的行动（而非它们的构成物质）是什么"。[89] 也就是说，万物有灵论实际上是一种关系认识论（relational epistemology），[90] 或者说"人类赋予非人类的一种与人类相同的内核"，[91] 或者是承认"世界之中到处都是存在者（persons），其中只有一些是人类（human），人类的生活总是在和他者的关系中度过的"。[92] 在这样的认识论之下，梦在提供面对面的接触及增进与大范围的他者的关系上扮演着重要的角色。关于梦的这方面内容，我会在第五章加以讨论。

概念：采纳与摒弃的方法

在分析中国文本之前，我将简要地阐明一些有用的概念，并提

---

[89] 引文出自 Bird-David, "'Animism' Revisited," 78。他讨论了 Guthrie, *Faces in the Clouds*。
[90] Bird-David, "'Animism' Revisited," 68, 73.
[91] Descola, *Beyond Nature and Culture*, 129.
[92] Harvey, *Animism*, 9.

及本书试图讨论与不讨论的一些内容，以及原因。

定位与乌托邦

针对米尔恰·伊利亚德（Mircea Eliade）提出的"宇宙起源神话的功能"的万能概念，史密斯提出了宗教模式的二元分类。他不建议使用本质主义的术语来描述所有宗教，而提倡只是描述有时在某些宗教和文化中可能会看到的两种相反的倾向。在本书中，他的类型学扮演着关键角色（但有时候表现得并不明显），对此我将在此略加说明。[93]

在提出"定位"/"乌托邦"的命名前，史密斯首先用以下文字来阐明类型学："可以看到，在很多远古文化中，人们深信宇宙从一开始就是秩序井然的，他们会为了原始的秩序行为举行欢乐庆典，人们也深感有责任通过反复讲述［宇宙生成的］神话、仪式、行为准则和分类来维护这样的秩序。"（这就是后来他所说的"定位"类型。）不过，"在一些文化中，秩序的结构、赢得或者奠定秩序的神、创造本身，都被认为是邪恶且具有压迫性的。在这样的情况下，人们便会反抗已有的范式，试图推翻它们的权力，通常也会采用……与维持原始秩序的人们一样的仪式方法"。他之后将此称为"乌托邦"，相应的例子有瑜伽逃避婆罗门教仪式秩序，以及希腊诺斯替主义拒绝继承神和宇宙论。伴随着这样的反抗，"阈限（liminality）成了最高目标，而不是通过仪式中的某一时

---

93 以下几行文字取材于Campany, "Two Religious Thinkers of the Early Eastern Jin," 179-81；以及史密斯的回顾性文章"When the Chips are Down"，参见Smith, *Relating Religion*, 14-19。

刻"。[94]

史密斯以吉尔伽美什和俄耳甫斯这些失败的英雄形象为例，进一步阐述了定位类型。在定位类型中，世界是一个有边界的环境；"秩序是通过堵塞、疏导、限制"广阔的水域或荒漠而产生的。相反，在乌托邦类型中：

> 秩序的结构被认为是颠倒了的。它们不但没有起到本应具有的积极限制作用，而且变得具有压迫性。"人"的定义不再取决于他能在多大程度上使自己跟社会与宇宙的秩序模式相协调，而取决于他能在多大程度上摆脱这一模式。相较于"定位"世界观下失败的英雄，这里的典范乃是成功的英雄……他们挣脱了专横的秩序……智慧的人不再是圣人，而是知道逃脱方法的救世主。[95]

史密斯提醒道，不要用发展的或顺次发生的方式来理解类型学，因为定位型总是在乌托邦型之前。

最后，史密斯在模型中引入了"社会情境"（social situation）的概念——与伊利亚德的理论越发分道扬镳。他告诫道，现代学术在描述定位世界观方面获得的巨大成功应当让我们反思，因为这样的研究通常代表等级社会，"最具有说服力的证据"出自"有

---

[94] Smith, *Map Is Not Territory*, 169-70。关于定位世界观在汉代和中古早期中国意味着什么，一个非常清晰的讨论可以参见Redmond and Hon, *Teaching the "I Ching,"* 158-69。

[95] Smith, *Map Is Not Territory*, 139。

组织的、有自觉意识的文士精英，他们在限制流动性和评定位置方面有着深厚的既得利益"。他提醒说，这样的观点"不应当被概括为宗教经验与表达的普遍模式"。[96]

我认为史密斯的类型学在三个方面是有效的。首先，它聚焦于人们是如何在他人的传统面前定位自己的传统的，而不是把它们视为孤立的、自足的、以某种方式自行发展的单元。当我们思考文本与实践的替代品时，才能更好地理解它们。第二，类型学关注到了传统中经常被忽视的一面，即人们对秩序的看法，它向我们表明（反对常见的结构主义和实用主义的观念，即宗教在本质上总是为了维持秩序），反抗或者逃脱秩序在某些时候变得具有宗教价值。[97] 第三，与梦境的概念一样，它超越了传统主义。

萌发形态、可供性和周围世界

特别是在第五章中，我以大家可能不太熟悉的方式使用了"形态"（form）［有时也使用"模式"（pattern）］一词，以及可能更陌生的"可供性"（affordance）和"周围世界"（Umwelt）两词。所有这些概念都是在符号学研究中产生的。

当然，"形态"总是指"众多元素的排布——秩序化、图形化或外形塑造"。[98] 我们常常将"形态"想象成唯有人类才能强加

---

96 Smith, 293.
97 关于"宗教是为了给人世间带来秩序"这一观念史的精彩综述，以及史密斯在背离这一观念时创新的语境化（包括对史密斯一些构想的批评），参见Puett, "Social Order or Social Chaos"。
98 Caroline Levine, *Forms*, 3.

第一章 绘制梦境

的东西,仿佛是自上而下地通过他们的"文化"和意图来强加给"自然"——一个没有形式的世界——的某样东西。不过,从新近的生物符号学、信息论和人类学研究中,我得出这样的想法,即有些形态是在世界中"萌发"(emergent)的,也就是说,它们不是人类强加给未成型事物的,而是在事物和存在者(包括人类在内)的互动中出现的——它们自发地产生,没有任何"导演"在这个过程中凌驾其上或暗中主导。在这个更广泛的意义上,萌发形态是对事物诸多性质之间动态互动所产生的可能性的限制。它们是"前所未有的关系属性,不能还原为任何产生它们的更基本的组成部分",[99]并且不由外部的互动强加。

举一个例子,爱德华多·科恩(Eduardo Kohn)解释了亚马孙森林中"橡胶"如何"变成一种形态"。[100]这是什么意思?由于橡胶树的一些特性(它们需要水,又容易受到寄生虫侵害),一系列限制因素影响到它们在陆地上的可能分布:它们最后会分布得很宽广,间隔均匀,而不是聚集在一起。水的分布也呈现为一种形态:由于气候和地理因素,亚马孙流域的水量十分充沛,而且水只往一个方向,即低处流淌。如此,涧水汇成小溪,小溪汇成小河,小河又汇成大河,这一模式不断重复,直至亚马孙河流入大西洋。"于是,基于几乎毫不相干的缘由,两种模式或者形态出现了:橡胶在整个景观中的分布和水路的分布……因此,哪里有一棵橡胶树,附近就很可能会有一条流向小河的

---

[99] Kohn, *How Forests Think*, 166〔[加]爱德华多·科恩著,毛竹译:《森林如何思考:超越人类的人类学》〕。
[100] Kohn, 161。在这段文字中,我改写和引用了第161—163页的讨论。

小溪。"

本质上，亚马孙橡胶经济就是针对这些彼此关联模式的大规模开发。人类循着河网向上航行寻找橡胶，然后让橡胶树顺流漂浮而下，将物理和生物领域结合形成一个经济体系。这一网络还表现出另一种规律，是橡胶树变成一种形态的关键："跨尺度自相似性"（self-similarity across scale），即"某一层次的模式嵌套在更高更全面的同一模式之中"。这个网络系统的自相似性是单向的：小河会汇入大河，而不是相反。在橡胶热潮时期，债权—债务关系的自相似重复模式亦反映出类似的网络模式与单向性。"一个位于河流交汇处的橡胶商人向上游商人放贷，反过来又向下游下一个河流交汇处势力更大的商人借贷。这种嵌套模式将森林最深处的原住民群体与亚马孙河入海口乃至欧洲的橡胶大亨联系在一起。"[101]

人类并不是唯一擅长利用这种连接河流与植物生命单向嵌套模式的生物。亚马孙河豚就像商人那样聚集在河流的河口，享用那些因河网交织汇集而来的鱼群。所有这些模式的发生都是由于若干组成部分的特性（橡胶树需要水，橡胶树之间需要保持距离，水流会分支并向低处流动，人类寻求经济资源以开发和积累资本），以及它们之间的互动和关联。模式从那些特性、互动和关联中产生，不需要什么内嵌的人造生命（homunculi）从内部指导整个流程，也不需要任何从外部强加模式的施动者。

20世纪70年代，吉布森（J. J. Gibson）在他的著作《视知觉的生态学方法》（*Ecological Approach to Visual Perception*）中

---

101 Kohn, 162–63.

第一章　绘制梦境

引入了"可供性"的概念。正如尼里·伯德-戴维（Nurit Bird-David）所总结的那样："事物提供给感知者——行动者什么，它们就会被如何感知，这正是它们对于他的意义。就像吉布森所说的，它们的'可供性''打破了主客体二分法……这是环境的事实，也是行为的事实……可供性既指向环境，又指向观察者'。"[102]就我们的目的而言，可供性是一个有用的概念，因为它打破了主客体二分法。将梦仅仅看作是做梦者的一种精神活动的观点——尽管我努力将其归类，但我倾向于将这种观点带入这个主题——只会给做梦者留下很少关于梦的东西。思考梦的可供性，则会打开另一条思路，将其视为做梦者与被梦到的东西之间关系的一种模式或者载体，从而让"梦的终极本体地位是什么"的问题存而不论。在第五章我们将看到，梦在大量中国文本中的解释方式，意味着它提供了令人惊讶的广泛可能性。

最后，"周围世界"这一概念在20世纪初由出生在爱沙尼亚的德国生物学家雅各布·冯·乌克斯库尔（Jakob von Uexküll）提出。一种生物的"周围世界"是指"该动物自己所理解的生态位"。[103] 在一段典雅而优美的文字中，乌克斯库尔描述了蜱虫的周围世界是如何仅仅围绕着存在或不存在丁酸（一种所有哺乳动物都能够分泌的物质）而构成的。[104] 与直觉相反的是，正是这种对蜱

---

102 Bird-David, "'Animism' Revisited," 74; 以及参见 Gibson, "The Theory of Affordances"。
103 Hoffmeyer, *Biosemiotics*, 171.
104 von Uexküll, *Foray into the Worlds of Animals and Humans*, 44-52。关于这个概念局限性的讨论，参见 Kohn, "How Dogs Dream," 18n3。

43

虫感知环境灵敏度的严格限制,使得蜱虫能够出色地发挥其功能。运用这个概念,我们可以阅读人类与灵狐相会的叙事,比如,作为灵狐眼中世界的部分概述。每一个在梦中拜访人类的非人类的自我(extra-human self)都拥有自己的周围世界,其性质至少部分地通过梦中的相遇而得以揭示。

这些概念有助于我们思考梦中发生的或贯穿整个梦的互动,互动可以发生在活着的人与其他存在者之间——逝去的人、动物、昆虫、树木,还有各种各样的"灵魂"。这些概念都源于符号学理论,除此之外,还有一个共同点:它们坚持将个体存在者与其他存在者及其环境联系起来。它们强调,所有的生命都是记号过程,所有活的事物都是以符号化过程为基础的,参与记号过程是成为一个有目的的自我(不一定是人类的自我)的过程,"作为一个身体而存在,既不是作为纯粹的主体,也不是作为纯粹的客体而存在,而是……以一种克服这种对立的方式而存在"。[105] "因此,并非只有我们人类在解释世界。'相关性'(aboutness)——最基本形式的表现、意图和目的——是生物世界中生命动力的内在结构特征。生命本质上是符号学的。"[106] 就我们的目的而言,这些概念将被证明是有用的,可以提供我们思考与讲述做梦者在梦中与之互动的各种其他存在者之间产生关系的方法,反之亦然。我们大多数人已经习惯于将人类视为中性的、不定型的"自然"白板上的模式施加者,而这些概念使我们能够把不同存在者之间的互动

---

105 Hoffmeyer, *Biosemiotics*, 26.
106 Kohn, *How Forests Think*, 73-74.

模式，看作是他们在共同生活的世界中的特定情境里产生的东西。我们将看到，梦在这样的互动中扮演着关键角色。

摒弃的方法

可想而知，下文介绍的一些材料被塞入一个——也许是荣格（Jung）的，特别是弗洛伊德的——普遍化的理论或"梦义工厂"（interpretation mill）中。毕竟，我们已经看到有人用弗洛伊德的术语大胆地分析亚马孙人的梦，人类学家很容易变成他研究对象的精神治疗医师；[107]埃利乌斯·阿里斯提得斯（Aelius Aristides，卒于181年）记下的梦被"解密"以揭示其"暗含的无意识含义"；[108]根据亚历山大大帝的梦，他被诊断为患有俄狄浦斯情结，也就是恋母情结，因此过度地追求成功，接着，他又被批评没能认识到自己的梦是来自无意识的警示，因为这样"现代的"观念对于他来说还是"无法理解的"；[109]还有，一位印度尼西亚的做梦者被指责没有像一个优秀的弗洛伊德研究对象那样，"将［一个］梦中的显性内容辨识为自己想象的产物"。[110]在我看来，这种将像梦这样的人类经验必不可少的东西普遍化的理论，无论构想得多么巧妙，都是知识分子傲慢的"纪念碑"（更不要说是殖民权力的人工制品和工具）。这些分析理应被载入史册，也已然如此。我会

---

107 参见Kracke, "Dreaming in Kagwahiv"。相关的批评参见Price, "The Future of Dreams"。
108 参见Stephens, "Dreams of Aelius Aristides"。
109 参见Hughes, "Dreams of Alexander the Great"。
110 参见Hollan, "Personal Use of Dream Beliefs in the Toraja Highlands"。

偶尔提到它们,作为人们分析梦的特殊方法的例子,但我不会把它们当作分析任何事物的工具。[111]

一些学者试图考证各个来自古代或中古时期特定的梦的记述,是否代表了"真实的、可靠的梦的经验"。[112]例如,有学者仔细爬梳了埃利乌斯·阿里斯提得斯引人入胜的梦的记录,将他那些"真实梦"与纯粹是"文学创作"的例子区分开来,凡属"刻板类型化的宗教主题和意象"都被认为是"伪造"的证据。[113]也有学者曾经试图制定一些可行的标准,以此判定古代关于梦的记录的真伪。[114]我发现这是一条毫无结果的探究之路。我们不能有效地掌握到底各个梦是否如其记载那般真实发生过,但是我们可以知道,在被记录的梦所处的时间和地点,它们被用来做什么,又是如何被他人接受的。因此,当涉及具体的中国梦的记述时,我不会断言某个梦是否真的被梦到过。相反,我感兴趣的是,在一篇流传下来的文献里,各个梦是如何被断言为被某个特定的人梦到过的。

我为什么选定战国晚期至晚唐作为研究的时间段呢?在某种程度上,这一选择是武断的,完全出于我专业知识的限制。这也部分基于我想纳入的一些写本材料的年代;它们集中在这个时期的

---

111 坦诚地说,我没有在这本书中提到弗洛伊德在文化上更微妙的运用,比如 Devereux, *Reality and Dream*; Devereux, *Ethnopsychoanalysis* 和 Devereux, *Dreams in Greek Tragedy*(一部引人入胜的作品);或者 Obeyesekere, *Medusa's Hair* 和 Obeyesekere, *Work of Culture*。所有这些著作都是将弗洛伊德的理论和人类学学科纳入相互对话之中最坚持不懈的尝试。

112 Stephens, "Dreams of Aelius Aristides," 77.

113 Stephens, 77. 有关阿里斯提得斯的更精细的解读,参见 Pearcy, "Theme, Dream, and Narrative"。

114 例如,参见 Harris, *Dreams and Experience in Classical Antiquity*, 91-122。

首尾两端。除此之外，我敢打赌，可以从晚唐以后的文献中见到的中国梦境，其最重要的主题都已经在这里所探讨的时段内形成。然而，我并不认为在这里所探讨的时段内，人们对梦的理解或使用是否发生了大的变化，也不断言在此之后没有什么重要的变化。鉴于可获取的证据通常是不全面的，无论如何，这种变化都不可能被确凿地证明。[115]

在这里，我当然忽略了梦的政治用途——我偶尔会提及，但并未单独把它作为一个分析主题。[116] 清醒梦（Lucid dreaming，一种普遍而奇妙的现象，做梦者在做梦时意识到这是一个梦）未予关注，因为可能除了一些道教文献外，[117] 我在这里探讨的史料中很少发现有容易辨识为提及清醒梦的内容。我对"睡眠"的概念关注不够，不过幸运的是，安特耶·里希特（Antje Richter）在这方面做了大量工作。[118] 我可能也没有公正地对待梦和梦的论述中的性别

---

115 在此，我同意Eggert，*Rede vom Traum*所做的类似选择，虽然其他学者对此有所抱怨（ter Haar review, 200），而且在我的研究所涉及的早期阶段，我会更加坚定地捍卫这一选择。尽管如此，基于一组来自两个时期的有限而大体类似的文本，主张人们对梦的态度有历时性的转变，这并非不合情理。关于这种分析，有一个有说服力的例子，参见Jensen, "Dreaming Betwixt and Between"。半个多世纪以来，在Armstrong and Tennenhouse, "Interior Difference"中，梦的叙述在论证自我与意识新概念的出现方面发挥了关键作用。

116 在此一政治的方面，读者可以幸运地查阅到Vance, "Divining Political Legitimacy in a Late Ming Dream Encyclopedia"; Wagner, "Imperial Dreams in China"; 傅正谷：《中国梦文化》，第314—338页；Soymié, "Les songes et leur interprétation"; 罗新慧, "Omens and Politics"; Fodde-Reguer, "Divining Bureaucracy"; 以及Shaughnessy, "Of Trees, a Son, and Kingship"。

117 分析见*Dreaming and Self-Cultivation*。

118 参见Richter, "Sleeping Time in Early Chinese Literature"; 以及Richter, *Das Bild des Schlafes*。

方面，以及读者可能会有浓厚兴趣话题的其他方面。有足够的材料可供其他学者进一步研究，我只希望我的书对他们有用。

我必须提醒大家，本书不打算作为对任何事物的调查。我并不试图面面俱到地叙述在这段漫长的时期或任何一个特定的世纪里，人们对梦的思考和书写是什么。我没有全面论及所有特定的写作类型，或者精研某一个文本。事实上，我不确定对这个主题面面俱到的叙述是怎样的。在本书中，不乏可能已经被评论但我并未提及的文本。我对材料的组织是由一组问题驱动的，并在考虑这些问题的情况下有选择地讨论。我希望提供的不是对梦境的综合性论述，而是围绕与跨越梦境的尝试。这些文本取自多种体裁：经文、经典、传记、散文、轶事、历史、论著、选集和诗歌，还有在睡虎地、敦煌、王家台等地发现的释梦指南和其他写本，等等。有些学者可能会反对，认为中国这个时期关于梦的记录过于零散与片面，根本无法进行综合论述。但事实上，这就是这个主题吸引我的地方。所有关于古代和中古时期的记录都是零散而片面的：只是在这种情况下，事实如此明显，以至于不容忽视。就像梦本身一样，记录是杂乱而多义的。材料的系统性与全面"覆盖"材料的期望是相辅相成的。那么，倒不如从一开始就坦率地承认这一点，让问题来引导我们。

我将要探究的这些问题，并非只与中国文化相关。这是有意为之的。读者会注意到，全书多次引用关于其他文化的研究，有的作为中国段落的平行案例（或者提供有价值的对比），有的是其作者提出的富有启发性的问题、范畴或措辞。有些读者可能想知道为什么这是必要的。我的答案有两方面。一方面，通过检视其他文化的学者对与梦相关材料的研究，我们对中国案例的思考才可能得以丰富。也就是说，将中国与其他国家并列考虑，视为一例，而不是像以往那样，孤立地对待中国，或者仅仅将之视为"西方"的他者——即便这种比较是含蓄的或不成熟的，这样做，思考才可能得以丰富。另一方面，梦的跨文化研究应该像佛教徒可能会说的那样，应当通过在中国这样古老的文明中进行与梦相关的思考、写作与实践，而"出种种妙香"。至关重要的是，我们把中国的材料置于与广义的文化宗教研究相关的一些问题、议题和难题的对话之中。对话的双方只会从中受益。

为什么选择这个主题

那么，我为什么要撰写一部关于这个主题的书呢？简而言之：

● 研究关于梦和做梦的文字，能够让我们瞥见人们从自己和他人的经历中创造意义的过程——这个过程未必是顺利或简单的。

● 关于做梦的看法，以及关于据称发生过的梦的记录，揭示了很多关于自我、非人类的存在者和宇宙的概念。尤其是它们揭示了人类与各种他者之间关系的想法。梦是一个遇见他者的地带。

● 释梦是一种占卜方式，而占卜在任何社会中都是思考与实践的重要方面。

● 中国宗教和文化在很多层面上都充斥着官僚主义的隐喻，但梦却不是这样的领域。关于梦的重要理论或隐喻都不涉及我们所谓的官僚主义习语，尽管有很多记录下来的梦的内容确实与今生和来世的官僚政治有关。

- 作为一个主题，梦处于文化符号学、治疗传统、关于"自我"的概念、本体论、认识论、修辞学、自我修行准则与合法化模式的十字路口。梦存在于个体与文化相遇的交汇处。这使得梦成为一个内涵丰富且成果丰硕的反思主题。

- 梦在生物中的分布相当广泛——狗、猫、马、一些鸟，也许还有章鱼、鱼、鳗鱼、鸭嘴兽都会做梦[119]——然而，人们对梦的理解却多姿多彩。这本书描绘了中国人所理解的梦的一些事情。

本书结构十分简明。第二章探讨了梦被想象成什么样的过程或事件。第三章和第四章讲述了一些"间接的"、被认为需要某种解读的梦；我主要用前瞻范式来处理它们。第五章讨论了一些"直接的"、不需要解读的梦；我主要用到访范式来处理它们。结语则思考了任何类似的研究都必须在一定范围内进行。

---

119 参见 Montgomery, *Soul of an Octopus*, 37-39。

第二章

难以捉摸的梦的本质

对于中国的作者和读者来说,梦是什么,以及人类自我的哪些模型与做梦的特定观念有关?在带着这些问题检视了现存史料之后,我想以选定的文本作为例证,绘制出梦境这方面的图景。[1] 我们在这里揭开做梦本身的奥秘,将其视为是一个过程或事件。梦的实际机制被认为是什么?本章首先设定了一个问题,"在各种文献中想象或瞥见的世界里,做梦是当X的时候发生的事"。本章要解决的便是X。

呢喃与隐喻

首先,我要提醒读者注意两点。第一,我们将看到一大堆杂乱

---

[1] 关于本章主题涵盖更广泛文本和更长时间跨度的不同研究,参见傅正谷:《中国梦文化》,第168—230页;刘文英、曹田玉:《梦与中国文化》,第233—314页。

的关于梦是什么的观念——有时出现在同一个文本中。我们不应该对此感到惊讶。这在大多数文化和历史时期中都是常态，并且考虑到梦固有的神秘性，常态几乎是必然的。[2]（最重要的是，文化是混乱的总集，而非严密整合的系统。）[3]第二，构成这一主题证据的段落大多不是理论化的，而仅仅是暗示性的。通常，它们是作者急于讨论其他主题时附带提及的。做梦的本质很少被当作一个就其本身而言的独立过程。因此，我们发现自己不得不从那些仅仅是暗示性的段落中推论出做梦的模型——至少如果我们想了解人们对梦的起源是怎么想的，对正确看待这一问题，我们比以前时代的作者和读者更感兴趣。[4] 当涉及梦这样朦胧的事情时，或许这是不可避免的：几乎所有人都做过梦，却没有人清楚地知道梦为什么会发生。正如芭芭拉·特德洛克（Barbara Tedlock）所写的美洲印第安人部落关于梦的观念：

> 这些不同的理论不是静态的、内在一致的文法或者脱离日常生活活动的成套思想。相反，它们与社会活动相关，并被个

---

[2] 关于在希波的奥古斯丁（Augustine of Hippo）著作中发现的对梦的立场的转变，参见Graf, "Dreams, Visions and Revelations," 228。关于一个说话者在一次交谈中援引多种梦的模型的例子，参见Stephen, *A'aisa's Gifts*, 162-63。对照Crapanzano, *Hermes' Dilemma*, 244。

[3] 关于这一点的详尽阐释及其影响的讨论，参见Campany, "On the Very Idea of Religions"。

[4] 正如普赖斯（S. R. F. Price）所解释的那样，"从19世纪的先驱到弗洛伊德及之后的关于梦的现代科学理论主要关注的不是梦的结果，而是梦的起源和因果关系"，而对于像阿特米多罗斯（Artemidorus）这样的希腊的梦专家，"兴趣在于预言，而非内省，并且他对于预言性梦的起源的解读也刻意回避了在内在原因与外在原因之间作出决定"（"The Future of Dreams," 18）。

人以不同方式在不同语境中解读、处理和运用。梦的交流涉及个体暂时性理论的融合，他们采用临时的策略来理解特定的话语。正如理查德·罗蒂（Richard Rorty）所说："一个理论是'暂时性的'，因为它必须不断地被修正，以使呢喃、结巴、用词不当、隐喻、抽搐、痉挛、精神症状、极端愚蠢、神来之笔等等成为可能。"[5]

为了方便起见，基于前述提醒，我将把这些理论或观念丛统称为"模型"（models）。在这个过程中，我们会看到模型不仅包括做梦的过程或事件，还有做梦者本人，或者导致梦发生者，做梦者不一定被看作是这一过程的施动者。[6] 接下来，我将探讨梦的呢喃与隐喻。

外来精灵的接触

一个常见的也是最早被记录的模型，[7] 有三个运作的部分。外部

5　Tedlock, "Sharing and Interpreting Dreams in Amerindian Nations," 88，引用了Rorty, *Contingency, Irony and Solidarity*, 14。特德洛克继续引用了其他几个例子，在这些例子中，人类学家发现了多种不一致的梦的理论，即便是在同一个小规模的社群里也是如此。Merrill, "Rarámuri Stereotype of Dreams" 也持相同的观点。

6　"需要重视的翻译问题是由一些本土的术语引起的，这些术语表明自我的某一部分在梦中变得最为清醒，有时被描述为停留在做梦者的体内，有时被描述为在做梦者的体外游荡。"（Barbara Tedlock, "Dreaming and Dream Research," 26）

7　这一模型绝非仅限于古代时期：举例参见Vance, "Exorcising Dreams and Nightmares in Late Ming China"。

实体在做梦者睡觉时接触他们。该实体是某种非人类的存在者——它是个性化的施动者，通常都有潜在目的，不管是否明确。这场接触也不是通过做梦者的行为以任何明显的方式请求或者引发的——至少在相关段落的框架之内并非如此。[8] 在某些情况下，外来的施动者是否由做梦者的一些文本记载之外的行为促使而出现，则仍然是一个问题。

在这一模型最简单的层面上，一些实体在做梦者睡眠期间出现在其面前，而任何使之成为可能的机制、认识论或本体论框架，都没有得到解决。在商代的甲骨文中，我们发现了一些关于王室在梦中所见人物的卜辞。占卜本意是想要确定这些人物的身份，以便采取适当的仪式行动。[9] 一些卜辞写作"王梦隹Ｘ"，其中Ｘ是

---

[8] 在其他文化中，类似的情形一直存在。一些例子可以参见 Macrobius, *Commentary on the Dream of Scipio*, 92; Hadot, *Philosophy as a Way of Life*, 241〔[法] 皮埃尔·阿多著，姜丹丹译：《作为生活方式的哲学：皮埃尔·阿多与雅妮·卡尔利埃、阿尔诺·戴维森对话录》〕; Graf, "Dreams, Visions and Revelations," 219-25; Spaeth, "'The Terror That Comes in the Night'"; 以及 Hollan, "The Cultural and Intersubjective Context of Dream Remembrance and Reporting," 175-76。

[9] 关于商代意为"梦"或可能是"噩梦"的图画文字，以及相应刻辞的例子，参见 Shima Kunio, *Inkyo bokuji sōrui*, 450〔[日] 岛邦男著，濮茅左、顾伟良译：《殷墟卜辞研究》〕; 以及徐中舒：《甲骨文字典》，第836—837页。关于商代及以后"梦"的图画文字形态的粗略概述，也可参见罗建平：《夜的眼睛》，第2—3页; 以及韩帅：《梦与梦占》，第1—7页。（关于与睡觉相关的术语，参见Richter, *Das Bild des Schlafes*, 17-37）似乎重要的是，意为"疾"的图画文字的写法与意为"梦"或可能是"噩梦"的图画文字的写法几乎相同：它们都包括一个斜躺在床上的人形；"疾"字有多出的几笔。我们可以推测，这意指做梦就是默认经历某种疾病或干扰。白川静认为，商代的图画文字实际上描绘了一个灵魂在床上睡觉的人上方盘旋（参见白川静：《甲骨金文学论集》，第449—476页; 以及 Harper, "Wang Yen-shou's Nightmare Poem," 255），不过这个观点似乎并未得到研究商代文字的文字学家的广泛接受，而我没有资格评估其对错。无论如何，这种表示（转下页）

某一逝者的名字,"隹"则是一个连系动词,意思是"因为、由于、归因于":所以整句话的意思是"王的梦是因为X",或者"至于王的梦,是由于X"。(有时候卜辞还配有一句否定的表述,对被言及的精灵作选择:王梦隹X/王梦不隹X,"王的梦是因为/不是因为X"。)[10]这类占卜所要寻求的究竟是在梦中见到的逝者的身份,[11]还是负责产生梦的施动者,又或者两者兼而有之,则并不完全清楚(起码对我来说是如此)。至少有一则甲骨刻辞暗示,某种灵体直接导致了王的梦,因而应当被驱逐。[12]

我们在两篇竹简《日书》中看到了类似的模型,它们于公元前

(接上页)"梦"字的词源绝非早期中国独有。关于相关汉字字源学的讨论,参见刘文英:《梦的迷信》,第157—159页;以及刘文英、曹田玉:《梦与中国文化》,第370页以下。关于玛雅铭文的例子,参见Groark, "Specters of Social Antagonism," 319。

[10] "隹"在前古典时期可作连系动词,参见Pulleyblank, *Outline of Classical Chinese Grammar*, 22〔[加]蒲立本著,孙景涛译:《古汉语语法纲要》〕。"隹"有"由于"的意思,常常出现在与梦相关的刻辞中,参见Takashima, "Negatives in the King Wu-ting Bone Inscriptions," 241-43, 394n34; Keightley, *Sources of Shang History*, 79-80; Keightley, *Ancestral Landscape*, 101-03〔[美]吉德炜著,陈嘉礼译:《祖先的风景:商代晚期的时间、空间和社会(约公元前1200—前1045年)》〕;以及Itō and Takashima, *Studies in Early Chinese Civilization*, 1: 140-41, 1: 310, 1: 460-63。在古代和现代汉语中,和很多其他语言(包括英语)一样,连系动词往往具有解释的功能。

[11] 在某些情况下,卜辞中提到的祖先似乎会因为与做梦者相隔太多代,以至于无法被后者通过相貌辨认出来。话说回来,在梦中一切皆有可能。参照《淮南子》中关于"如果做梦者从未见过自己的父亲怎么办"这个问题:"遗腹子不思其父,无貌于心也;不梦见像,无形于目也。"(《淮南子集释》,第1200页)。译文据Brashier, *Ancestral Memory*, 204;以及Major et al., *Huainanzi*, 682。

[12] Itō and Takashima, *Studies in Early Chinese Civilization*, 2: 143-44。关于在同一块龟板背面所示此次占卜的明显情况,参见Itō and Takashima, I: 475。关于另一次占卜,是为了预测在王室做梦以后是否应该进行驱魔,参见Itō and Takashima, I: 350。关于引起(令人不快的)梦的精灵的刻辞,参见"Consciousness of the Dead," 75。

217年埋入地下，1975年在湖北省睡虎地出土。相同的观点也渗透到一份晚唐或更早时期敦煌写本里的一段话中。[13] 睡虎地《日书》甲种有一段话写道：

> 人有恶梦，觉，乃释发西北面坐，祷之曰："皋！敢告尔豹琦。某，[14] 有恶梦，走归豹琦之所。豹琦强饮强食，赐某大幅，[15] 非钱乃布，非茧乃絮。"则止矣。[16]

我们发现，这段文字和睡虎地《日书》的其他段落以及敦煌写本，尽管在措辞上略有不同，但内容却高度一致。对于那些做过噩梦的读者，每个文本都规定了一套仪式，包括散开头发，面朝西北（敦煌写本中是"东北"），并向一位叫作"豹琦"（睡虎地

---

[13] P2682包含有一个中古时期版本的鬼神学文本《白泽精怪图》，其中包括鬼神的图像。法国国家图书馆的数字图书馆藏有数字化的版本：参见https://gallica.bnf.fr/ark:/12148/btv1b83033424/f1.image.r=Pelliot%202682［2020年3月3日访问］。对其内容的详尽描述，参见Kalinowski, ed., *Divination et société dans la Chine médiévale*, 455-58；也可以参见Harper, "A Chinese Demonography of the Third Century B.C."，其中有一个简短的章节涉及鬼神引发的梦。

[14] 做梦者要用他或她自己的名字来替换模板中的"某"。

[15] 文本中的"幅"与"福"和"富"是双关语。当然，高质量的纺织品本身也是一种财富的形式。

[16] 译文出自Harper, "Textual Form of Knowledge," 52；参照Harper, "A Note on Nightmare Magic in Ancient and Medieval China," 72-73。睡虎地《日书》这段文字的图版、释文和注释，可以查阅《睡虎地秦墓竹简》第134—135版，以及第210、247页。亦可参见Harper and Kalinowski, *Books of Fate and Popular Culture*, 449, 452中的列表。关于这段话和其他涉及"豹琦"及类似的早期噩梦驱散者的内容，也可以参见刘钊：《出土简帛文字丛考》，第203—206、213—216页。关于更广泛的早期驱魔做法，参见Harper, "Spellbinding"；Harper, "A Chinese Demonography of the Third Century B.C."；以及Poo, "Ritual and Ritual Texts in Early China," 305-309。

《日书》甲种）或者"宛奇"（睡虎地《日书》乙种）或者"伯奇"（敦煌写本）的存在者念一段咒语（睡虎地《日书》乙种为"祝"字，敦煌写本为"咒"字），或进行祷告（睡虎地《日书》甲种为"祷"字），[17]它会监管那些导致噩梦的精灵。祝祷者用咒语敦促这位神圣的监管者去享用供奉的食物，然后作为回报，让噩梦不要再次发生。祝祷者还要求这些导致噩梦的精灵回到它们的监管者那里。这套流程的末尾是附加的请求："豹觭"/"宛奇"/"伯奇"给予物质上的祝福，以换取供品。所有三则咒语都指向敦煌文本明确陈述的内容："厌梦息，兴大福。"这些文本属于我称之为驱魔范式的众多文本之列。

王延寿的《梦赋》（作于2世纪中叶）也是建立在相同的做梦模型基础上，同样构成一种咒语式的写作模式，夏德安（Donald Harper）认为它"既是一首关于噩梦的韵文，也是驱逐噩梦鬼怪的咒语。"[18]清醒的做梦者召请精灵的帮助，或者宣告自己有强大的精神状态，呼喝鬼的名字，恐吓它们，并表演式地讲述它们被驱逐的过程。[19]

---

17 《后汉书·礼仪志》中提到的"伯奇"是"食梦"的神灵（《后汉书》，第3128页）。在每年最后一天的大傩/逐疫中，它的名字被作为十二个鬼神的名字之一来吟唱。参见Nishioka, "Akumu no zō"; 以及Bodde, *Festivals in Classical China*, 81–117〔[美]德克·卜德著，吴格非等译：《古代中国的节日》〕。

18 Harper, "Wang Yen-shou's Nightmare Poem," 242。我要感谢这一优秀的翻译与研究。此处述及的中文文本以及行数都是由夏德安提供的；我的翻译偶尔会有一些不同。

19 事实上，夏德安认为，所有汉赋的体裁都取决于"文字的魔力"（word magic）和"作为魅惑的语言"（language as enchantment）的力量（Harper, "Wang Yen-shou's Nightmare Poem," 240），这一论点常常被文学史家忽视，但值得认真对待。在古代世界，修辞有时候被视为具有魔力，例如参见Barton, *Power and Knowledge*, 97。

王延寿在《梦赋》几句简短的散文序言中说道，他弱冠之年就受到噩梦的困扰。他得到著名的文学家、辞赋家、宠臣也是神秘学大师东方朔创作的"骂鬼之书"后，写下了《梦赋》。"后人梦者读诵以却鬼，数数有验。"所以，读者不仅可将此赋解读为一个人经验的诗意陈述——尽管它确实如此——也可当作一种咒语的述行性演说，这种演说会产生它所描述的结果。"臣不敢蔽"，加上归于东方朔所作的韵文，暗示诗人在这里共享了那些之前只能秘传的富有神力的文字。[20]

此赋正文有58句。首三句介绍梦。第50—52句写说话者醒来，并描述梦的余波。第53—58句是结语，列出了之前的五起著名案例，在这些案例中，不祥之兆（包括最初看起来有害的梦）转为好事，最后以作者的祝祷结尾："转祸为福，永无恙兮。"这一结尾的惯常用语是前文所提到的敦煌写本中咒语的先导。[21] 正如我们将在本章后文看到的，其他作者对此亦有呼应，但却是在一个非常不同的语域之中，那就是道德自我修行。

此赋的第4—49句描写了梦本身。在这里，我们可以发现两种交替的韵文类型和言说语域。一些长短不一的句子进行描述性的叙事。另一些三字句则每一句都包含一个强有力的动词（"扑""奇""斩""挞""抶""总"等等），后面跟着一种由两个

---

20 关于东方朔，参见 Strickmann, "Saintly Fools and Taoist Masters"; Thomas Smith, "Ritual and the Shaping of Narrative"; Swartz, *Reading Philosophy, Writing Poetry*, 79–80; Campany, *To Live as Long as Heaven and Earth*, 341n191; 以及 Campany, *Strange Writing*, 144–46, 318–21（其中与东方朔有关的行星被误认）。

21 Harper, "Wang Yen-shou's Nightmare Poem," 252n58.

字组成的鬼名，例如，"批狒毅，斫魅虚，捎魍魎，拂诸渠"。因此，这篇赋的主体不仅是鬼怪的名册，也是驱魔命令的总集。[22] 在两处（第8句和第49句），说话者声称自己是"真人"，"含天地之淳和"。这些自我描述也表现为对权威的述行性要求，对抗鬼怪可能认为自己拥有的、在说话者睡梦中攻击他们的任何力量。说话者把自己定位为一个有权向胆敢袭击他这种地位的人的鬼怪表达愤怒之人。

因此，此赋既是对噩梦的叙述，又是能够影响其驱散作用的述行话语，还是其他做梦者为了避免自己噩梦而背诵的咒语脚本。[23] 夏德安解释道："诗人在梦中的角色不仅仅是做梦者，同时也是念咒者和驱魔人。鬼怪之战的生动语言之所以有效，不只是因为其语言的独创性，[还]因为它本质上是咒语语言。"[24]

这种关于（噩）梦起因的观念，以及其他构成驱魔范式的复杂元素，一直延续到中古时期。这一范式出现在许多向各种自我修行之道实践者推荐的方法中。[25] 在这个模型中，做梦者并非梦的施动者，而是梦的被动接受者。梦的施动者是外来的存在者，而梦是一种恐怖的、本质上是危险的经验，是他者强加给我们的。[26] 正

---

22 描述性叙事的句子是第4—9、28、35—37和43—49句。三字的命令句是第10—27、29—34和38—42句。正如夏德安所说，"焦点在做梦者的第一人称战斗和一般性描述之间交替切换（采用了战斗叙述中常见的叙事方法）"（Harper, 253）。
23 参照：Coleridge's "*Kubla Khan* is a poem on the Romantic theme of lost inspiration that represents the loss occurring"（Perkins, "The Imaginative Vision of *Kubla Khan*," 44）。
24 Harper, "Wang Yen-shou's Nightmare Poem," 276.
25 参见Campany, *Dreaming and Self-Cultivation*.
26 参照："*The very act* [of dreaming] *involves risk to the dreamer*"（Stephen, *A'aisa's Gifts*, 124; 原文即有着重号）。

如这些文本所描述的那样，我们对噩梦的最好回应是确定施动者的身份，然后驱逐它。至于恶鬼般的他者能够导致梦中景象的本体论或认识论机制，文本则没有涉及。更令人惊讶的是，这些让我们做梦的施动者的动机仍然模糊不清。他们希望获得什么？显然，卑鄙、暴力和污秽的形象占据了主导地位：噩梦首先是对界限的破坏。通过驱逐应受责备的施动者和维护睡梦中脆弱的自我的边界，回应仪式使得秩序恢复如常。

在进入下一部分的讨论之前，我们应该注意一种在此范式中不同寻常的替代策略：发起一项从源头上摧毁梦的施动者的打击行动，先发制人，避免做梦。比如广川王刘去（卒于公元前71年）的妻子阳城昭信采用的极端方法。这对夫妻杀害王昭平和刘去的另外一位姬妾及她们的婢女之后，昭信病倒了，梦见这些女子在阴间状告刘去。刘去回应道："虏乃复见畏我！独可燔烧耳。"他掘出她们的尸体并烧成了灰。后来，昭信出于嫉妒，下令杀死刘去的另一位姬妾（名为陶望卿），但是陶望卿逃脱了，随后跳井自杀。昭信便向刘去诬言望卿道："前杀昭平，反［在梦中］来畏我，今欲靡烂望卿，使不能神。"于是，他们从井里捞出望卿的尸体，毁伤、肢解之后，取桃灰毒药一起放进大镬里烹煮，使之化为蘼粉。[27]

中古时期还有很多这样的故事：一个活着的人——通常是一个旅人——梦见一个死去的人声称自己在他们附近的坟墓损毁了，并请求帮助。做梦者通常会在清醒时的生活中首先确认梦中声称

---

[27]《汉书》53.2428-29；BDQ，349。

的事实，然后采取措施修复坟墓。鬼魂可能会在随后的梦中（或者在清醒时的幻象中）再次出现，感谢活着的人。[28]（案例将在第五章讨论）在某种意义上，此类故事传达了一种不同的世界观：这种互动似乎被认为是不具威胁性的，并且基于双方之间的合作，或就是双方之间合作的理由。重点不在于做梦者，也不在于梦对他的影响，而在于做梦者和与之接触的他者之间的关系。不过，"梦是什么"这样的核心模型——与一个带有某种意图而来的精灵——施动者进行不请自来的接触渠道——则仍然是一样的。

对价值行为的回应

在刘殷的传记中，我们读到，他幼年时，梦见有人告诉自己，他家田地的西篱下埋有粟米。第二天，他掘而得粟。钟上刻有铭文："七年粟［量］百石，[29] 以赐孝子刘殷。"他和他的家人靠吃这些粟米生活了七年。[30]

在这个模型中，做梦就是被外来的施动者接触。不过这里是做梦者触发了接触。如何做到的呢？我们很快就学会了在故事之初

---

28 例子参见Campany, "Ghosts Matter," 27; Campany, *Strange Writing*, 377-84; 以及Campany, *A Garden of Marvels*, index s.v. "ghost"。

29 "石"作为一个量词，最初是重量单位，但从汉代开始，有时也被用作容量单位，参见Wilkinson, *Chinese History*, 559-60〔［英］魏根深著，侯旭东等译：《中国历史研究手册》〕。

30 《晋书》88.2287-88。关于刘殷故事的前半部分（断自梦的经历之前）的翻译和讨论，参见Knapp, *Selfless Offspring*, 120-21〔［美］南恺时著，戴卫红译：《中古中国的孝子和社会秩序》〕。

寻找线索。在这个故事中，答案就在钟的铭文上：刘殷是个孝子，粟米是对他的回应——可能来自天、宇宙、彼处的某物或者某人。宇宙是怎样察觉到刘殷之孝的呢？之前的故事开头再次给出了缘由。刘殷很小的时候就成了孤儿。他的曾祖母和他生活在一起，她吃不饱，因为渴望吃堇菜但又正值寒冬而心烦意乱。于是，刘殷无论如何都要到沼泽地中寻找堇菜，为自己不能满足长辈的需求而恸哭流涕，祈愿"皇天后土"哀悯他。他不停地哭，直至听到有一个声音劝他停止哭泣，然后他发现附近长出了一大片堇菜，便采摘了一些回家。之后，才出现了梦的亚叙事（subnarrative）。

这类梦是做梦者与其他存在者接触的渠道，这种接触无疑是对做梦者在清醒时的生活中所作所为的回应。这种触发因素——做梦者的行为——可能会被赋予正面或负面的价值，但在所有情况下，无论在什么话语中发挥作用，它都是被标记的东西。在刘殷的例子中，触发因素是他的孝，在一处荒芜的土地上，以一种相当于言语行为的情绪宣言方式表现出来。在其他例子中，触发因素可能是虔诚的宗教仪式行为，比如在王琰为了宣扬佛教虔诚所编的故事集《冥祥记》（约490年）中就有这样一个故事：

晋兴宁中（363—365），沙门竺法义，山居好学……游刃众典，尤善《法华》……

至咸安二年（372），忽感心气疾病。后得病积时，攻治备至，而了不损……遂不复自治，唯归诚观世音［菩萨］。如此数日。昼眠，梦见一道人来候其病，因为治之，刳出肠胃，湔洗腑脏。见有结聚不净物甚多。洗濯毕，还纳之，语义

曰:"汝病已除。"眠觉,众患豁然,寻得复常。案其经云"或[观世音]现沙门梵志之像",³¹意者乂公所梦其是乎。³²

法义的梦对他的身体产生显著的影响,强调梦中的来访者和手术过程是真实不虚的。同样,在这个例子中,梦是由做梦者先前的行为直接触发的,这些行为在所讨论的宗教惯习(religious habitus)中被赋予了正面的价值。梦是菩萨对做梦者十分虔诚的专注这一触发因素("感")的回应("应")。这段记载进一步说明,这种异乎寻常的回应是对著名经文章节中承诺的实现。经文为从事特定的虔诚行为提供了允诺,而这种行为期望以梦或幻象的形式得到神圣的回应。于是被认为是这种回应事件的记载四处流布,以证实经文的断言,并证明其规定行为的有效性。³³

被赋予负面价值的行为也会触发梦的回应,并且通过几乎一模一样的基本机制——除了在诸如我们适才瞥见的那些正面例子中,做梦的主角通常有明显的情绪集中或注意力高度集中的元素。而在许多针对错误行为作出回应的梦的叙述中,这一元素是缺失的,除非我们将做梦者的恐惧感也考虑在内。一个经典的故事类型是

---

31 这句话,正是以这样的措辞出现在竺法护翻译(285年)的《正法华经·光世音普门品》中(10: 129c)。关于鸠摩罗什译本(5世纪初)同一段落的翻译,参见Hurvitz, *Scripture of the Lotus Blossom of the Fine Dharma*, 314-15;以及Robert, *Le sûtra du Lotus*, 366-67。

32 我对这则轶事的翻译是基于《法苑珠林》95.988b。这个故事在Campany, *Signs from the Unseen Realm*, 132-33中有进一步的讨论,并列出了同源的版本。我在这里略去了最后一行。

33 关于这些社会和文学过程,参见Campany, "The Real Presence";以及Campany, *Signs from the Unseen Realm*, 7-30。

63

鬼魂复仇。另一个故事类型的特征是，动物会在人们破坏与它们的约定或无故伤害它们时，回来复仇。我们将在第五章看到这两种类型的例子。

最后，还有佛教话语中所谓的"真言"（acts of truth）。这些是对实相或信念的宣言，一种被认为有能力从宇宙中引起显著的回应以证实其真实性的言语行为。另外，它们融合了占卜和认识论验证的元素。[34] 由这类语言引起的回应可能包括梦，比如在一则关于著名佛教学者、僧人道安（312—385）的故事中：

> 安常注诸经，恐［他的解释］不合理，乃誓曰："若所说不堪远理，愿见瑞相。"乃梦见胡道人，头白眉毛长，语安云："君所注经，殊合道理。我不得入泥洹，住在西域。当相助弘通，可时时设食。"后［戒律的结集］《十诵律》至［中国］，远公乃知和上所梦宾头卢也。于是立座饭之，处处成则。[35]

---

34 在伯林盖姆（Burlingame）的经典研究"The Act of Truth（Saccakiriya）"中，真言是"一种对事实的庄重声明，附有施动者意图达到目的的命令或决心"（429）。其他的讨论和例子，参见 Ch'en, "Filial Piety in Chinese Buddhism," 84-85; Mai, "Visualization Apocrypha," 76n35; Orsborn, "Chiasmus in the Early *Prajñāpāramitā*," 247; Ohnuma, "The Story of Rūpāvatī," 117-24; Campany, "Miracle Tales as Scripture Reception," 38; 特别是 Kimbrough, "Reading the Miraculous Powers of Japanese Poetry"。

35《高僧传》5.353b17-20；译文据 Link, "The Biography of Shih Tao-an," 34-35，我有修改。同样的轶事也见于《集神州三宝感通录》2.426b8-c5 和《法苑珠林》407a3-6。关于宾头卢的更多信息，参见 Campany, *Signs from the Unseen Realm*, 54-55；以及 Campany, "Abstinence Halls"。

第二章 难以捉摸的梦的本质

本节中的所有例子都有一个基本的观念结构，标准术语是"感应"，或者"触发和回应"，也有一组共同的运作部件。宇宙，或者在宇宙中运行的某些施动者，对做梦者的意图和行为极其敏感。梦是或部分是由做梦者的思想、言语或行为引发的精确调整的回应。这样的回应与其触发是如此协调，以至于西汉的陆贾（约前170年去世）以两块完美契合的符节（"符"）的隐喻，来描述它们的关系。[36] 在任何给定的情况下，回应表现出从个人的、有意的一端到机械的、必然的另一端等一系列特征。换言之，回应的表现形式可能是特定存在者现身、说话和行动，或者也可能是某种客观的看似必然发生的事件。但无论在什么情况下，都是做梦者的行为（或更抽象地说，是行为的道德品质或真相）触发了共鸣之梦的回应。因此，梦的运作就好像一层薄膜，对来自两边的压力都十分敏感。

这类做梦模型也是我所说的溢出范式的核心。在这种范式中，梦成为占据清醒时的生活中自我修行项目的延伸。[37]

灵魂游荡

在另一个早期模型中，当我们的若干灵魂之一——比如"魂"（cloudsouls）、"魄"（whitesouls），或仅仅是做梦者的"神"

---

[36] 在他的《新语·怀虑》中。中文文本和译文，参见 Lu Jia, *Nouveaux discours*, 72；翻译和讨论也可以参见 Goldin, "Xunzi and Early Han Philosophy," 148-52。关于陆贾，参见 CL, 628-31 和 BDQ, 415-16。
[37] 我在 *Dreaming and Self-Cultivation* 中详细讨论了很多这样的例子。

（spirit）——在睡眠期间游荡于身体之外时，梦就会发生。我们拥有多个灵魂的观点，早在《左传》(主要写成于公元前4世纪末)中就得到了证明。[38] 据我所知，现存最早的明确将灵魂游荡描述为在睡眠时发生的事情，进而暗示它是梦的原因的段落出现在《庄子·齐物论》（约公元前320年?)。[39] 全文未加详细阐述，就提出"灵魂游荡"的观念，表明它在当时已经流行：

其[心]寐也魂交[物]，其觉也形[对感官的输入]开，与接为拘，日以心斗。[40]

这段话认为，无论是醒着还是睡着，无论是通过我们的魂还是身体，我们都有一种不幸的倾向，即与我们接触（"交"与"接"）的事物纠缠（"拘"）在一起。

类似地，在《淮南子·精神训》（前139年）中，我们发现它

---

[38] 关于《左传》的成书时间和早期历史，参见ZT, xxxviii-lix。关于多个灵魂的著名段落，参见ZT, 1426-27（其中对各类灵魂的术语的翻译和这里不同）; Brashier, "Han Thanatology and the Division of 'Souls,'" 132, 148; Goldin, "The Consciousness of the Dead," 62-63; 以及Slingerland, *Mind and Body*, 74。关于早在公元前5世纪就有多个灵魂的考古证据，参见Thote, "Shang and Zhou Funeral Practices"。关于古典时代晚期中国对人死后的组成部分及其在坟墓和宇宙中处置的理解，以及其间的复杂性、可变性和不确定性，参见Brashier, "Han Thanatology"; Brashier, *Ancestral Memory*, 185-228; 以及Lo, "From a Dual Soul to a Unitary Soul"。Sterckx, "Searching for Spirit" 指出，这些术语贯穿于仪式实践和各种体裁的文本之中，我们应该记住这两套用法。

[39] 鉴于Klein, "Were There 'Inner Chapters' in the Warring States"，这个日期可能太早了，在这种情况下，据我所知，西汉之前，我们没有可确定日期的文本证据来证明梦是灵魂游荡（导致的）。

[40]《庄子集解》，第11页；译文部分据Graham, *Chuang-tzu*, 50。

说的"性合于道"的真人：

> 以死生为一化，以万物为一方，同精于太清[41]之本，而游于忽区之旁，有精而不使，有神而不行，契大浑之朴，而立至清之中，是故其寝不梦，其智不萌，其魄不抑，其魂不腾。[42]

我在别处评论了这种对"不梦"的正面评价。[43] 在这里，重要的是这段西汉时期的话将"不梦"理解为灵魂没有游荡。同样，班固在作于公元54年或55年的《幽通赋》中写道：

> 魂茕茕与神交分，精诚发于宵寐，梦登山而迥眺兮，觌幽人之仿佛。[44]

此外，我们发现，在6世纪早期的一场重要论争中，"梦"被

---

41 在道教文本中，"太清"既指道德天尊的感而后应 state of pure responsiveness，也指天的一个区域（产生经文和修道方法的区域）。参见 Campany, *To Live as Long as Heaven and Earth*, 33–36。

42 《淮南子集释》，第524—525页；我修改了 Major et al., *Huainanzi*, 249 的译文。大约同时期的《吕氏春秋》的一段文字，虽然不涉及梦，但讲述了一个人的若干魂魄的移动如何造成自我的扰乱：你生活在秦国，而你爱的人生活在齐国，如果你爱的人死了，那么固定在你心中的"气"就会不安，因为你的"精"会来回游荡（Brashier, *Ancestral Memory*, 203）。

43 我在 Dreaming and Self-Cultivation 中有做出评论。

44 《汉书》100A.4214；译文据 Knechtges, *Wen xuan*, 3: 85 修改。将"精诚"译作"真实的感受"（true feelings），似乎未能准确地表达潜在的身心失调本体论（psychosomatic ontology）；如果我们改为读作"精成"，然后我们就会得到更加整齐的并列句："我的精在夜晚睡觉时成形并显现出来。"

67

纳入考量作为"灵魂"与肉体不同并在人死后依然长存这一论点的论据。梁武帝亲自参与论争:"予今据梦以验形神不得共体。当人寝时,其形是无知之物,而有见焉,此神游之所接也。"[45]

从1世纪起,道教的不同派别开始萌发,它们吸纳并详尽地阐述了这一古老的模型。"赌注"常常会被提高,因此夜间的灵魂游荡就被描绘成危险的甚至是灾难性的。最明确而翔实的一个例子可以在被称为《皇天上清金阙帝君灵书紫文上经》的上清派经典中找到,其中有一些段落劝告读者-修行者在睡眠时采用特别的方法,将自己的魂魄固定于体内,避免它们四处游荡,陷入困境。"三魂"被描述为纯真的少年,容易被他们可能在身体边界之外遇到的更粗暴的存在者所利用。在每个月的某些晚上:

> 其夕皆弃身游遨,飚逝本室。或为他魂外鬼所见留制;或为魅物所得收录;或不得还及,离形放质;或犯于外魂,二气共战。皆躁竞赤子,使为他念,去来无形,心悲意闷也。

这里说的"赤子",就是指胎儿状态的自我,是修行者应当通过各种自我修行实践孕生的东西。魂的夜游会损害到上清派修行的核心。当七魄随意游荡时,事情可能会更加糟糕:

---

[45] 《弘明集》52:55a。关于这些争论,已有很多文章;例如,参见 Balazs, "Der Philosoph Fan Dschen und sein Traktat gegen den Buddhismus"; Liebenthal, "The Immortality of the Soul in Chinese Thought"; Radich, "Ideas about 'Consciousness'"; 傅正谷:《中国梦文化》,第77—85页; de Rauw, "Beyond Buddhist Apology," 97–123; 以及[日]吉川忠夫:《六朝精神史研究》,第396—400页。

七魄流荡，[它们]游走秽浊。或交通血食，往鬼来魅。或与死尸共相关入。或淫惑赤子，聚奸伐宅。或言人之罪，诣三官河伯。[46]或变为魍魉，使人厌魅。或将鬼入身，呼邪杀质。诸[这些]残病生人，皆魄之罪。乐人之死，皆魄之性；欲人之败，皆魄之疾。[47]

这种灵魂游荡的模型存在了数百年。在敦煌写本《新集周公解梦书一卷》全本的开头，有一段简短的文字提到人的构成是基于四大、三魂和六（在这里不是"七"）魄。随后，文本写道："梦是神[或者很多神]游依附仿佛。"[48]

这类关于梦的观点假设了一个分解的、多个组成部分的且存在分裂倾向的自我。[49]在构成我们的若干元素和多个魂魄中，有一些

---

46 也就是说，他们在另一个世界的法庭充当检举人，负责监督活人的寿命分配，导致修行者寿命缩短。参见Campany, "Living Off the Books"；以及Campany, "The Sword Scripture"。

47 Bokenkamp, *Early Daoist Scriptures*, 322-26翻译了《皇天上清金阙帝君灵书紫文上经》的8b-11a。我还查阅了Bokenkamp的"Image Work"和詹石窗主编的《梦与道》（第240—256页），受益良多，后者是对道教分神与梦的关系的概述。与柏拉图《理想国》第9卷（也在Cicero, *De divinatione*, 291中被引用）提及的梦中的自我（dream-self）理论参照对比，亦有所启发。

48 P3908, http://gallica.bnf.fr/ark:/12148/btv1b8300230n/f2.item.r=P%203908,[2020年3月3日访问]；郑炳林：《敦煌写本解梦书》，第171页、第179页注释5；以及刘文英、曹天宇：《梦与中国文化》，第68—69页。

49 波里耶（Poirier）对澳大利亚原住民自我观的描述与梦有关，适用于此：它是一个"这样的'人'的概念，即人是可分的……能够被非人类的施动者和'精'渗透并与其同质，而且由多种关系构成（有些人可能称之为'身份'）……这些关系……是身体自我固有的……换言之，它们构成了一个人的人格……当地的'人'的概念是……'可分解的'。人的这种"可分解性"，"有助于在梦中有更高的感受能力和交流能力"。("This Is Good Country," 114, 121) 当然，（转下页）

44

177

69

特别不稳定，正是它们的活动导致了梦的发生。睡眠会放松自我控制，使灵魂可能游荡；因此，睡眠本身就是危险的。[50] 所以睡眠就像死亡，后者同样被想象为魂魄离开身体，而对于一些魂魄而言，是一段向外、向上或者向下的漫长旅途。[51] 这些隐喻的模型对思维、实践和叙事都产生了真实的影响：一些死而复生的轶事生动地描述了魂魄在阴间短暂停留后，有时并不情愿返回身体。这种关于梦的观点在其他社会也广泛存在。[52]

不过，即便是我们所选取的这些少量段落，也足以说明灵魂游

（接上页）多元自我理论（theories of the self as multiplex）在现代西方也得到了发展。例如，参见 Taves, "Fragmentation of Consciousness"; 以及 Cataldo, "Multiple Selves, Multiple Gods"。

50 参照："如果梦中的自我不离开身体（即如果人不做梦），那么其他领域的所有潜在危险都将被规避。在健康、正常的状态下，梦中的自我不会与身体的自我分离，即便在睡眠中也是如此。必须有某样东西干预才能将其驱赶出去。从这个意义上来讲，梦是一种异常而脆弱的状态。"（Stephen, A'aisa's Gifts, 125）

51 关于涉及睡眠和死亡之间关系的文学段落的综述，参见 Richter, Das Bild des Schlafes, 196-209。

52 例如，Schmitt, "The Liminality and Centrality of Dreams in the Medieval West," 279-80; Stroumsa, "Dreams and Visions in Early Christian Discourse," 193; Gregor, "Far, Far Away My Shadow Wandered"; Firth, "The Meaning of Dreams in Tikopia"; Firth, "Tikopia Dreams"; Crapanzano, Hermes' Dilemma, 241, 244; Crapanzano, "Concluding Reflections," 180; Poirier, "This Is Good Country," 111; Groark, "Willful Souls," 105-07; Groark, "Toward a Cultural Phenomenology of Intersubjectivity," 285; Groark, "Social Opacity," 431-32; Stephen, A'aisa's Gifts, 116-18; Stephen, "Dreams of Change," 5-6; Hallowell, "Ojibwa Ontology, Behavior, and World View," 71-72; Tuzin, "The Breath of a Ghost," 563; Basso, "The Implications of a Progressive Theory of Dreaming," 88-89, 96-99; Herdt, "Selfhood and Discourse in Sambia Dream Sharing"; Lohmann, "Introduction: Dream Travels and Anthropology"; Barbara Tedlock, "Sharing and Interpreting Dreams in Amerindian Nations," 88-89; Lohmann, "Supernatural Encounters"; Kracke, "Afterword"; 以及事实上 Lohmann, ed., Dream Travelers 的每一篇文章。

荡并不足以产生梦。相反，梦源于灵魂游荡途中与其他存在者或施动者的相遇或"交"或"依附"。在这样的话语背后，或许潜藏着性接触的暗示。因此，梦是一个不稳定的魂魄在睡眠时的短暂逃脱，但它甚至在做梦者醒来并告诉别人这场梦以前，就已经是一种互动。

对能量和身体刺激的回应

《列子》（约成书于300—330年）[53]中有一段话解释了梦是如何与白天接触到的经验和知觉产生关联的：

> 一体之盈虚消息，皆通于天地，应于物类。故阴气壮，则梦涉大水而恐惧。阳气壮，则梦涉大火而燔焫。阴阳俱壮，则梦生杀。甚饱则梦与，甚饥则梦取。是以以浮虚为疾者，则梦扬；以沉实为疾者，则梦溺。藉带而寝则梦蛇；飞鸟衔发则梦飞。将阴梦火，将疾梦食；饮酒者［在你的梦中］忧，歌舞者哭。
>
> 子列子曰："神遇为梦，形接为事。故昼想夜梦，神形所遇。"[54]

---

[53] 成书时间依据Graham,"The Date and Composition of *Lieh-tzu*"中的论述。关于《列子》中的梦，参见傅正谷：《中国梦文化》，第30—41页。
[54]《列子集释》，第102—103页；部分译文据Graham, *Book of Lieh-tzu*, 66–67。

对于这段文字的作者来说，梦的内容会随着身体"皆通于天地，应于物类"的不同而变化。这是其他作者（如下文将讨论的王符）在指出梦有时并非占卜的良好依据时，提到的梦的一个方面，因为在这种情况下，梦反映的只是环境或身体的刺激。从《列子》关于梦的其他讨论来看，全书始终拒绝将梦作为占卜的依据（实际上，《列子》根本拒绝任何占卜，认为占卜源自一种有缺陷的生活方式）。在《列子》和《庄子》中，做梦的现象是用来论证人类知识局限性的。[55] 智者明白，这就是梦的全部——梦和清醒时的经验一样，只是我们碰巧遇到的事情的产物。梦的内容根本不重要。

内在冲突的显现

一些道教徒发展出了一套理论，详细阐述了王延寿《梦赋》中的古老观点，将其形式化并上升为神赐予其选择的人的密教。不过，在这里，参与在我们身上产生某些梦的施动者，乃是分为多个部分的人类自我中的先天部分——在内部的他者（Others within）。它们是内生的却又是外来的部分，修道者努力地将其从陷入困境的道教自我中驱逐出去，而道教自我就是人与神的联合，宅于身体景观（the landscape of the body）之内。

一个早期的例子出现在葛洪《神仙传》（约成书于317年）对神仙刘根的记述中。在这段话中，刘根向一位门徒叙述了自己之

---

55 在 *Dreaming and Self-cultivation* 中以更长的篇幅讨论了这个主题。

第二章 难以捉摸的梦的本质

前是如何得到著名的古代仙人韩众亲传的。[56]

神人［韩众］曰："必欲长生，先去三尸。三尸去，即志意定、嗜欲除也。"乃以［手稿］《神方五篇》见授［为了这个目的］。[57]云："伏尸常以月望晦朔上天，白人罪过。司命[58]夺人算，使人不寿。人身中神，欲得人生，而尸欲得人死。人死则神散。无形之中而成鬼，祭祀之［死人］则得歆飨。故欲人死也。梦与恶人斗争，此乃［由于］尸与神［在你之内］相战也。"[59]

此处将三尸本身说成产生梦的施动者并不完全准确。相反，是三尸与做梦者自己魂魄之间的战斗引发了梦——似乎不是所有的梦，但特别是那些与其他人打斗的梦。战斗的双方都是有明确目

---

56 关于韩众，参见Campany, *To Live as Long as Heaven and Earth*, 243n410；以及Campany, *Making Transcendents*, 132-34〔［美］康儒博著，顾漩译：《修仙：古代中国的修行与社会记忆》〕。

57 同样的句子出现在《云笈七签》82.10b1，我把它看作是标题（的一部分），上下文清楚地表明这个文本主要包括从一个人的身体中驱赶三尸的方法。同样，经文中引用了随后对"伏尸"的相同评论。请注意，在这段文字的《太平御览》662.5a版本中，"色"出现在"五"之后，这表明（如果不是简单的文本错误）五篇各以不同的象征性颜色来处理。

58 关于这个神和这里提到的寿命裁决系统，参见Campany, *To Live as Long as Heaven and Earth*, 47-60；以及Campany, "Living Off the Books"。

59 Campany, *To Live as Long as Heaven and Earth*, 245-46，依据《太平广记》10/2,《太平御览》662.5a 中的文本及 Campany, 447-48列出的其他资料来源。也可以参见Campany, "Living Off the Books," 136-37；以及《抱朴子内篇校释》，第125页。关于早期基督教中类似的做梦模型的例子，参见Stroumsa, "Dreams and Visions in Early Christian Discourse," 195。

标的施动者；实际上，它们都是自我。（更多内容将在第五章论述。）梦的起因与其内容之间有一种近似直接的关系："直接"的意思是，三尸与做梦者自己魂魄之间的战斗会显现为一个人在其中战斗的梦；"近似"的意思是，梦中战斗者的真实身份是颠倒的——这是道教的"梦工厂"（Traumwerk）。这个传说中有很强的美学成分。在道教关于这些存在于内心中的"尸"或"虫"的话语中，贯穿着强烈的憎恶主旨，出现在各种因它们的活动而引起的梦中。"尸"与因之而起的梦对修行者在清醒时的生活中细心存养的纯净构成了持续的威胁。[60]

尽管从人的角度来看，三尸是恶毒的，但它们在灵魂世界的管理系统中却发挥着正当的功能，负责监督人的寿命和道德。正如这段话所解释的，三尸的动机是明确的，不像王延寿《梦赋》中更古老的模型想象的那些邪恶攻击者。驱赶它们就可以安静地睡觉，不受噩梦的困扰。中古早期的道教文献中为此指定了很多方法。[61]

与我们将要讨论的其他一些理论一样，这个理论把梦——至少是有某些特定内容的梦——归因于做梦者内在发生的其他人无法感知的过程。出于这个原因，它认为这类梦是对做梦时发生的特定内在过程的诊断。因此，它属于诊断范式的一个例子，而更多

---

60 在 *Dreaming and Self-Cultivation* 中，我将道教关于"尸"引起梦的相关论述，与在 Langenberg, *Birth in Buddhism*, 75-93 中论述的佛教类似观念并列，再将两者与朱丽娅·克里斯特娃（Julia Kristeva）的 *Powers of Horror* 〔法〕朱莉娅·克里斯蒂瓦著，张新木译：《恐怖的权力：论卑贱》）中阐发的"落魄"（abjection）观念进行三角论证。

61 我在 *Dreaming and Self-Cultivation in China* 中讨论了这些方法。

的例子在《中国的梦与自我修行》一书中有所讨论。

内在失衡的显现

梦的起因的模型有时会出现在令人意想不到之处——比如，在一篇关于针灸的论述中。现存最早的关于针灸治疗的详细讨论，或许可以追溯到2世纪的《黄帝内经·灵枢》。一篇名为《淫邪[气]发梦》的文章将梦与身体中"气"的状态和位置联系起来。[62] 该论述首先断言，"正邪"（意指"气"，也就是通常致病的气）[63]源于身体外部，它们侵袭体内，四处游走，随着魂魄一起飞扬于空中，惊扰睡眠，致使人们做梦。因此，这里有一种对梦的混合解释：它源于我们灵魂的游荡，并且，邪气的活动——一种外源性力量，要么导致了灵魂的游荡，要么增强了灵魂游荡的影响。至于"气"究竟是如何运作的，则并无说明。

不过，这段文字的真正意图是提供一种诊断方法，因此它很快从关于"气"的起源的一般性论断，转向一系列关于"气"在其中的位置和状态的具体断言。这一篇的其余部分以清单的形式罗列出梦的内容与特定类型"气"之间的关系——一种梦的发病占卜，或者运用占

---

62 关于这个文本的讨论，参见 Strickmann, "Dreamwork," 29-31; Brashier, "Han Thanatology," 142; 以及 ECT, 196-215。我依据的中文文本和译文是 Unschuld, *Huang Di Nei Jing Ling Shu*, 421-24, 并有所修改。

63 一位现代的注释者将这个相当古怪的短语注释为"所有使心激动和引起恼怒的因素，例如情绪激动、饥饿和饱食，以及筋疲力尽"。（Unschuld, *Huang Di Nei Jing Ling Shu*, 421n; 我对此略有修改）

卜来诊断和治疗疾病。[64] 它可以被总结为两张表（见表1、2）。首先：

表1 《黄帝内经·灵枢》中与"盛气"相关的梦

"气"的状态	梦的内容
阴气盛	涉大水而恐惧
阳气盛	大火而燔焫
阴阳俱盛	相杀*
上盛［于身］	飞
下盛［于身］	堕
甚饥	取
甚饱	予
肝气盛	怒
肺气盛	恐惧、哭泣、飞扬
心气盛	善笑恐畏
脾气盛	歌乐，身体重不举
肾气盛	腰脊两解不属

*相杀也可以理解为"杀死某人"。

此文告诉我们，对每一种"盛气"的治疗，都是于相关穴位施以针灸，"泻"出彼处多余的气。随后，文本继续列出"厥气"所致的梦的征象，而"厥气"则居于正气不足之处。这种情况下，

---

64 参见 Harper, "Dunhuang Iatromantic Manuscripts"; Harper, "Iatromancie"; Harper, "Iatromancy, Diagnosis, and Prognosis in Early Chinese Medicine"。

治疗方法是于相关穴位施以针灸,"补"那里的气。相关性如下:

表2 《黄帝内经·灵枢》中与正气不足相关的梦

厥气居于此处时	梦 的 内 容
心	丘山烟火
肺	飞扬,见金铁奇物
肝	山林树木
脾	丘陵大泽
肾	临渊,没居水中
膀胱	游行
胃	饮食
大肠	田野
小肠	聚邑冲衢
胆	斗讼自刳
阴器	接内
项	斩首
胫	行走而不能前,及居深地窌苑中
股肱	礼节拜起
胞䐈	溲便

  文本没有为这些具体的关联提供任何理论依据,尽管注释者对部分关联进行了推测,但有些关联似乎是直观的(胃/吃,生殖

49

器/性交)。无论如何,这些清单既相当于有关某些特定的梦的内容之起因的理论,也相当于一份将梦解释为身体内部景观中"气"的特定病理性倾向的诊断指南。在这里,正如下一章讨论的一些文本一样,病原学与解释乃是一体两面。因果关系是隐含的,但这段话主要关注的并非病原学,它没有提供有关"气"的现象如何或为何产生这些特定的梦的内容的细节。[65] 很明显,讨论梦的目的完全在于治疗。我们再次发现在其他文本中出现的一种含义(伴随着其他的潜在目的):任何梦都是一种侵扰。按照这些文本的说法,一个人的"气"若分布均衡,也许他根本就不会做梦。

我在这一章中为了便于分析而区分出的不同的做梦模型有时是存在关联的。比如,"内在失衡的显现"这一模型就与医学文献中"与当地鬼魂接触"的模型关联,后者可以参见巢元方(约活跃于605—616年)编撰的《诸病源候论》。巢元方称,脏腑气虚的女性容易梦见"与鬼交通",因为她们体质孱弱,导致容易受到"邪鬼魅"的侵犯。除了经历这些梦,处于这种状态的女性还会表现出"不欲见人……独言笑,或时悲泣"之类的症状。这种将(为男性惧怕的)女性的任性情绪、性挫折、性梦、邪鬼侵犯和气虚与性别高度关联的观念,持续了数个世纪。[66]

---

[65] 有关一个在佛教框架中类似但更注重颜色并以五行为基础的方案,译自智𫖮(538—597)的《摩诃止观》,参见 Swanson, *Clear Serenity, Quiet Insight*, 1334。有关一个类似的印度佛教的方案,在义净(635—713)翻译的《金光明经》中,参见 Salguero, "On Eliminating Disease," 37-38。

[66] 参见《诸病源候论校注》,第40卷;Furth, *A Flourishing Yin*, 90〔[美]费侠莉著,甄橙主译:《繁盛之阴:中国医学史中的性(960—1665)》〕;陈秀芬, "Between Passion and Repression"。

第二章 难以捉摸的梦的本质

思想活动的结果

王充（27—约100）在流传至今的著作《论衡》中，并没有专论"梦"的篇章。不过，他确实多次谈到了这个主题。[67]

其中一处出现在《订鬼篇》中。[68] 王充首先指出，天地间的鬼并不是由"人死精神"形成的，而是由"人思念存想"产生的。一旦生病，人们就会变得恐惧和忧虑。在那种状态下，他们倾向于"存想"，就会"目虚见"。[69] 正因为此，病痛中的人说他们看到鬼用棍棒殴打他们。这样的幻象是"存想虚致"，而非"实"。过度集中的"精"渗入感官，会使人看见、听到或者感觉到不真实的东西。类似地，王充说，如果一个人睡觉时感到焦虑或畏惧，他就会梦见自己被打或被压住全身。所以，无论是清醒时的所见，还是睡觉时的所"闻"，鬼的幻影都会扰动我们的"精神"。

---

67 关于王充的理论，参见傅正谷:《中国梦文化》，第41—56页；以及（简略地）参见詹石窗主编:《梦与道》，第91—102页。标题的翻译借用自 Harper and Kalinowski, "Introduction," 9。

68 《论衡校释》22: 931-33。Kalinowski, *Wang Chong, Balance des discours*, 271-74提供了出色的译文（有中文文本对照）。不过，马克·卡利诺夫斯基（Marc Kalinowski）并没有翻译《论衡》的全部内容。

69 在这里，王充讨论了两个文学先例，都是关于人们的注意力如此集中，以至于他们总是看到某种东西，即使它并不存在。其中之一是《庄子》内篇中的庖丁（《庄子集解》，第28—30页；Graham, *Chuang-tzu*, 63-64）——但王充彻底或创造性地误读了这个故事。在《庄子》的段落中，并不是庖丁在脑海中想象出不存在的牛身，而是恰恰相反：他如此专注于他面前的牛尸，以至于其他一切都消失了。他的刀刃依顺着牛尸的纹和"理"。

至此，我们可以梳理出两种关于"梦是什么"以及"梦为什么会发生"的理论：一种理论认为，隐喻的语域是心理主义的（mentalist）：恐惧和忧虑会使人想象那些实际上并不存在的事物；另一种理论以"气"为本：精神集中产生的过度的"精"渗入感官，使他们感知到实际上并不存在的事物。在这两种情况下，王充都借用了自我修行话语中熟悉的术语，涉及"精"的处理以及场景的视觉化或现实化。

接着，第三种理论出现了。一个人因白天的活动而精疲力竭，睡觉时就会向内看——"目光反"，此时"精神见人物之象矣"。（"象"或"拟像"在梦的话语中十分重要；我将在第三章和第四章进一步讨论。）同样，生病的人气倦精尽，所以即便他们没有睡着时，目光也会受到干扰，如在梦中，导致他们看到生物的拟像。这时候，他们与睡眠中的人是相似的。在这两种情况下，当这样的幻象形成时，他们不知道自己到底是醒着的还是在梦中/想象中，所以无法判断自己所看到的东西是否真实。这是精尽气倦导致的。狂痴的人和临终的人同样为"精乱"所困。于是，睡眠、疾病和狂痴都具有精气衰倦、目光反照的特征，这就是为什么所有处于这种状况的人都看到了实际上并不存在的拟像。

在《纪妖篇》[70]中，王充则转向了一种常见的梦的理论，他（有趣地）将这个理论归因于占卜者，尽管它被更广泛地接受：梦是魂游荡的结果。他据此说道，如果梦见"帝"，那是因为你的魂上天了。而对于"上天犹上山"这个说法，王充则持反对意见。

---

[70]《论衡校释》22: 918–19。

第二章 难以捉摸的梦的本质

当我们梦见上山时，我们的脚（在梦中）登山，手拿拐杖。只有这样，我们才能攀登。可是，从地到天却没有梯子。我们的魂怎么能攀登得如此疾速？毕竟，魂是由精和气构成的。人的精和气，它们的行动犹如云烟一般，怎能如此迅疾？况且，即便魂行如飞鸟，它依然不能升到那么远的天，并在做梦这段时间内返回。王充总结道，我们在梦中看到的"非实事"，也就是说，这不是我们的魂在梦中、在我们的身体之外实际活动的体验。相反，我们在梦中看到的是拟像——顾名思义，拟像不是它们所代表的东西，即便熟练的占卜者可以准确地解释它们。

最后，在《论死篇》中，王充将做梦者比作死人。这种比喻符合他的论点，即死人的精神缺乏脱离形体而存在的能力，或者至少它们缺乏伤害活人的能力。

> 梦者之义疑。惑〔我偏向于同意作"或"字〕言："梦者，精神自止身中，为吉凶之象。"或言："精神〔在身体之外〕行，与人物相更。"今其审〔在做梦时〕止身中，死之精神，亦将复然。今其审行，人梦杀伤人，梦杀伤人，若为人所复杀，明日视彼之身，察己之体〔应该有痕迹或者伤口〕，无兵刃创伤之验。夫梦用精神，精神，死之精神也。梦〔做梦者〕之精神不能害人，死之精神安能为害？[71]

---

71 《论衡校释》20: 881-82。我参考了 Ong, *Interpretation of Dreams*, 67-68; Forke, *Lun-hêng*, 1: 191-201; 以及 Zuffery, *Discussions critiques*, 155 中的译文，但有所不同。

同他的其他讨论一致，王充因此选择了第一种理论并驳斥了第二种理论。所以，他反对任何将梦解释为灵魂游荡的理论，因为这种理论要求的是不可能的事情。值得注意的是，与大多数其他早期文本一样，他在提出这一论点时，假设魂魄不是非物质的实体，而是某种气态的、微妙的东西。

综合这些段落，我们可以说，王充明确地表述了中古早期梦的最为内在论（internalist）的观点。他承认，至少有一些梦可以被有效地占卜，[72] 另一些梦则是"直梦"。但他否认灵魂游荡和外来精灵的实际接触是梦的起因。实际上，他看不出梦有任何"实"的成分，即便是"直梦"。[73] 更确切地说，所有我们在梦中看到的或者经历的，都只是拟像，即"象"。它们完全是内在地产生的，在某种程度上，他将其描述为或者是心理上的、依据心念想象事物而产生，或者是气动上的、精神过度集中或受到扰动而产生。至于真实的存在者在我们的睡眠中造访，以及我们魂魄的某一部分离开身体在夜间游荡，并在世界之中有真实的经历，这些在王充看来都是不存在的。我们的梦似乎没有任何外部因素的影响，无

---

[72] 在他关于占卜的论述中，王充承认"象"可能非常准确——它们可能准确地"指"某物——但由于人类技艺的局限性而无法被正确解读。参见《论衡校释》24：1007 中的段落；译文见 Kalinowski, *Wang Chong, Balance des discours*, 193；并在 Raphals, *Divination and Prediction*, 187 中进行了讨论。

[73] 在《纪妖篇》的讨论中，他承认"直梦"这一范畴并不是空洞的，而是坚持认为在这种梦中没有真正的接触发生——它只是内心产生的一种"象"。他举了一个例子，有人梦见熟人，第二天真的遇到了这个人。从这种梦没有被加密的意义上说，而不是从它们涉及与其他存在者任何真实的接触的意义上说，大概它们是"直"的。在这一点上，王充与大量将梦视为真实的接触的叙事不同，我将在第五章中讨论这些例子。

论是环境的、感官的还是其他的。

在结束有关王充的讨论之前,我们还需停下来指出一点,他引入了一个之后被证明在中国梦的话语中至关重要的概念:真实与虚幻,或者说是现实与虚构,又或者说是"实"与"虚"的二分体。对王充而言,有些梦或许具有意义,能够被成功占卜,但这并不是因为我们在梦中所见是真实的。我们看到的是拟像,它们可以被解释为揭示将要发生的现实事件的象征,就像占卜者用棍子在龟甲上敲开的裂纹一样。在王充看来,占卜究竟是如何以及为何可能的,仍然是一个问题。

王充的《论衡》并不是唯一将一些梦简单地视为脑海中思想的文本。我们将在下文看到几个例子。

类别

分类法代表着为生活中不规则的、令人迷惑的、混乱的领域带来秩序的尝试,梦正是这样的领域之一。当我们看到不同的梦的象征及其含义的清单,或者将梦分成不同类型时,我们看到的是人们努力将梦的领域的不确定性置于某种秩序之下的结果。在那些时刻,梦和做梦被认为是具有实际后果的思维问题,于是我们人类试图对它们加以分类。古代和中古时期的文化不仅产生了梦中元素意义的目录,还产生了梦的类型的分类法,比如阿特米多罗斯和马克拉比(Macrobius)的梦理论,以及关于梦的起因的明确理论,其中一些是自然主义的,这是西方古代从伪希波克拉底

（pseudo-Hippocrates）到亚里士多德（Aristotle）和卢克莱修，再到西塞罗（Cicero）和阿特米多罗斯的传统。[74] 并非所有的分类法

---

[74] 例如，参见Kessels, "Ancient Systems of Dream-Classification"; Kilborne, "On Classifying Dreams"; Macrobius, *Commentary on the Dream of Scipio*, 87-92; Dodds, *Greeks and the Irrational*, 106-10 [[爱尔兰] E. R. 多兹著，王嘉雯译：《希腊人与非理性》]; Neil, "Studying Dream Interpretation from Early Christianity to the Rise of Islam"; Schmitt, "The Liminality and Centrality of Dreams in the Medieval West," 277-78; Cancik, "*Idolum and Imago*"; Cappozzo, *Dizionario dei sogni nel medioevo*; Walde, "Dream Interpretation in a Prosperous Age"; Price, "The Future of Dreams," 9-31; Harrisson, *Dreams and Dreaming in the Roman Empire*, 60-68, 189; Chandezon, Dasen, and Wilgaux, "Dream Interpretation, Physiognomy, Body Divination"; Hasan-Rokem, "Communication with the Dead in Jewish Dream Culture"; Kruger, *Dreaming in the Middle Ages*, 17-34; Harris, *Dreams and Experience in Classical Antiquity*, 229-78; Hollan, "Cultural and Intersubjective Context of Dream Remembrance and Reporting," 175-78; Reynolds, "Dreams and the Constitution of Self among the Zezuru," 22; Lamoreaux, *Early Muslim Tradition of Dream Interpretation*; Selove and Wanberg, "Authorizing the Authorless"; Szpakowska, "Dream Interpretation in the Ramesside Age"; Lorenz, *Brute Within*, 148-73（对亚里士多德关于"想象 [phantasia]"的各种段落进行了令人满意的严格解读）; Guinan, "A Severed Head Laughed"（内容不是专门关于梦的，而是一篇探讨定位性与古代社会中预兆的清单、列表和汇编中内在矛盾的佳作）; O'Flaherty, *Dreams, Illusion and Other Realities*, 14-26 [[美] 温蒂·朵妮吉·奥弗莱厄蒂著，吴康译：《印度梦幻世界》]; Harris-McCoy, *Artemidorus' "Oneirocritica"*，我们在书中看到，这位2世纪中期至3世纪早期的作者兼释梦者，不仅赋予大量梦的内容以稳定的意义，而且在很多情况下，也为这些关联提供了理论依据。在以后的时期，中国作者越来越雄心勃勃地尝试对梦、梦的理论和梦的学问进行分类与编目。参见Lackner, *Der chinesische Traumwald*，这是对《梦林玄解》（1636）的细致研究；Strassberg, *Wandering Spirits*，这是对《梦占逸旨》（1562）的研究与翻译；Drettas, "Le rêve mis en ordre"，这是对前述两部作品以及《梦占类考》（1585）的优秀研究；Vance, "Textualizing Dreams in a Late Ming Dream Encyclopedia"，这是对《梦林玄解》的研究；以及Struve, *Dreaming Mind and the End of the Ming World*和 "Dreaming and Self-Search during the Ming Collapse"，两者都熟练地根据当时的社会政治环境解读了梦的记录。Eggert, *Rede vom Traum*，与Struve相似的是，其著作涵盖了大量帝国晚期的文本，并聚焦于文人；沃尔弗拉姆·艾伯华（Wolfram Eberhard）（转下页）

第二章 难以捉摸的梦的本质

都具有学术性。即便是小规模的群体也会对梦进行非正式的分类，并将特定内容的含义标准化。[75]

早在汉代以前成书的《周礼》中，[76] 这样一种分类法在中国就已经得到了阐明。我们已经在其中看到了大多数中国人的梦的分类学所共有的明显倾向：部分依据对导致梦的起因的理解来区分梦的类型。在《周礼》关于各种占卜者的一节中有一份清单——这本身就是一种对模糊的过往强加秩序的尝试——列出了假想的周朝宫廷官员，我们发现其中有占梦者。这段简短的文字列出了六种标准的梦的类型：平常的或不带情绪的（或者大概就是后来注家所谓的直接的或没有象征意义的［"正"］）;[77] 可怖的或令人憎恶的（"噩"）; 思念的（"思"）; 日间的（"寤"）;[78] 喜悦的（"喜"）;

（接上页）在近代的中国文学——主要是19世纪和20世纪初——作品中，对梦的内容进行了广泛的社会学分析（"Chinesische Träume als soziologisches Quellenmaterial"）。关于几个世纪以来各种中国梦的分类的概述，参见 Liu Mau-tsai, "Die Traumdeutung im alten China," 41-44。

75 例如，参见 Hollan, "Cultural and Intersubjective Context of Dream Remembrance and Reporting," 175-76; Gregor, "Far, Far Away My Shadow Wandered," 713-16; Stewart and Strathern, "Dreaming and Ghosts among the Hagen and Duna," 54-55; 以及 Reynolds, "Dreams and the Constitution of Self among the Zezuru," 22。参照 Turner, *Experiencing Ritual*, 170-74 所述，根据恩敦布人（Ndembu）（和其他当地人）以及人类学家自己的理解对幻象经验进行了细微的七重分类。

76 《周礼》各篇撰作于何时长期以来一直有争论。在此只需注意全书可能是在汉代以前汇编的，但也许十分接近汉代; 最新的推论倾向于秦朝（前221—前206）。参见 ECT, 25-29; 以及 Schaberg, "*Zhouli* as Constitutional Text"，这是在全书历史背景下进行的具有启发性的研究。

77 郑玄（127—200）这样注释这种梦的类型："无所感动，平安自梦。"《周礼注疏》，第380页。

78 字面意思是"清醒的时候"。这可能是最不明确的一类; 它常被译为"白日梦"，不过照郑玄的注来看，这种译法令人怀疑。郑玄注为："觉时［听到什么］（转下页）

180

恐惧的("惧")。[79] 这种分类主要以情绪基调为核心，尽管"思"和"寤"暗示了一种因果理论，即这两类梦只是清醒时经验的遗留物。行文之间似乎还暗示了气的季节性循环会影响梦的内容，但并未明言。在所有情况下，梦被占卜（及做噩梦时，要举行仪式加以祛除）的做梦者都是统治者。[80] 仅仅从这段话来看，我们不会假设其他人的梦都被认为是值得解释的——这在一个想象周朝政体运作的文本中不足为奇。[81]

王符的分类

王符（约90—165）作于2世纪的《潜夫论》，是概述中古早期最宏大的梦的理论与分类的著作之一。[82] 他罗列了十个类别。分析王符对梦的分类，似乎受到两个标准的影响：梦的源头和解释梦的

（接上页）道之而梦。"与此类似，他将"思"梦理解为反映最近清醒时的经历："觉时所思念之而梦"。当然，我们不应该假设郑玄对这些类别意义的理解就是写下这段话的人的本意。

79 参见 Ong, *Interpretation of Dreams*, 132; SSHY, 104; Richard Smith, *Fortune-Tellers and Philosophers*, 247; Liu Guozhong, *Introduction to the Tsinghua Bamboo-Strip Manuscripts*, 184〔刘国忠著：《走近清华简》〕; Lackner, *Der chinesische Traumwald*, 36; Strassberg, *Wandering Spirits*, 12; Liu Mau-tsai, "Traumdeutung im alten China," 41-42; Brennan, "Dreams, Divination, and Statecraft," 75-77; Fukatsu, "Kodai chūgokujin no shisō to seikatsu," 952-53; 罗建平：《夜的眼睛》, 第5—10页; 韩帅：《梦与梦占》, 第8—14页; 以及 Soymié, "Les songes et leur interprétation," 289-90。

80 参见 Nishioka, "Akumu no zō"; 以及 Harper, "Wang Yen-shou's Nightmare Poem," 268-69。

81 正如 *Dreaming and Self-Cultivation* 中讨论的那样，几个世纪以后，相同的分类将在《列子》中被讽刺性地模仿，以表达截然不同的修辞观点。

82 关于王符，参见 CL, 1166-70; 以及 Pearson, *Wang Fu and the "Comments of a Recluse"*。

方法。因此，他的分类与《周礼》中简洁得多的分类有着显著的差异。我将首先总结他的分类，[83] 综述他对每个分类的论述（我们现在读到的文本有些错乱），[84] 然后讨论他的分类是如何与梦的起因和性质关联的。

1. 如其所是或直截了当的梦（关键词："直"）。所举的例子出自《左传》：周武王的妻子邑姜怀孕时梦见帝，帝告诉她两件事情：她的儿子将被命名为"虞"，帝将把唐这个地方赐与他。孩子出生时，确实发现他的手掌上有"虞"字，之后他也真的被分封到唐这个邦国。[85] 我在本章的后文对这类梦有更多说明；这类梦的记录构成了第五章的主题。

2. 间接的或意象的梦（关键词："象"）。这个例子取自《诗经》中的一句话："维熊维罴，男子之祥；维虺维蛇，女子之祥。"（梦见熊是将要生儿子的征象；梦见蛇则是生育女儿的征象。）我将在第三章和第四章讨论这类梦。

---

83 中文文本见《潜夫论笺校正》，第315—324页。我的译文融合并依据Richard Smith, *Fortune-Tellers and Philosophers*, 247对这些文本的深思；Raphals, *Divination and Prediction*, 187; Strickmann, "Dreamwork of Psycho-Sinologists," 27-28; 以及最主要的是Kinney, *Art of the Han Essay*, 119-21, 在若干细节处，我逐字采用了此书出色的译文。他们没有吸收Kamenarović, *Wang Fu: Propos d'un ermite*, 185-90中的译文，后者相当不精确。关于这段文字的评论，参见Ong, *Interpretation of Dreams*, 132-40。

84 在文本混乱且不完整的状况下，它（译注：《潜夫论·梦列》）首先简单地罗列出十种类别的梦，然后言简意赅地对十种类别的梦加以解释，最后再讨论每种类别的梦，并进行更多的说明——除了在最后的论述中，前两个类别（直梦和象梦）已经完全没有提及，绝大部分关于第三种类别的讨论也遗漏了。讨论这些种类梦的顺序也不一致。所以，为了清晰起见，我综合了关于每一种类别的内容。

85 参见ZT, 1324-25。

3. 因思想精一而引起和由精神专注而产生的梦（关键词："意精"）。例子：孔子在乱世中思念周公，于是在夜里梦见了他。（此典故见《论语》7.5）这似乎只是关于某些特定的梦的起因的理论，而非释梦的指南。将之与下一个类别比较，表明王符并未将这类梦视为占卜的好材料。

4. 因渴望或回想而产生的梦（关键词："想""思"）。"人有所思，即梦其到；有忧，即梦其事。此谓记想之梦也。""昼有所思，夜梦其事，乍吉乍凶，善恶不信者，谓之想。"[86] 王符否认这些梦可以用作占卜，因为它们真正反映的只是做梦者自己的思想状态，而非来自"别处"的影响。

5. 基于身份地位的梦（关键词："人""位"）。如果一个尊贵的人梦到某事，可能被解释是吉祥之兆，但如果此事是一个普通的人梦见的，则可能是不祥之兆。"贵贱贤愚，男女长少，谓之人。"

6. 因感觉而产生的梦（关键词："感"）。"阴雨之梦，使人厌迷；阳旱之梦，使人乱离；大寒之梦，使人怨悲；大风之梦，使人飘飞。此谓感气之梦也。"

7. 受季节影响的梦（关键词："时"）。"春梦发生，夏梦高明，秋冬梦熟藏。此谓应时之梦也。"

8. 反义或对立的梦（关键词："反"）。王符从《左传》中举了

---

86 参照卢克莱修在《物性论》第四卷第962行以下论述伊壁鸠鲁哲学（约公元前55年）的优美段落。据说不仅是人，马、狗和鸟都会梦到白天经常从事的事情："无论什么兴趣让我们着迷，无论我们做什么/我们的事情，当我们醒来时占据着我们的头脑/无论我们最关注的是什么，似乎都是这件事/我们在梦中最有可能遇见的东西。"（Lucretius, *The Nature of Things*, 136-37）。这就是所谓的"连续性假说"（continuity hypothesis），而卢克莱修还没有创造出这个概念。

一个著名的例子:"晋文公于城濮之战,梦楚子伏己而盬其脑。是大恶也,及战,乃大胜。此谓极反之梦也。"[87] "阴极即吉,阳极即凶,谓之'反'。"

9. 由疾病导致的梦(关键词:"病")。"阴病梦寒;阳病梦热;内病梦乱;外病梦发;百病之梦,或散或集。此谓[病]气之梦也。"[88]

10. 取决于性情的梦(关键词:"情""性")。"人之情心,好恶不同。或以此吉,或以此凶。当各自察,常占所从。此谓性情之梦也。"

这是一种复杂的、多维度的分类,尽管它不像博尔赫斯(Borges)所想象的"某部中国百科全书"那么复杂和多维度,也不像在福柯(Foucault)和后来学者的文字中都将其视为"东方的他异性"的象征。[89] 初看上去,我们似乎可以将这些类别分成两大类:一类主要涉及梦的起因与条件的理论(第3、4、6、7、9、10

---

[87] 叙事参见ZT, 417。机敏的解读参见Brennan, "Dreams, Divination, and Statecraft," 85-86;以及Wai-yee Li, *Readability of the Past*, 267-68。还可参见Fukatsu, "Kodai chūgokujin no shisō to seikatsu," 944-45。

[88] 这里我按照几位注家的建议对文本进行了校改,在"气"字前面补上了"病"字。

[89] Foucault, *Order of Things*, xv〔[法] 米歇尔·福柯著,莫伟民译:《词与物:人文科学的考古学》〕。关于"东方的他异性"的普遍性,参见Zhang Longxi, *Mighty Opposites*, 19-54;Saussy, *Great Walls of Discourse*, 239n3;Slingerland, *Mind and Body*, 3, 25-26。甚至马歇尔·萨林斯也援引了这段臭名昭著的文字,似乎表明,与其"通过常识或普遍的人性"先验地假定其他文化的判断和分类必须和我们自己的相同,不如放弃,并承认另一种文化的分类的完全差异性(*How "Natives" Think*, 163)。

89

种），另一类则主要关注梦是如何被解释的（第1、2、5、8种）。不过，事情没有这么简单。有时候，梦的起因也是或者暗示了释梦时需要考虑的因素。[90] 以性情之梦（第10种）为例。王符在这里所说的，既可以被解读为关于是什么塑造了梦的内容的理论，也可以被理解为解释梦的时候要考虑的因素。病气之梦（第9种）也是如此，而更明显的是人位之梦（第5种）。王符最初对极反之梦（第8种）的叙述不包含任何起因，而只作解释——但在描叙的结尾，他又释放了阴/阳循环导致发生这类梦的可能性。而对于感气之梦（第6种）和应时之梦（第7种），王符只讲了起因的理论，但未给出解释说明。或许这些是对考虑变量的建议，其效果是"别忘记季节或环境的刺激可能是产生某些特定的梦的内容的原因。占卜时就忽略它们"。

尽管如此，我们还是可以搜集一些关于梦的起因的理论——需要注意的是，可能这些类别中的一部分最好不要被看作是关于我们到底为什么做梦的理论，而是关于为什么我们在特定情境下会梦见某些事情而非其他事情的理论，这对这类梦是否适合占卜有影响。这些理论分为五类。第一类（包括第3种和第4种）本质上是心理主义的，与思想的专注有关。很明显，正如我们在王符使用的词汇中看到的那样，用于描述这些心理主义类别的语言（由

---

90 参照："各个时代的哲学家都试图解释梦的起因与意义。亚里士多德、斯多葛学派、伊壁鸠鲁学派——都提出了完全不同的解释：梦起因于外部现实，或者由神的影响引起，或者由做梦者的心灵引起，或者由他或她身体的功能引起。每种解释都对梦的可解释性产生了影响"（Walde, "Dream Interpretation in a Prosperous Age," 122；我添加了着重号）。

第二章 难以捉摸的梦的本质

"意精""想"和"思"导致的梦）和当代心理的、生物灵性的、宗教自我修行的养生之道有重合之处。他的语言也让人联想到一种当时的故事类型：某人深深地思念远方的爱人，期盼早日归来，直到他们的身体化为石头，永远定格在眺望地平线的姿势中。[91]

第二类因果理论可能隐含在第5种"人位之梦"中。（但是这一类理论可能应该被理解为只涉及解释，而不关乎起因。王符对它简短的评论无疑支持了这一说法。）第三类隐含在第10种"性情之梦"中：人们梦见什么视其性情或者性格而定——我们可以称之为他们的人格。第6种（感气之梦）和第7种（应时之梦）则设定第四类起因——环境、气候、岁时。第9种"病气之梦"将某些梦归因于疾病。王符罗列的一些成因要素是与周围环境有关的——环境（温度、湿度、风）或者季节——但大部分适用于做梦者自身的方面。第5类指出，梦是由做梦者的社会地位引起的，或者应该根据做梦者的社会地位来解释，这与中国和其他地方将梦描述为社会的调平器（social levelers）形成鲜明的对比。[92] 分析清单的另一种方法是将梦的起因分为两大类：一大类与做梦者的心有关，另一大类则与其

---

91 参见Campany, *Strange Writing*, 252。
92 例如，5世纪初的基督教主教西奈修斯（Synesius）劝诫信徒："无论男女老少，还是贫穷富有，是普通公民还是地方长官，是市民还是农民，是工匠还是演说家，让我们都致力于对梦的解读吧。没有人因性别、年龄、财富或职业而享有特权。睡眠向所有人奉献自己：它是一位随时待命的牧师，是一位绝对可靠而又沉默寡言的顾问"（Moreira, *Dreams, Visions, and Spiritual Authority in Merovingian Gaul*, 33）。莫尔拉（Moreira）描绘了古代与中世纪基督教两种截然不同的通过梦通达神意的传统：一种在西奈修斯的一段文字中得到了例证，不受限制地向所有人开放；另一种如希波的奥古斯丁所说的，仅限于那些应受恩惠的人。在中国，《列子》中的几段话把梦说成是一种社会的校平器（leveler）。我在*Dreaming and Self-Cultivation*中论述了这些问题。

他原因有关。其中，只有两类梦涉及心及其思想和渴求的活动，王符认为它们不适用于占梦，我将在下一章回到这一点来讨论。

出乎意料的是，王符没有提到灵魂游荡的理论。可能王符的意图并不是将他的清单作为详尽的梦的起因的清单，而仅仅作为影响我们在各个场合所梦到具体内容之因素的标记——而这些因素是占梦时需要考虑的。换言之，王符或许预设了灵魂游荡模型，并在其之上创造了这种分类。另一个看似被遗漏的是显灵（epiphany）或到访的梦——神、鬼或者其他精灵出现并传递信息。不过，王符确实从《左传》中援引了一个这样的例子来说明"直"梦：帝现身，并做出如其所是的（而非编码的）预言，随后预言得到证实。或许在王符看来，"直"梦就是神灵到访的梦。即便如此，我们也找不到神学或形而上学所讲的精灵如何在我们睡觉时出现在我们面前的理论。"直"梦的类别和"象"梦的类别一样——实际上可能整个的讨论——都是面向占梦的任务，而不是解释起因。

王符究竟为什么要讨论梦呢？鉴于他的论述收尾于何处，这不是一个没有意义的问题。在罗列类别并论述释梦的其他方面（这将在下一章中讨论）之后，王符重新表述了整个主题——梦与道德的自我修行有关。他写道，当一个人见到祥瑞后，如果他修身积德，那么福气就会成为现实——但是如果这个人见到祥瑞以后却肆意放纵，那么就会"福转为祸"。类似地，当一个人见到凶兆时，如果他骄矜侮慢，那么灾祸就会应验——但是如果见到凶兆之后却践行道德行为，那么就会"祸转为福"。[93] 最后这句话，呼

---

93 参见 Kinney, *Art of the Han Essay*, 123-24; 以及 Kinney, "Predestination（转下页）

应了王延寿《梦赋》中的话，也预示了一份敦煌鬼神学写本中的话，不过正如我们在上文看到的那样，这些文本包含了一个咒语的"公式"。相比之下，这里唯一相关的机制是道德自我修行；唯一相关的动因（agency）是做梦者的道德自我修行。在王符看来，梦是君子必须理解的众多课题之一。而君子必须理解的最重要的一点在于，梦，即使是那些可以被解释为对好运或厄运作出准确预测的梦，充其量不过是一种警示。命运并非不可逆转。它是由道德行为塑造的。

佛教的分类

律藏中的几个段落（即为佛教僧人制定规范的经文中的段落）对梦进行了分类。通常这个主题是在评估业力是否由做梦时的行为产生这一语境下引入的。

例如，在5世纪后期译成的律藏注释文献《善见律毗婆沙》[94]

（接上页）and Prognostication in the *Ch'ien-fu lun*," 31-33, 36。正如迈克尔·鲁惟一（Michael Loewe）所写的那样，"在［王符］对命运和占卜这类话题的讨论中，他急于暴露出逃避责任或者作出决定的弱点，因为他相信占卜的方法构成了道德顾虑和判断的替代品"（*Divination, Mythology and Monarchy in Han China*, 233）。

94 这部注释文献的译文可以参见Bapat and Hirakawa, *Shan-Chien-P'i-P'o-Sha*；关于梦的段落在第12卷，译文在第356—358页。Strickmann, "Dreamwork," 38 和Strickmann, *Mantras et mandarins*, 294也提到了相同的段落。Pinte, "On the Origin of Taishō 1462", 仅仅根据对中文标题（以及在其他现存文本中对它的征引）的分析，推断中文译本对应于现存的巴利文 *Samantapāsādikā* 是错误的，而该译本的来源很可能是另一个文本。因为"善见"（意思不是"好看"，而是"仔细地检查"）是克什米尔都城之名，他据以认为克什米尔（经文和僧人都来自克什米尔）是这个文本的起源地。至于文本的内容，他则未做讨论。

中，有一段话因为一个例外而提到了梦：书中注释道，僧人手淫到射精会招致过失，除非在做梦时。注文首先以出人意料的方式解释了例外情况，说佛陀戒制的乃是身业，不制意业，尽管事实上所讨论的射精是身体的，但它是由梦引起的。但这段话进一步阐明，律藏调伏的乃是有意、刻意的行为。在做梦时的行为并非过失，因为它是无意的。

随后，注文将梦分为四种类型，而作者对前两种类型兴趣不大。[95] 第一种梦由人体土、水、火、风"四大不和"引起。一些例子包括梦见山崩、飞腾虚空、被虎狼狮子或强盗追赶。第二种是由"先见"引起的梦，意即梦见前一天经历过的事情。

另外两种梦受到了作者更多的关注。第三种梦是由"天人"引起的梦，"有善知识天人［即希望我们变好及帮助我们行善的天人］，有恶知识天人。若善知识天人，现善梦，令人得善。恶知识者，令人得恶想，现恶梦。"第四种梦是"想梦"。[96]《善见律毗婆沙》对此解释道："想梦者，此人前身，或有福德或有罪。若福德者现善梦，罪者现恶梦。"所举的例子也许是佛教中最著名的梦的故事，讲述了未来的佛陀当初欲入母腹时，其母是如何梦见一头白象从天而降，并进入她的右胁的。注文继续说道："若梦礼佛、诵经、持戒，或布施种种功德，此亦想梦。"

---

95 这段文字引自《法苑珠林》32（53：533b-c）《睡眠篇第二十六·三性部第二》篇首。
96 Bapat and Hirakawa（*Shan-Chien-P'i-P'o-Sha*, 357）将这类梦译为"预兆性的"（prognostic）梦"，而Strickmann（"Dreamwork," 38）则称之为"预示性的"（prophetic）。我没有查阅过巴利文文本，但是这两种翻译似乎都和中文的意义相反：这些是由思想造成的梦，而思想的种子（使用一个佛教常见的"业力"隐喻）是由前世的功德活动（merit-making activity）种下的。

随后，作者以令人意外的方式将四种类型的梦区分为两大类：前两种梦被认为是"虚不实"的而不再考虑。后两种梦，即由天人引起的梦与由前世业力种子引起的梦则被描述为是"真实"的。[97] 区分的标准似乎是梦是否在善业或罪业的产生中发挥作用。在描述这些"真实"类型的梦时，作者使用了一个值得注意的措辞：向我们"现梦"。在第一类情况下，掌握这种"呈现"的施动者是到访者；在第二类情况下，可能是我们自身的业力。[98]

讨论的最后回到了意图与过失的问题上。无论一个人在梦中行善或者作恶，都"不受果报"，"以心业羸弱故"，"不能感果报"。在这里，意图被给予了一种唯物主义的解释：梦中所想是"业"，但是它们过于薄弱，不足以产生业力残留（karmic residue）。[99]

---

[97] 我们可以不必将这里的"实"理解为"真实的"（相对于"虚假的"），而是"（业力）灵验（efficatious）的"的意思。如果这种理解是正确的，那么"实"这种用法就不同于下文所讨论的另一部文献中的用法。

[98] 这种说法让人联想到希罗多德如何将梦与预兆写成是神"显示"或"指明"即将到来的事件或者建议的方式。参见 Harrison, *Divinity and History*, 122-23。

[99] 参照 Tzohar, *Yogācāra Buddhist Theory of Metaphor*, 57。我们在这段佛教论述中发现与亚里士多德在《论梦》（*De insomniis*）中梦的理论有意外的相似之处，即在梦中，灵魂在清醒时的感觉（由感官感知主导）被削弱，向更加细微的感觉敞开（包括做梦者的身体内外），而这些感觉被转化为易于占卜的梦的影像。参见 Kany-Turpin and Pellegrin, "Cicero and the Aristotelian Theory of Divination by Dreams"。在 Gallop, *Aristotle on Sleep and Dreams* 中可以找到一份有用的、注释清晰的亚里士多德段落的双语汇编。在律藏文本中，人梦见犯戒的行为，但这些行为过于微弱，不会造成业力残留。在亚里士多德的讨论中，意识——被喻为两堆火中较大的一堆——的消失，创造出更强大的"由于对梦的状态的细微感知而产生的预知"（Kany-Turpin and Pellegrin, 225），有如主体清醒时未注意到的较小的火光。还可对照弗洛伊德对梦中罪行的"无罪开释"（acquittal）；参见 Freud, *Interpretation of Dreams*, 411；以及 O'Flaherty, *Dreams, Illusion and Other Realities*, 47。

第二种佛教分类法同样出现在律藏关于梦遗是否产生业的讨论中——这似乎是一直困扰中古时期几个传统和地区僧众的问题。（在这里，僧众若看到答案是否定的，必定会松口气。）[100]在此，所讨论的文本是由法显从印度带到中国，与佛陀跋陀罗于418年共同译成的《摩诃僧祇律》。[101]它区分了五种梦：（1）"实"，"所谓如来为菩萨时，见五种梦如实不异"。（2）"不实"，"若人见梦觉［所梦见的］不实"。（3）"不明了"，"如其梦不记前后中间"。（4）"梦中梦"，"如见梦即于梦中为人说梦"。（5）"先想后梦"，"如昼所作想夜便辄梦"。[102]

第三种分类法则出现在《阿毗达磨大毗婆沙论》中，这是说一切有部对阿毗达摩文本的释论，2世纪[103]汇编于迦湿弥罗国（今克什米尔），由玄奘在645至664年间翻译完成。在这部论藏中，我们可以找到梦中所见的五个原因：（1）梦为"他［存在者或实体］引"，例如天、仙、神、鬼、咒术、药草。（2）梦由过往的事件引

---

100 据说即便是阿罗汉，也可能在他们睡觉时做春梦和遗精，这是由神以女性的形态引起的；参见Lamotte, *History of Indian Buddhism*, 274。在一场关于外部世界本体论地位的辩论中，针对梦在精神世界以外没有实际功效的立场，世亲指出，夜间发生的遗精是一个反例。参见Tzohar, "Imagine Being a *Preta*," 341。关于早期基督教修道院生活的例子，参见Brakke, "Problematization of Nocturnal Emissions"。诸如此类的文本体现了佛教团体正在努力解决一些问题，即做梦者"拥有"他们的梦并因此对梦中发生的事情负责的程度，或者相反，他们与梦中的自我及其在梦中的行为保持距离的程度。关于另一种文化努力在解决同样问题上截然不同的方式，参见Groark, "Willful Souls"和Groark, "Discourses of the Soul"中出色的分析。

101《摩诃僧祇律》。参见Yifa, *Origins of Buddhist Monastic Codes in China*, 6–7。关于这一时期在中国引入的大量杂乱的律藏，参见Bodiford, "Introduction," 1–9。

102《摩诃僧祇律》22：263b。

103 关于汇编年代，我依据*Encyclopedia of Buddhism*, 238, 377。关于在这个文本中梦的类别，参见pp. 238–39。

起("曾更"):人们梦见过去之所想,或者惯常之所为。(3)梦显示将要发生的事情("当有"):人们梦见将要发生的吉祥或者不吉的事情的"相"。(4)梦因分别而产生("分别"):人们梦见其希求或者疑虑的事情。(5)梦由疾病引起("诸病"):如果人们四大不和,便会做相应的梦。[104] 除去第三种和第四种,其余三种都与《善见律毗婆沙》的分类高度重合。(第四种类似于王符所说的一种"直梦"。)除了第三种,其余四种都提供了关于特定的梦的起因的理论。第三种预言性质的梦主张某些梦真的能够预示未来,但是和很多其他文本一样,它并没有回答这些梦为什么能够预示未来,以及这些梦如何预示未来的问题。

佛教的分类法和《周礼》与王符的分类法一样,糅合了多种关于我们为什么做梦以及什么是梦的不同观念。

叙事中的暗示

现在,我们来讨论暗示了梦的某些起因却未详加说明的叙事。抛开其他内容,这些故事通常是关于梦的本质是什么及我们应当如何看待梦的争论。在这里,形而上学常常仍然隐晦不清。探究者可以从所有给定的叙事中推断出任何能够推断出的内容。

尽管如此,我还是从一个不同寻常的故事开始,因为它明确

---

[104]《阿毗达磨大毗婆沙论》37: 193c-194a。参见 *Encyclopedia of Buddhism*, 238-239; 我从中借用了一些措辞。这个文本(192a-194c)还有很多关于梦的内容。

地将梦的本质作为一个知识性问题来处理。[105] 故事的主角是乐广（252—304），他官至尚书令，作为一名才华横溢的清谈名士和文采斐然的文章家而留名于世。在两个现存的故事版本中，其中较为翔实的版本[106]保存在《世说新语》（约430年）中。[107] 传闻与乐广交谈的是一个名叫卫玠的青年，后来卫玠成为乐广的女婿。卫玠向乐广问"梦"。乐广答道："是想。"（"想"的意思也许接近"想象"）卫玠追问道："形神所不接而梦，岂是想邪？"乐广解说道："因也。"接着又说："未尝梦乘车入鼠穴、捣齑啖铁杵，皆无想无因故也。"[108]

乐广最初的看法可能会让我们觉得平淡无奇，因为它和现代的

---

105 虽然任何叙事都不应该被过度诠释提炼成"理论"，尤其是像梦这样朦胧的东西，但在阐明这个文本中对话表达的观点时，必须特别敏锐。《世说新语》所记录的"清谈"，显然是一部巧辩的奇观，而这种对谈的形式对同时代的人来说，与任何特定交谈的内容一样重要。特别是参见 Wai-yee Li, "*Shishuo xinyu* and the Emergence of Aesthetic Self-Consciousness," 241-49。换言之，在这个例子中，对话者的往来问答——及叙事本身的转折和翻转——和乐广关于梦的言说一样重要。

106 另一个版本在《晋书》43.1244 中，缺少乐广对他所说的"因"的简短而重要的阐述。它紧接着另一则轶事："尝有亲客，久阔不复来，广问其故，答曰：'前在坐，蒙赐酒，方欲饮，见杯中有蛇，意甚恶之，既饮而疾。'于时河南厅事壁上有角，漆画作蛇，广意杯中蛇即角影也。复置酒于前处，谓客曰：'酒中复有所见否？'答曰：'所见如初。'广乃告其所以，客豁然意解，沉疴顿愈。"两则轶事都表明，乐广通过耐心地向他们解释幻象的由来，从而减轻了他人的焦虑。关于这个故事的简短评论，参见 Ong, *Interpretation of Dreams*, 142。

107 我大体沿用了 SSHY, 104 中的译文。这部作品的标题可以有多种理解，因此给译者带来了挑战。我采用了 Dien（"On the Name *Shishuo xinyu*," 8）和 Sanders（"New Note on *Shishuo xinyu*"）建议的翻译。

108 然而请注意，《搜神记》10/5 记载：卢汾"梦入蚁穴，见堂宇三间，势甚危豁"。想必在清醒时的生活中，也没有人进入过蚁穴。

一些关于梦是什么的解释相似,即把梦看作与感知无关的心理活动。[109] 但是这让从事灵魂游荡理论研究的年轻卫玠感到困惑。卫玠找不到将这一理论与乐广所说的梦是做梦者的"想"的观念相协调的方法。对于卫玠而言,梦是有阈限的,是他者。乐广的理论似乎将梦简化为普通的心理活动,只是将日常清醒时的生活中的思想和经验——一堆杂乱的记忆——重新组合。[110]

接下来,故事发生了出乎意料的转折。卫玠"思'因',经日不得,遂成病"。言外之意,卫玠是因为对乐广的理论苦思不得其解而病倒了(他后来也以多病著称)。[111] 乐广听说以后,连忙乘马

---

109 例如,安德烈·洛克(Andre Rock)写道:"梦中的惊奇元素源于这样一个事实,即做梦时[神经]网络没有来自外部世界的感官输入,以约束可被激活的神经模式的可能组合。"(*Mind at Night*, 123)或者,正如奥利佛·萨克斯(Oliver Sacks)简练地指出的那样,"因此,清醒时的意识是梦——但梦受到外部现实的约束"(*An Anthropologist on Mars*, 57n5)。又或是:"梦的状态是不稳定的且缺乏细节,正是因为梦的状态不同于正常的、非梦的感知状态,是由神经活动单独产生的。实际的感知意识是由我们与环境互动、参考环境和接触环境这一事实所锚定的。正常经验的稳定性可通过世界参与我们的经验来解释"(Noë, *Action in Perception*, 214)。也可以参见 Damasio, *Feeling of What Happens*, 250, 358n13〔美〕安东尼奥·R.达马西奥著,杨韶刚译:《感受发生的一切:意识产生中的身体和情绪》); Hobson, *Dreaming as Delirium*, 65-66, 70-71; Brann, *World of the Imagination*, 337; Windt and Metzinger, "Philosophy of Dreaming and Self-Consciousness," 195-96; 以及 Schwartz, "A Historical Loop of One Hundred Years." 同样的问题也在不同的假设模型中被提出,包括亚里士多德的《论梦》461b21(参见 Kany-Turpin and Pellegrin, "Cicero and the Aristotelian Theory of Divination by Dreams," 225)及2世纪和3世纪的埃—希腊文本(参见 Copenhaver, *Hermetica*, 27)。
110 刘峻(462—521)是《世说新语》的早期注释者,他根据《周礼》中的两类梦,认为乐广所说的"想"的意思是梦由"思"引起的("思梦"),而"因"的意思是"正梦";参见 SSHY, 104n1。我不太能理解他的这个注释。
111 参见 SSHY, 629。

车前去看望卫玠,并为他做了详细的解释。(我们要是知道他说了什么就好了!)卫玠立刻有所好转。故事表明,这就是梦的起源与成因的神秘之处。

不过,《世说新语》的特点是,故事每在结尾处都会再次转折。"乐叹曰:'此儿胸中当必无膏肓之疾!'"当代博学之人自然会知道这是用了《左传》的典故——一个关于梦的故事。晋景公(前599—前581年在位)病了,到秦国求医。秦伯派医师缓给他医治。缓到之前,晋景公梦见疾病化身为两个小孩。其中一个小孩说:"彼良医也,俱伤我。"另一个小孩说:"居肓之上、膏之下,若我何?"医师到了以后诊断说:"疾不可为也。在肓之上、膏之下,攻之不可,达之不及,药不至焉。"晋景公说:"良医也!"[112]

在《左传》的这个故事中,疾病的病因在梦中既是拟人化的,又是具体化的,即便由此产生的知识没能提供疗法。医师的诊断能力则由疾病所引发的梦和叙事的形式得到证实。梦本身没有得到解释。相反,通过拟人化和叙事,梦被用来解释疾病的棘手程度。在卫玠与乐广的外部故事(outer story)中,重点似乎是年轻的卫玠,如今他对梦有了更加深刻的理解,能够避免"病入膏肓"。借用这一典故,乐广也将自己与古代传说中的医师相提并论:正如缓受命诊视晋景公,试图治愈他,却与景公之梦一样,准

---

[112]《左传》中提到的故事包括两个梦,而不是一个梦:首先,晋景公梦到一个厉鬼威胁他,要为其(鬼魂)被冤枉的祖先复仇。之后,晋景公病倒,又做了一个梦,这个梦被拟人化为两个小男孩在商谈策略。参见ZT, 787; Kalinowski, "Diviners and Astrologers under the Eastern Zhou," 360–62; Kalinowski, "La divination sous les Zhou orientaux," 122–24; 以及Miranda Brown, *Art of Medicine in Early China*, 32。

确地诊断出自己无能为力，乐广则通过解释梦，解决了卫玠百思不得其解的难题，从而治好了他。

如此说来，知道梦的起因是有治疗效果的。正如王符的著作、针灸的文本和佛教的律藏中的例子一样，在这里，为梦指定起因并非毫无意义的理论创造：它具有改善的用途。在王符所举的例子中，为梦指定起因是教育培养和道德自我修行计划的一部分。对年轻的卫玠来说，他因为知道了为什么梦会发生而减轻了认知和身体上的痛苦。

不过，当谈到涉及梦的叙事时，看似最简单的有时却最令人费解。想想干宝在4世纪前期撰就的《搜神记》中的这个故事：

吴时，嘉兴徐伯始病，使道士吕石安神座。石有弟子戴本、王思二人。居在海盐，伯始迎之以助。石昼卧，梦上天，北斗门下见外鞍马三匹，[113]云："明日当以一迎石，一迎本，一迎思。"石梦觉，语本、思："如此，死期至，可急还，与家别！"不卒事而去。伯始怪而留之，[石]曰："惧不见家也！"间一日，三人同日死。[114]

吕石无须占卜，便明白他的梦的意义。这不是什么编码的信

---

113 北斗是宇宙中掌管人类寿命的地方之一，从它令人畏惧的宫中发出对魂魄的召唤，引发死亡。参见 Campany, "Return-from-Death Narratives," 111-13。
114 《搜神记》10/10;《新辑搜神记》158。关于《搜神记》及其汇编者，参见 CL, 263-66; Campany, *Strange Writing*, 55-62; 以及 Campany, "Two Religious Thinkers of the Early Eastern Jin"。关于它完整的译文，参见 DeWoskin and Crump, *In Search of the Supernatural*；不过，本书中《搜神记》的译文是我翻译的。

101

息。他的梦让他直接瞥见在非常遥远的地方正在发生的事情,就像侦察兵在战斗前偶然发现了一场意想不到的敌军行动。不仅如此,这个故事还暗含了对吕石所梦真实性的怀疑,只是为了打消这种怀疑:第二天三个人同时去世证实了这一点。于是,隐含的论点是,至少有一些梦是真实的遭遇,能够让人直接洞悉即将发生的事情。不过,在此时睡着的吕石看到那么遥远的地方正在发生的事情,这究竟是怎么发生的呢?也许一些中古时期的读者会猜测,是吕石的某一个魄的旅行造成的(尽管正如我们已经看到的,王充会认为这是不可能的)。这个故事并未暗示任何具体的机制。在现存所有资料中,似乎没有一个关于梦的理论能够轻易地解释这些事件。然而,这个故事坚称这些事情确实发生过。

还有一些故事对梦的本质完全不采取立场,或者全然没有暗示一种理论,反而似乎源于梦的不确定性。比如:"淮南书佐刘雅,梦见青蜥蜴从屋栋落其腹内,因苦腹痛。"[115] 我们是否可以把梦中的蜥蜴看作是一个外来者,不管它是多么虚幻,它通过梦(就像未来的佛陀以一只大象的形态在其母亲的梦中进入她右胁的方式)进入了刘雅的身体,从而导致他生病?还是正如我们通常所说的那样,他身心失调的胃痉挛是由他的梦所引起的恐惧导致的?据说吴国大臣孙峻(219—256)因为梦见被诸葛恪(203—253)攻击而病逝,终年38岁。[116] 同样地,我们是否应该将之解读为对鬼魂能够通过梦异常有效地攻击活人的记载,或者一个在我们这个

115《搜神记》10/7。《太平御览》946.4a引自"于[>干]宝《搜神记》",结构相同。
116《三国志》64.1446。这种记载的许多其他例子很容易被引证。

时代可能被称为梦导致身心失调的典型案例？还是说这是一种无谓的区分？最后一个例子：汉灵帝梦见先帝桓帝，桓帝愤怒地斥责他两次不公正的处决，并警告说受害者已向天帝控"诉"，"帝既觉而恐，寻亦崩"。[117]

在后面的章节中，我们将看到类似的案例。不过，我们现在已经不知不觉地从梦的起因转向梦的后果，所以是时候结束这一章了。

只有联系

回顾本章所检视的内容，有三点值得我们注意。

第一点，尽管存在一些例外，而且细节上也有出入，但人们默认的观念是梦能将做梦者与其他存在者或实体联系起来。据记载，大约在公元前500年，赫拉克利特（Heraclitus）观察到"对于那些醒着的人来说，有一个单一的、共同的宇宙；而在睡眠中，每个人都会转身进入自己的、私人的宇宙"。[118] 在他看来，真与善都在共同的宇宙之中，而纯为私人的宇宙是没有意义的。[119] 我们在清醒时身处一个共同的世界，而在睡着时各自都退缩到一个独特的、唯我主义的茧房里，这一观念可能会让很多当代的读者认为是常

---

117 《搜神记》10/9。
118 Robinson, *Heraclitus: Fragments*, 54–55, 138；我的译文对此略有修改。
119 参见Kirk and Raven, *Presocratic Philosophers*, 188, 207–09, 12–13〔G. S. 基尔克，J. E. 拉文，M. 斯科菲尔德著，聂敏里译：《前苏格拉底哲学家——原文精选的批评史》〕。

识。[120] 但它似乎与许多中国人关于梦的思想背道而驰,正如赫拉克利特很可能与他所处的社会世界南辕北辙一样。在中国,梦在大多数情况下都会将做梦者和他者缠绕在一起。梦将做梦者嵌入其他存在者或者力量的源始境域(matrix)中。梦将我们联系在一起;梦是一场相遇。我们的部分逸出或碰到某些事物,或者事物逸出或碰到我们,本章的目的之一是要说明,在中国,这就是梦的主要构成部分。关键不在于自我被视为缺乏有界性,[121] 而在于我们倾向于将自我理解为私人的和仅仅是主观的东西,中国人反而大多视其为彼此关联的和主体间的。

内在冲突理论可能是一个例外。根据这个理论,如果梦源于一次相遇,那么它就是人类自我内在的组成部分之间的相遇。不过,其中一些是外来的——他者混入了其中。梦本身是外来者与我们自身固有部分之间冲突的征象,正如风传来远方战斗失真的声音,而我们努力将外来者驱逐出自我的疆域。另一个例外可能是,梦表明我们体内"邪气"明确失衡的理论。不过,阐明这一理论的段落将我们的灵魂游荡描述为做梦机制的一部分,并且该理论还涉及外来敌对力量的活动。还有一个看似例外的是佛教的理论,认为梦是由四大不和或业力引起的。不过,同样的段落也将其他存在者描绘成向我们"现"梦者。并且,即便梦是由我们前世的某个因素造成的,做梦的自我实际上也是分解的——但分解开来

---

120 正如舒尔曼(Shulman)和斯特鲁姆萨(Stroumsa)指出的那样,"这里展示的许多文化并不认同'梦是最私密和最个人的模式'的现代假设"(Shulman and Stroumsa, "Introduction," 4)。
121 这里同意Slingerland, *Mind and Body* 的主旨之一。

的部分被离散在轮回的时间之中,而不是遍及身体内部的空间。

在更为广阔的梦境背景下,王充和乐广关于梦仅仅是思想活动的理论似乎是少数的记载。然而,即便对王充来说,就算梦不过是思想的想象,自我和宇宙的能量之间的结合也是不可或缺的:这是因为人的"气"的状况导致人做梦,而"气"的状况又取决于人和更大的环境之间的联系。也许乐广的理论是所有理论中最内在主义的——也最接近新近的一些神经科学模型:梦是重新排列的思想,重组的记忆碎片。然而即便在乐广的理论中,我们依然能够看到,其认定梦与清醒时的经验之间有着令人惊讶的连续性,因为我们梦到的只是我们在生活中经历过的情境类型。乐广的说法间接地和部分地预示了现代关于梦的理论中被称作连续性假说(continuity hypothesis)的观点。[122]

第二点与第一点紧密相关。对于任何做梦过程的描述,我们可以问:谁(或者什么)引发了梦?谁(或者什么)是导致梦的每一行动的实施者?许多关于梦的观点都假设做梦者就是施动者。

---

[122] 参见 Domhoff, *Emergence of Dreaming*, 71-72, 96-98; Domhoff, *Scientific Study of Dreams*; Erdelyi, "Continuity Hypothesis"; Bulkeley, "Meaningful Continuities between Dreaming and Waking"; Jenkins, "When Is a Continuity Hypothesis Not a Continuity Hypothesis?"; King and DeCicco, "Dream Relevance and the Continuity Hypothesis"; Sabourin et al., "Dream Content in Pregnancy and Postpartum"; Schredl, "Theorizing about the Continuity between Waking and Dreaming"; Black et al., "Who Dreams of the Deceased?", 59-60; Bulkeley, *Lucrecia the Dreamer*, 120-31; Bulkeley, *Big Dreams*, 112-40; 以及 Windt, *Dreaming*, 279-83。关于不是以梦的内容,而是以梦与专注清醒时的心理功能之间类似光谱连续性为重点的讨论,参见 Hartmann, "Nature and Functions of Dreaming," 181-85。梦学(oneirology)中的一个相关话题是"日间残留"(the day residue)作为梦的材料的主要来源的理论,参见 States, *Seeing in the Dark*, 169-87。

这让我想到弗洛伊德的理论，我知道的所有关于梦的神经科学的理论也是如此。古代和中古时期的一些思想家也都认同梦的施动者就是做梦者——尽管通常含义不同，理由也不同。因此，比如《大林间奥义书》写道：

> 人之入睡也，自此包含万类之世界，取其资料，自加离析而自加造作之，因其自有之明，自有之光；——彼如是而入睡也。此神我自为其光明也。
>
> 是处无有车、马、驰道也，而彼创生车、马、驰道。是处无有阿难陀，无欣，无喜也，而彼创生阿难陀，与欣，与喜。是处无有渊泉、莲池、流水也，而彼创生渊泉、莲池、流水。盖彼为作者。[123]

不过，中国梦境的特别之处在于，只有在相对较少的情况下，做梦者才被视为梦的制造者。通常，"做了"梦的那个人处于受动主体、见证人甚至是受害者的位置，而施动者则另有他人或他物。

当我们回顾这些文本时，第三点就显而易见了，那就是没有一个文本将梦本身作为一个感兴趣的主题来讨论。通常，出于治愈的原因，梦才显得重要且得到讨论。一个人需要知道梦是什么，才能过上某种特定的生活，成为某种特定的人，知道需要做什么，避免受到迷惑。王充将梦与死亡相提并论，我们可以感觉到两者

---

[123] Hume, *Thirteen Principal Upanishads*, 134（译注：中译据徐梵澄译文，见徐梵澄：《徐梵澄文集》第十五卷，上海：上海三联书店，第558—559页）。

第二章　难以捉摸的梦的本质

之间从来没有相差太远：它们都被视为有阈限的、危险的、可能引发搅扰的。佛教的分类有时会提出梦是什么的问题，以便解决对梦遗所产生的业果的忧虑。讨论梦是为了改善。即便像《列子》这样的文本也不例外，它并不特别重视梦，而只是提醒人们不要太过在意任何的变化。它通过梦的所作的教导是一种疗法，意在消除梦带来的刺激。在上文所引的乐广的故事中，他也是这样做的。

这也是很难将"关于什么是梦"的理论与"关于如何（或者是否）释梦"的观念区分开来的原因。关于梦的话语主要是实践性的，而不是理论性的或客观的。对梦的思考、写作、阅读和谈论，就像在古代和中古时期的社会中的大多数其他事物一样，在我们看来是"哲学的"，对他们而言却是一种生活技巧。[124] 关于梦的问题总是与如何最好地生活的问题紧密相连。

我以提醒大家注意祛魅的迷思来结束本章。我们很容易陷入这样一种想法的魔咒之中，即由于现代西方科学，我们在这里看到的各种未被理论化的观念，现在已经很幸运地被梦的真相所取代，因此，这些离奇有趣的、充满魅力的民间观念，只有中国文化可以为我们阐明。我想反驳这种想法。的确，由于功能性核磁共振成像、睡眠实验室等的出现，我们现在拥有了窥探梦的神经学内部的工具（及关于是什么构成了窥探内部的新想法）。但是，梦内在的神秘性并未因此而得到解释（消解）。它只不过离我们掌握的

---

124 这里，我想到了Foucault, *Hermeneutics of the Subject*〔［法］米歇尔·福柯著，佘碧平译：《主体解释学》〕; Hadot, *Philosophy as a Way of Life*; 以及关于中国的案例的 Denecke, *Dynamics of Masters Literature*, 1–31, 326–46。

范围更远了而已。由于种种原因，了解神经元在睡眠时以某些方式放电显然是非常重要和有用的。但是，神经元放电本身不是梦。它们并没有充分地解释对我们而言，无论是在做梦时还是梦醒后，梦的感觉是怎样的，以及梦看起来是怎样的。一旦我们停下来讲述这段经历时，它们就更不能解释我们对梦的理解了。正如一位作者所说："我们当然可以说，大脑在叙述梦时的活动模式能够解释许多梦的内容的常见特征。但是，这种解释既没有解答梦的目的，也没有解答梦的内容是否具有意义这一问题。那么，我们为什么会做梦？遗憾的是，简短的回答是我们真的不知道。"[125]

现在，让我们合上梦的黑匣子，继续检视人们用梦做的一些事情以及人们因梦而制造出来的一些事情。

---

125 Linden, *Accidental Mind*, 216.

第三章

释梦和释梦者（第一部分）

梦有意义吗？

并非所有早期和中古中国的文本都给出了肯定的回答。正如我们在讨论《周礼》时看到的那样，释梦被归类为一种占卜——根据某些权威人士的说法，它是最高级的一种占卜。[1] 占卜通常预设一种定位世界观，优先维持秩序和边界，在其中，征象可以根据某些相关的逻辑而得到可靠的解读。探寻梦的意义就是担忧未来和结果。梦之所以被占卜，是因为做梦者害怕可能发生的事情，并希望通过窥探未知以抢占先机——当梦本身通常被视为一种干扰时更是如此。

---

1 《汉书》30.1773（译注：《汉书·艺文志》写道："众占非一，而梦为大。"）。

梦、占卜与妄想

占梦可以被视为一种解决焦虑的策略，包括对做梦的焦虑。[2] 莎拉·伊尔斯·约翰斯顿（Sarah Iles Johnston）恰如其分地将占卜描述为通常扮演着

> 缓冲器（buffer）的角色。它处于两种世界之间：第一种是人类日常经历的世界，第二种是人类只能想象，但可能以有害的方式影响日常世界的其他世界：死者的世界，众神的世界，过去的世界和未来的世界。占卜不仅是……一种解决特定问题的方法，而且［也是］一种将似乎植根于某个其他世界的问题引向日常世界的方法，而在日常世界中，人们可以更好地运用人类的技巧来解决问题。[3]

占卜通过跨越"我们的世界和另一个世界之间的边界……并带回信息，通过限制纷繁复杂的潜在未来，无论它有多么模糊……减轻了我们的焦虑"。[4] 那么，就我们的目的而言，包括释梦在内的占卜有三个要素是至关重要的。占卜通过缩小可能性的范围和承

---

2 例如，参见 Hollan, "Personal Use of Dream Beliefs in the Toraja Highlands," 170–73。
3 Johnston, "Delphi and the Dead," 297.
4 Johnston, 299–300.

第三章　释梦和释梦者（第一部分）

诺洞察未来，"在混沌的环境中提供了一种控制感"。[5] 占卜通过跨越宇宙的、本体论的或者认识论的边界来实现这一点，将信息带到人类的空间，为人所用，以占先机。同时，占卜运用某种符号系统，其中的符号虽然是通过部分随机的过程（就梦而言，它们看起来是自发的，甚至是非常奇怪的）获得的，但令人放心的是，它们最后产生了意义。

不过，这三个要素在《庄子》内篇和《列子》等文献中经常受到批评。[6] 尽管这两种文献都特地提到梦，但都不认为梦是占卜的基础。梦不是被它们用来作为方便的修辞手段，就是用来作为论述其他问题时的支撑。在一个盛行占卜的社会中，这不是一个中立的立场，而是有充分意识的少数派报告。毕竟，对于一个自称不受世事变迁影响的人来说，占卜未来有什么用呢？

> 吾乡誉不以为荣，国毁不以为辱；得而不喜，失而弗忧；视生如死，视富如贫，视人如豕，视吾如人；处吾之家，如逆旅之舍，观吾之乡，如戎蛮之国。凡此众疾，爵赏不能劝，刑罚不能威，盛衰、利害不能易，哀乐不能移。[7]

5　Johnston，300。

6　《道德经》中没有提到梦。在书中，圣人被描绘成似乎能够通过一种冥想的、异常的洞察力，不出户就知天下（如第47章，参见 Henricks，*Lao-tzu Te-Tao Ching*，116-17）。占卜式的预言略有提及（例如"前识"），但却被摒弃（第38章）。我在 *Dreaming and Self-Cultivation* 中更详细地讨论了《庄子》和《列子》对梦的修辞性运用。

7　《列子集释》，第129页；译文参见 Graham，*Book of Lieh-tzu*，82-83。

对于龙叔而言，占卜无关紧要；不过"占卜无关紧要"正是《列子》要说明的事情。与此类似，《庄子》和《列子》都记载了一个叫作季咸的神巫和列子的老师壶子相遇的故事。虽然这个故事不涉及梦，但可能阐明当一种定位的占卜技艺与一种反定位的世界观碰撞时会发生什么。季咸的方法是"相"术，通过观察（人类、马或其他生物）的面部、头部、手掌和其他体表来寻找命运的征象。[8] 列子对季咸的能力心醉神迷，就带他去给自己的老师看相。在他们一连四次的会面中，壶子向这位神巫展现出内在能量的不同形相。每一种形相都用形象的、有意隐晦的语言来描述，这让人想起道家关于宇宙演化的叙述，即万物从原始的"无"中

---

8 Despeux, "Physiognomie", 简要地概述了早期文本中提到的技艺，随后重点讨论了少数相关的敦煌写本。也可以参见祝平一：《汉代的相人术》；李零：《中国方术续考》；萧艾：《中国古代相术研究与批判》；Richard J. Smith, *Fortune-Tellers and Philosophers*, 187-201; Raphals, *Divination and Prediction*, 95-97, 256-57, 269-70, 350-51; Kinney, "Predestination and Prognostication in the *Ch'ien-fu lun*," 35-36; Csikszentmihalyi, *Material Virtue*, 127-41; Di Giacinto, "*Chenwei* Riddle", 185-92; Galvany, "Signs, Clues and Traces"; 以及 Goldin, "Xunzi and Early Han Philosophy," 135-66。令人惊讶的是，在巫鸿（Wu Hung）和蒋人和（Katherine R. Tsiang）编纂的 *Body and Face in Chinese Visual Culture* 中，只顺便提到了一次相术。佛教对佛陀身体三十二相的大量论述进一步丰富了本土对肉身占卜的思考。参见 McGovern, "On the Origins of the 32 Marks of a Great Man" 和 Zysk, *Indian System of Human Marks*。这类技艺是遍及古代和中古世界的常术，比如伪亚里士多德的《体相学》（*Physiognomonica*）（约公元前300年？）就是一个例证，并且这类技艺在整个中世纪被广泛传播和评论（例如，参见 Devriese, "Inventory of Medieval Commentaries on pseudo-Aristotle's *Physiognomonica*" 和 Devriese, "Physiognomy in Context"），在伊斯兰文化中也是如此（参见 Hoyland, "Physiognomy in Islam" 和 Swain, ed., *Seeing the Face, Seeing the Soul*）。还可以参见 Barton, *Power and Knowledge*, 95-131 中的精妙讨论。

诞生，并逐渐分化出特异性。在展现形相的次第中，是从大地和土壤（"地文"）开始的，接着向上移动到天和更远的地方（"天壤"），并将时间倒回原始未分化的状态（"太冲"）。最后一次，壶子说道："乡吾示之以

未始出吾宗。吾与之虚而委蛇，不知其谁何，因以为弟靡，因以为波流。"[9]

每次见面时，神巫季咸都认为自己对壶子病情的预断有把握，但他却越来越迷惑，直到最后惊慌失措地逃跑了。这是因为季咸的相术沉溺于形相。壶子向季咸展现无相之相，他始料不及，只一瞥，便陷入了迷乱。季咸的方法类似一个链轮，但是壶子没有能让轮齿扣住的链条。对列子来说，他从此"于事无与亲"，"块然独以其形立"，"雕琢复朴"，回到道家所言的未分化的状态。这则寓言生动地抓住了占卜的定位领域与诸如此类的道家文本中的反定位立场之间的不一致之处。因此，这些文本回避任何关于释梦的讨论也就不足为奇了，事实上，它们坚称最好根本不要做梦。[10]

在以"空"和"不二"为主的佛教文本中，也没有太多关于占卜的论述或论据。这类文本通常不会将梦与知识联系起来，而是与妄想、认知错误和无常联系起来。很多佛经（大乘的和其他的）援引一连串固定的比喻，本意是想要描绘现象的虚幻性和依赖性，

---

9 《庄子集解》，第72—75页；译文改编自 Graham, *Chuang-tzu*, 96-98 和 Watson, *Complete Works of Chuang Tzu*, 94-97。
10 这是我在 *Dreaming and Self-Cultivation* 中讨论的内容。

如无叉罗等人于291年译出的《放光般若经》写道:"如幻,如梦,如响,如光,如影,如化,如水中泡,如镜中像,如热时炎,如水中月。"[11] 同样地,鸠摩罗什翻译的《维摩诘所说经》(406年译定)告诉我们"是身如聚沫,不可撮摩;是身如泡,不得久立;是身如炎,从渴爱生;是身如芭蕉,中无有坚;是身如幻,从颠倒起;是身如梦,为虚妄见",等等。[12] 许多这样的文本都强调心在创造现象中的作用,经常将心的活动(即便在清醒时)比作做梦:默认的立场是将外部现象视为真实,但就像梦一样,并没有脱离心的活动。根据吉藏(549—623)的记载,于法开(约310—370)进一步将轮回和重生所在的三界喻作长夜,将我们在三界中的所

---

[11] 《放光般若经》8:1a19;译文据Zürcher, *Buddhist Conquest of China*, 142修改。关于无叉罗及其翻译,参见Zürcher, 62-65;关于名僧道安对这部经的阐述,参见Zürcher, 191。关于梦被用来比喻无常、空和妄想的更多例子,参见Conze, *Short Prajñāpāramitā Texts*, 27, 115, 138, 197;Gotelind Müller, "Zum Begriff des Traumes und seiner Funktion," 362-63;Thompson, *Waking, Dreaming, Being*, 324(以及参照174);以及Tzohar, *Yogācāra Buddhist Theory of Metaphor*, 209-19。关于标准的"十喻"的经典段落可以在《大智度论》25:101c-105c中找到。关于这一标准的惯用语的简要讨论和例子,参见Swanson, *Clear Serenity, Quiet Insight*, 195-96, 338, 357, 523, 790。

[12] 《维摩诘所说经》14:539b15;译文据McRae, *Vimalakīrti Sutra*, 93修改。参照541b25的相似段落,译于McRae, 104。这些标准的比喻并不总是用来表达相同的认识论和本体论的观点。大多数文本将之作为现象的不实或无常之像。瑜伽行派的文本将以之说明心如何创造所有显而易见的客体,并赋予它们外在于我们的感觉,而事实上却并非如此——因此,经验可以在没有外在客体或心本身之外的对象存在的情况下产生。参见Hattori, "Dream Simile in Vijñānavāda Treatises";Jiang, *Contexts and Dialogue*, 53, 56, 78, 81, 174n24;Huntington, *Emptiness of Emptiness*, 163, 239n73〔[美]亨廷顿,南杰旺钦格西著,陈海叶译:《空性的空性:印度早期中观导论》〕;Williams, *Mahāyāna Buddhism*, 307n26〔[英]保罗·威廉姆斯著,纪赟译:《大乘佛教:教义之基础》〕;Thompson, *Waking, Dreaming, Being*, 168, 174, 358-60。

有思想和观念喻作梦，我们可以通过遵循佛教之道从中觉醒。世界就好像纯粹的梦，有情众生是梦的主角，梦就是由他们的妄识而产生的。[13] 在这样的文本中，梦只不过是妄想，或者是心倾向于将外部事实归因于仅仅存于心中之事物的证据。不过，正如我们将要看到的那样，这并非佛教对梦的唯一观点。

直接与间接意义：梦境的裂缝

上文讨论的这些文本只代表少数人的观点。自古以来，正如甲骨文和其他早期文本已经证明的那样，[14] 默认的立场是梦——至少其中的一些梦——确实有意义。它们是征象。而且，无论它们被

---

13 "三界〔不过〕为长夜之宅，心识为大梦〔存在〕之主。今之所见群有皆于梦中所见。获晓即倒惑识灭三界都空。"《中观论疏》42：29b3-7；译文据Zürcher, *Buddhist Conquest of China*, 142, 368n11 和Radich, "A 'Prehistory' to Chinese Debates," 108 修改。拉迪什（Radich）指出，这段文字的开头似乎是禹时代流传的口号。

14 关于甲骨文中商王梦的占卜，参见Keightley, *Ancestral Landscape*, 101-02, 111-12。《尚书·商书》部分（特别是《说命上》）中有商王武丁之梦的例子，他梦见一个名"说"的人来辅佐他，便命百工营求诸野。该文本的日期不可考，但可能有战国或更早的资料来源（参见ECT, 377-78）。许多例子出现在成书于公元前4世纪末的《左传》中，参见Wai-yee Li, "Dreams of Interpretation,"以及Wai-yee Li, *Readability of the Past*, 172-248。一个战国时期占梦的例子出现在清华大学收藏的竹简中，其中有一篇是失传的《逸周书》的《程寤篇》，讲述了文王如何通过他妻子的梦预言周将接受天命。参见刘国忠, *Introduction to the Bamboo-Strip Manuscripts*, 179-92〔刘国忠著：《走近清华简》〕；Luo Xinhui, "Omens and Politics"；Fodde-Reguer, "Divining Bureaucracy," 21-22；特别是Shaughnessy, "Of Trees, a Son, and Kingship" 可以很容易添加更多例子。

认为是什么意思，通常都是关乎生活和命运的问题，而记录这些梦是社会上的一项重要工作。

现在产生了一个极大的问题。梦的意义是如何确定的呢？在这里，中国梦境分成了两个大的领域或模式——这些模式有时可能会出现在同一个文本中（例如，在下文"文字游戏"部分讨论的荀茂远的故事中），但它们构成了对梦的意义不可简化的独特理解。有些梦被认为非常重要，但它们的意义却一目了然。没有人要求解释。故事中与这些梦有关的人物及故事的汇编者都没有停下来去思考这些梦是否可以如其所是地加以理解。梦传递了信息，然而是直截了当的，而非编码的。重点在于梦中谁出现了，信息是什么，以及这场相遇的结果。正如上一章所述，这些大约就是王符（但不完全是王充）说的"直"梦。[15] 我会在第五章讨论这些文本。[16]

另一种大的梦文化的模式将梦视为间接的象征，提出了解释学的挑战。梦会言说，但所说是编码的。只有经过破译，梦的意义才能显明。本章和下一章讨论的是以这种方式处理梦的文本。

---

15 在《纪妖篇》的讨论中，王充承认"直梦"这一类别并不是无意义的，但他坚持认为——与传统观点相反——在这种梦中没有发生实际的相遇，只是内部产生的拟像。他举例说，梦到一个熟人，然后第二天见到了这个人。虽然他的叙述并不十分清晰，但这种梦似乎是"直"的，因为它们没有被编码，也不需要解读，不是因为它们涉及与其他存在者的真实的相遇。参见《论衡校释》，第918页；Forke, *Lun-hêng*, 228; Ong, *Interpretation of Dreams in Ancient China*, 69–70。

16 其他文化也对这两种基本类型的梦做了类似的区分，参见 Stephen, *A'aisa's Gifts*, 119–22; Barbara Tedlock, ed., "Sharing and Interpreting Dreams in Amerindian Nations," 90; Linden, *Accidental Mind*, 207; Renberg, *Where Dreams May Come*, 5–6n7, 28n78。

第三章　释梦和释梦者（第一部分）

对释梦的初步观察

首先，我将概述六个普遍的观点。

第一，将梦看作密码，为某样事物（释梦的指南和方法）或者某人（做梦者、家庭成员和朋友、专业的占卜者）找到了可做的事情。如果梦的意义不明朗，那么就必须有人以某种方式揭示它们。必然有人发明了解码的方法，并且必然有人用它来释梦。这样就打开了一个文化生态位（cultural niche），由千百年来大量的文本和人物填充。并且，保守地说，因为梦的意义往往都是不明朗的，所以它是一个很大的生态位。

第二，在有记载的每一次释梦行为中，实际上在每一种我们可能想到的假设情况下，都存在一个问题，就是谁在释梦。[17] 只有三种基本的可能性，我将在本章和下一章中追索这三种可能性，有时还会加以评论。释梦者要么是做梦者自己、家人或者其他熟人，要么是专业人士。前两种情况说明，释梦是一项很多人都感兴趣并培养技能的活动。第三种情况则指向一种自古以来就有记载的社会角色。在下一章的末尾，我将讨论一些在中古早期文本中多次出现的著名释梦者。

第三，我们所记录的每一次释梦，不仅证明有人认为记述梦及其意义是合宜的，也表明有人在写下来之前就将自己的梦告诉

---

[17] 这个问题在任何梦文化的研究中都会出现，而学者们给出了一系列的答案。有些社会中没有释梦专家，人们会自己解梦（例如，参见 Holy, "Berti Dream Interpretation," 87），但在很多社会中都有专家或指南可供问询。

了其他人。释梦的轶事总是包括讲述的场景,这些场景让我们瞥见梦最初被透露与讨论时的社交网络。叙述一个梦是一种文化的述行(cultural performance)。[18] 释梦的过程也是如此。它可能发生在一次私人谈话中,一场偶遇中,王宫或寺庙之类的机构场所中,或者一群朋友中。它可以是非正式的、临时起意的,也可以是高度仪式化的。[19] 说梦和释梦的过程与梦本身不同。无论梦本身有多么模糊和转瞬即逝,说梦和释梦都确确实实是在这个世界,在社交圈、叙事和语言中发生的行为。与朋友说梦和释梦是闲聊的一种形式。[20] 在王宫或官方场所释梦是一项更加正式的活动,通常具有更大的风险,但本质上同样具有社交属性。交流那些特别巧妙和成功的释梦轶事本身就是梦文化的一个重要方面,我们现在所见的许多文本就是在这个过程中产生并留存下来的。我将在第四章末尾回到释梦的这个重要方面上来。

第四,现存的大多数有记录的释梦,要么涉及预测未来,要么透过当时事件的迷雾以揭示潜在的真相。而且在大多数记录的案例中,预言或判断都为之后发生的事情所证实。记录一则后来被证明是错误的预言没有意义,除非作者想论证释梦是徒劳的,或者释梦者不诚实。(在第四章"著名的专业释梦者"一节中,我将简要讨论有关伪造的梦的记述。)不过,我们可以说,释梦这个层

---

18 参见 Barbara Tedlock, ed., "Sharing and Interpreting Dreams in Amerindian Nations," 88; 以及 Mageo, "Theorizing Dreaming and the Self," 20。
19 关于在群体场合中明显是仪式化释梦的例子,参见 Owczarski, "Ritual of Dream Interpretation"; 以及 Pandya, "Forest Smells and Spider Webs"。
20 关于人类之间的闲聊在功能上类似于其他灵长类动物之间的梳毛,参见 Smail, *On Deep History and the Brain*, 175-79。

面是一个关键的文化场景（cultural scenario）。[21] 它在每一个成功占卜的案例和记录中都会重现，面对明显的无序，反复辩称，宇宙实际上是一个有序的源始境域。我将在第四章的结论中回到这一点。

第五，释梦的具体方式可能有助于塑造对散见于古典文本和经文中段落的解释方式，反之亦然，尤其是像《诗经》这种文本，其内容不是被视为权威而隐晦的，就是被认为与人们希望应用它们的情境没有明显相关性。[22] 在这两个领域中，解释通常是从更宏大的背景中抽取出某个细节出发的：文本的解释学中的单字词，或

---

21 关于关键场景，参见 Ortner, "Patterns of History," 60-63；以及 Campany, *Signs from the Unseen Realm*, 47-48。后文我还会使用这一概念。

22 参见 van Zoeren, *Poetry and Personality*〔［美］方泽林著，赵四方译：《诗与人格：传统中国的阅读、注解与诠释》〕; Saussy, *Problem of a Chinese Aesthetic*, 13-150〔［美］苏源熙著，卞东波译：《中国美学问题》〕; Puett, "Sages, Gods, and History"; Puett, "Manifesting Sagely Knowledge"; 以及 Beecroft, *Authorship and Cultural Identity*。Henderson, *Scripture, Canon, and Commentary*, 66 注意到，在早期中国，释梦并不像同时期的西方社会那样与圣经的解释紧密相连，但他继续说："在中国，对预兆和神谕的解读……显然对后来的文本注释者所使用的风格及方式的发展产生了很大影响，就像释梦在一些西方文化中一样。"在之后的一篇论文中，他阐述道："这两项事业［占卜和文本的解释］在若干方面是相互关联的。首先……占卜可以被理解为是解释的一种形式。其次，许多经典文本的解释，乃至其中某些文本本身，都可以合理地溯源到占卜。第三，对经典文本的解释可以发挥某些与占卜相同的功能，如阐明晦涩难懂的内容，提出预见及裁定法律案件。最后，经典的解释者经常对经典的特点作出假设，与占卜者对他们占卜集的特点作出假设类似，例如它是全面的，足以覆盖所有的现实。"("Divination and Confucian Exegesis," 79）类似地，福德·雷格尔（Fodde-Reguer）比较了我们知之甚少的秦朝梦的符号学与一些大致同时期的医学诊断流程（"Divining Bureaucracy," 35-57）。关于对犹太文化中梦的解释学与《圣经》文本解释学之间相似之处的简要检视，参见 Niehoff, "A Dream Which Is Not Interpreted Is Like a Letter Which Is Not Read"。关于释梦的方法对米德拉什的解经（midrashic exegesis）的影响，参见 Greenstein, "Medieval Bible Commentaries," 216-17。关于释梦模式与基督教对《旧约》解释之间的关系，参见 Wansbrough, *Quranic Studies*, 246。

119

者梦的解释学中的单个图像。更宽泛地说，释梦的方法可以与解密预兆或其他异象、面部或身体的外观（在相术中），甚至是基于行为的人的内在特征等等的特定方法，进行富有成效的比较。[23] 这些都是值得持续探讨的话题。[24]

第六，正如我们在上一章看到的，王符和王充使用了相同的关键词"象"来讨论那些不"直"而需要解释的梦。我们有必要停下来探讨一下"象"的意蕴。

由"象"构成的梦

许多文本使用"象"来命名梦的特定内容，即解释所说的梦的意义。[25] 例如，《后汉书》卷二十六《蔡茂传》中的一段话写道，蔡茂梦到自己在大殿里。释梦者预言他将获得官职，依据是梦到在大殿里是"宫府之形象"的断言。在汉代，"象"无疑是一个

---

[23] 人类学家迈克尔·F. 布朗（Michael F. Brown）提出了类似的看法："如果梦是一种思维，那么据其在整个文化知识体系中的地位来研究它就可能是有益的……如果梦被看作是有象征意义的，那么梦的象征在多大程度上类似于做梦者所处社会中发现的其他形式的象征生产（symbolic production）呢？"（Brown, "Ropes of Sand," 156）

[24] 关于预兆解释的学术研究并不缺乏。例如，参见 Forte, *Political Propaganda and Ideology*; Lu Zongli, *Power of the Words*; Lippiello, *Auspicious Omens and Miracles*; Goodman, *Ts'ao P'i Transcendent*; Wechsler, *Offerings of Jade and Silk*; Kern, "Religious Anxiety and Political Interest in Western Han Omen Interpretation"; Hihara, "Saii to shin'i"; Strickmann, *Chinese Poetry and Prophecy*; Espesset, "Epiphanies of Sovereignty"; Cai, "Hermeneutics of Omens"; 以及 Campany, "Two Religious Thinkers of the Early Eastern Jin"。

[25] 再举一个例子，在道教上清派《真诰》一段不寻常的话（7.7a-b）中，真人茅小君解释说，他早些时候以弟弟许翙（341—约370）的形象出现在他哥哥许联（328—404）的梦中，"假[翙之]象以通梦"。他这样做的原因在 *Dreaming and Self-Cultivation* 中有讨论。

具有庄严谱系的有分量的术语。西方学者通常将它译作 image 或者 symbol，但有人质疑它们是否等同。[26] 詹姆斯·理雅各（James Legge）翻译的《系辞》（我将在下文详细阐述这个文本）说明了捕捉"象"的意义的困难，其中"象"被不同地翻译为 figure, emblem, indication, semblance（事物虚幻的形态）, represent, symbolize, visible figure, emblematic interpretations 和 symbolic figure。薛爱华（Schafer）则译为 effigy, simulacrum, analogue, counterpart, equivalent 和 other-identity。他解释说："天上事件是地上事件的'对应物'或者'拟像'['象']；天上的事物在地上有分身，两者高度协调。"[27] 威拉德·彼得森（Peterson）、卢大荣（Rutt）和程艾兰（Cheng）则使用 figure 一词，[28] 陆威仪（Lewis）

---

[26] 参见 Schafer, *Pacing the Void*, 5, 55, 292n8; Peterson, "Making Connections," 80–81; Sharf, *Coming to Terms with Chinese Buddhism*, 147–49; Kory, "Cracking to Divine," 24–30；以及 Schilling, *Spruch und Zahl*, 372–424。与亚里士多德的关键术语"想象"（phantasia）进行比较是有用的，因为亚里士多德（1）在讨论不存在的事物的表象（例如幻觉和梦）时，（2）在解释我们如何保留对不再存在的事物的记忆时，以及（3）在将行为和欲望联系起来时，都提到了这个术语。而且，根据我所知最好的现代解释，英文的"image"一词也被过于简单地套在中文的这个术语之上。参见 Nussbaum, *Aristotle's "De Motu Animalium,"* 221–69；以及 Lorenz, *Brute Within*, 133–37, 148–73。正如下文所见，这个术语甚至和想象中远方的大象有关，就和中文的"象"一样。在这种情况下，与拉丁语 *imago* 的对比也很有用，参见 Scioli and Walde, "Introduction"。

[27] Schafer, *Pacing the Void*, 55.

[28] Peterson, "Making Connections," 80–81; Rutt, *Book of Changes*, 132, 408; Cheng, *Histoire de la pensée chinoise*, 276 [[法]程艾蓝著, 冬一、戎恒颖译:《中国思想史》]（程艾兰也使用了 *figuration*）。Obert, "Imagination or Response?" 把"象"理解为"一个与直觉相关的具象的整体，它本身是完整的，并充满意义"（120–21）。他把"象"译作德语的 *Erscheinungsgestalt* 或 *sinnhafte Erscheinungsgestalt*（*Welt als Bild*, 157–58, 212–15）。

译作correlate,²⁹ 这两个词的优点是和"象"一样，既可用作名词，又可用作动词。

由于《道德经》以"道"为特色，而"道"和梦一样难以言喻，因此"道"的用法在这里就具有一定的参考价值。"是['道'本身，或'道纪']谓无状之状无物之象"（第14章）。作为"物"，道无形无状，但是"其中有象"（第21章）。"大象无形"（第41章）。"执大象，天下往"（第35章）。³⁰ 这些措辞不甚明了。好在《韩非子》（约前240年）³¹中有现存最早的关于《道德经》的部分注释，其对第十四章的注释是这样的：

> 人希见生象也，而得死象之骨，案其图以想其生也，故诸人之所以意想者皆谓之"象"也。今道虽不可得闻见，圣人执其见功以处见其形，故曰："无状之状，无物之象。"³²

---

29 Lewis, *Writing and Authority*, 242。尽管在其他地方（例如第271页）他又将"象"译作"image"。

30 中文文本依次查阅Hendricks, *Lao-tzu Te-Tao Ching*, 214-15, 228-29, 102-03, 256-57，我略微修改了他的译文。然而，在第41章的段落中，马王堆《老子》乙本写本作"天""刑"，而其他大多数版本作"大""形"。我没有遵循这个写本的写法（亨德里克斯[Hendricks]也没有，尽管他没有加以讨论）。关于这段话的各种版本的对比，参见Hachiya, *Rōshi*, 200。

31 ECT, 115-17和CL, 313-17。

32 译文据Lewis, *Writing and Authority in Early China*, 271修改。参照Sterckx, *Animal and the Daemon*, 214［英］胡司德著，蓝旭译：《古代中国的动物与灵异》。关于《韩非子》注解《道德经》的章节，参见Queen, "Han Feizi and the Old Master"。奇怪的是，伊本·路世德（Ibn Rushd）在注解（约1170年）亚里士多德的《自然诸短篇》（*Parva naturalia*）中的精神意象和记忆时，也用大象作为例子。那些在精神专注和"想象"（phantasia）形成方面有天赋的人，仅仅通过他人的描述，就能对他们未见过的事物产生准确的精神意象。（转下页）

这一创造性的注释表明，拥有"象"的意义在于，它提供了一条通向我们以别的方式无法企及的对应物的路径。"象"及其不在场的关联物之间存在着一种非任意的联系，作者用名词"图"来表示，不过大象的骨头不是这种现在已经消亡的动物的模拟象征（mimetic representation），更不是一个崇拜对象（icon）；相反，大象的"图"只是暗示了这种动物曾经的样子。这取决于人类观察者根据可见的"象"来想象（"想"）不在场的动物。正是如此，圣人抓住了"道""功"的形象可见的例子，作为无形之道的"象"，道虽然不像消亡的大象那样遥远或者已经死去，但也无法直接观察到。道是什么样的，取决于我们根据这些"象"去想象它。《淮南子》中的一段话和郭璞为《山海经》写的序言都说道，圣人拥有独特的能力，能够看到奇怪的或令人难以置信的异形动物的"象"——推断出它们的完整形态，从而再推断出它们准确的分类意义上的身份——因此能够不为所困。[33]

回到梦的主题，一个令人不安的问题出现了。如果梦的"象"是其他事物的对应物，那么其他事物是什么，它们又在哪里呢？什么是梦—象的关联物或者类似物？如果它们被塑造为我们得以想象其对应物的基础，那么塑造者是谁或者是什么？看到死象的

（接上页）"以这种方式，"他写道，"一个人有可能在从未感知过大象的情况下形成大象的形象。" Averroes, *Epitome of "Parva Naturalia,"* 28; Carruthers, *Book of Memory*, 75。

33 《淮南子·泛论训》指出，当生物发生变化时，圣人因其映照和顺应事物的能力，从而"化则为之象"（《淮南子集释》，第961页）。上下文参见 Major et al., *Huainanzi*, 510。同样，郭璞《山海经叙录》认为，圣皇"原化以极变，象物以应怪"（《山海经校注》，第479页）。这两段文字是 Sterckx, *Animal and the Daemon*, 214 提醒我的。

骨头，我们想象活的大象。看到"功"，我们想象"道"。看到梦，我们想象什么？可预期的答案也许是我们想象事件的未来发展。不过，如前一章所述，这一想象的机制显然还不清楚。我们理解从一头活的大象到骨骼排列的变化过程。我们不太明白"道"的变化过程，但我们可以接受，至少在比喻上，有一种无形的东西叫作"道"，它影响世界的结果（比如水滴石穿——《道德经》中提到的"道"的形象之一），我们可以通过看到这些结果来想象"道"的样子。但是当一个人梦见X时，意味着Y可能会发生，这是怎么可能的呢？下面所采样的大多数文本根本不会停下来探讨这个问题。我们产生梦的思想或者宇宙的机制及其本体论地位，都没有被反思。相反，它们关注的重点在于：做梦以后，我们可以如何获得梦所言说的信息。

除了《道德经》，在其他早期常常被引证的经典中，谈论"象"的有两种：一是《系辞》，它是附于《易经》的片段式论述，形成于公元前2世纪中叶以前；[34] 二是王弼（226—249）对《系辞》的注释，以及《明象》篇的论述，它们都包含在王弼对《易经》的评论中。[35] 在许多关于"象"的《系辞》段落中，有两处特别值得关注。

圣人有以见天下之赜，而拟诸其形容，象［卢大荣译为

---

34 在马王堆墓中发现的帛书《周易》（公元前168年）中已有《系辞》。参见ECT，221；Shaughnessy, *I Ching*, 20–22, 187–211；以及Shaughnessy, *Unearthing the Changes*, 4, 6。
35 王弼的理论已经得到了广泛的研究。与此特别相关的是Gu Ming Dong, *Chinese Theories of Reading and Writing*, 113–50中的讨论。

representations，林理彰（Lynn）译为 images］其物宜，是故谓之象。[36]

子曰："书不尽言，言不尽意。"然则圣人之意，其不可见乎？子曰："圣人立象以尽意，设卦以尽情伪，系辞［于爻］焉，以尽其言。［这样］［从一爻到另一爻］变而通之以尽利，鼓之［《易经》］舞之［《易经》］以尽神。"[37]

这些意义不甚明了的陈述，其主要观点是，《易经》的"象"承载着我们以其他方式无法理解的奥秘，并充分传达了不能用言语或书面文字表达的意义——在一份文字形式的占卜指南中发现这样的主张，属实有些奇怪。[38] 同样，正如在《道德经》的章节和《韩非子》的注解中所看到的，之所以有"象"，是为了更完整地传达一些以其他方式无法充分表达或理解的东西。这段文字为"象"所传达的内容提供了一个词："意"，意思是"意义"或者"观念"。

因为在梦中看到的有意义的事物被称作"象"，所以我们再一次将占卜中普遍意义的"象"的观念，以及《易经》中更为具体的"象"的观念，统统转移到梦境之中。当我们这么做时，问题又出现了。就《易经》而言，如果圣人创造了"象"来传达以其

36《周易注疏》7.9b-10a；译文修改了 Rutt, *Book of Changes*, 413；参照 Lynn, *Classic of Changes*, 56-57。孔颖达（574—648）对"赜"的注释是："赜谓幽深难见"。

37《周易注疏》7.18a-b；译文基于 Rutt, *Book of Changes*, 419 和 Lynn, *Classic of Changes*, 67。

38 孔颖达在评论"子曰：圣人立象以尽意"时写道："虽言不尽意，立象可以尽之也。"（《周易注疏》7.18b）参照 Klein, "Constancy and the *Changes*," 215-16；以及 Richard J. Smith, *Fathoming the Cosmos*, 40。

他方式难以理解的观念和奥秘，那么又是谁塑造了我们在梦中所看到的"象"？为什么我们完全以"象"的方式来做梦——为什么不简单地、总是直接地以"意"，即意义或观念的方式来做梦？最重要的是，注释者关于"象"的主张给那些会去占梦的人制造了问题，因为它们限制了任何文字解释的有效性。按照《系辞》的观点，"象"的丰富性是无法用文字充分表达的。所有关于梦的意义的文字表达都会漏掉一些内容。无论是什么有意义的内容进入梦中（不管是通过什么神秘的动因或者途径），并最后在它们的"象"中得到充分的表达，都没有任何口头或书面文字的描述可以完整地获取其意义。因此，我们最终得到的图景与人类学家文森特·克拉潘扎诺（Vincent Crapanzano）的朋友穆莱·阿卜杜斯勒姆（Moulay Abedsalem）所勾勒的颇为相似，克拉潘扎诺引述这位目不识丁的摩洛哥送葬人、裹尸布制造者的话写道："人梦到的内容是灵魂经历的事情。他说，梦的失真是由于人脑……无法准确地翻译灵魂所经历的事情。在人脑必须使用文字来传达梦的情况下，是文字扭曲了梦。[他]用可怕的讽刺反问道：[但]我们还能怎样[完全]了解自己的梦呢？"[39]

但是王弼关于最后这个想法的评论产生了回溯话题的效果。他认为，《易经》的"象"和所有附加的文字解释都只是一种解释清楚意义（"意"）的权宜之计。一旦读者知晓意义，文字和"象"都可以被抛弃，就像《庄子》说的"得鱼忘筌""得兔忘蹄"。[40] 正

---

[39] Crapanzano, *Hermes' Dilemma*, 145–46。关于中世纪伊斯兰传统中释梦所涉及的本体论和认识论的精彩讨论，参见 Sviri, "Dreaming Analyzed and Recorded"。

[40] 在那里，这也是一个文字（"言"）和意义或想法（"意"）的问题。参见《庄子集解》，第244页；Graham, *Chuang-tzu*, 190。

如艾朗诺（Ronald Egan）所指出的："不仅因为一旦掌握了观念，'象'就可以被舍弃，而且也因为牢牢记着'象'……致使观念无法被掌握……因此，王弼得出结论'得意在忘象'。"[41] 在梦境中，王弼关于"象"的权宜之计——"象"终归是足以用于沟通的——的立场使人们对梦中之"象"的文字解释充满信心。

无论如何，将梦视为由"象"组成开启了某些回应梦的方式，并关闭了其他可能的方式。如果梦包含"象"，而"象"是符号学意义上的符号，那么对梦的理解就不能流于表面；如果符号是有意义的，它们的意义就不是表面显示的那样。在梦中看到的"象"于是成了更普遍意义上的样例。作为一个沟通的事件，梦因此被提升了一个层次，它的组成部分能够根据一些普适的占卜系统（语言）来解读，在其中任何特定的梦的组成部分都只是一个样例（具体的话语）。[42] 这就是我所说的，在前瞻范式中，梦占据了与事件世界相关的元层级（meta-level），而在到访范式中，梦本身就是世界中的事件。

现在，我们进入文本。

梦书

有许多文本证明了梦是如何被解释的，但这些文本只有两种基

---

41 Egan, "Nature and Higher Ideals," 288-89。也可参见 Hon, "Hexagrams and Politics," 81; Chua, "Tracing the Dao"; 以及 Gu Ming Dong, *Chinese Theories of Reading and Writing*, 113-50。

42 我在这里想起了科恩的评论，参见 Kohn, *How Forests Think*, 172-73。

本的类型。一类文本是梦的象征的清单，对应于它们通常预示的内容；另一类文本则是对与梦相关的特定情境的叙述，然后由某人进行解释。这两类文本包含着相当不同类型的信息，即意义是如何以及通过谁而赋予梦的，并且它们还记录了非常不同的释梦模式。

我将第一类文本称为"梦书"（dreambooks）。大概每种文化都在某个阶段制定了标准化的梦的征象的清单，正如史密斯观察到的那样："该清单也许是所有文体中最古老和最普遍的一种。"[43] 它的主要功能是信息检索。古代和中古文化发展出一种清单科学（*Listenwissenschaft*）的形态，"（这是）一种科学，它主要的智识活动便是制定与反思清单、目录和分类，通过建立先例，观察模式、相似性与关联性，并记下重复性而逐步发展起来。在占卜与法律材料中，这种科学尤为引人注目"。[44] 梦书就是一种应用于梦的清单科学。这样的清单是各个社会尝试将某种程度的秩序和规则置入本质上光怪陆离的梦境中的一种方式。[45] 梦书不一定依赖于

---

43 Jonathan Z. Smith, *Imagining Religion*, 44.
44 Jonathan Z. Smith, 47.
45 关于拉比文学作品中标准的梦的象征及其意义的清单，参见 Hasan-Rokem, "Communication with the Dead in Jewish Culture," 222；关于公元前3世纪的医生希罗菲卢斯（Herophilus）发明的三分类型学，参见 Price, "The Future of Dreams," 17. 参见 Harrisson, *Dreams and Dreaming in the Roman Empire*, 189; Mageo, "Theorizing Dreaming and the Self," 18（关于"梦的辞典"）; Lamoreaux, *Early Muslim Tradition of Dream Interpretation*; 以及 Oppenheim, "Interpretation of Dreams in the Ancient Near East". 阿特米多罗斯的《解梦》（*Oneirocritica*）（2世纪中叶至3世纪初）不啻为一次明确的、百科全书式的尝试，将一个全面的生物分类学的秩序一劳永逸地引入难以驾驭的梦与释梦领域之中。参见 Harris-McCoy, *Artemidorus' Oneirocritica*, 3, 19-25; Walde, "Dream Interpretation in a Prosperous Age"指出，这是"现存的唯一一部关于古代释梦的［大部头的］著作"（第124页），而且它是继《圣经》之后在欧洲最早出版的书籍之一；（转下页）

书写：口述文化也常常发展出标准化的梦的征象的分类。[46]

我们知道，中国很早以前就记载有关于梦之征象的密钥，尽管据我所知还没有秦以前的文本流传下来。应劭（140—206）在他的《风俗通义》中引述了《晏子春秋》（公元前2世纪以前）[47]中的

（接上页）Kessels, "Ancient Systems of Dream-Classification"; Näf, "Artemidor"; 以及Näf, *Traum und Traumdeutung im Altertum*。马克拉比（Macrobius）（活跃于4世纪末至5世纪初）在他对西塞罗在《论共和国》（*Republic*）第6卷中关于西庇阿之梦的著名描述的评论中，提出了一个五分的分类法，在某些方面与阿特米多罗斯的分类法相似，但在其他方面则截然不同；他是另一位在梦方面的权威，其作品在中世纪欧洲引起了反响。参见Macrobius, *Commentary on the Dream of Scipio*, 87-92; Cancik, "*Idolum and Imago*"; 以及Schmitt, "The Liminality and Centrality of Dreams in the Medieval West," 278-79。至于西塞罗在他那个时代背景下所写占卜著作的有益探讨，包括Beard, "Cicero and Divination"; Kany-Turpin and Pellegrin, "Cicero and the Aristotelian Theory of Divination by Dreams"; Schultz, "Argument and Anecdote in Cicero's *De divinatione*"; 以及Schultz, *Commentary on Cicero "De Divinatione I"*。司马虚（Strickmann）富有洞见地评论道："清单和目录被用来控制梦的生活的混乱局面。"（*Mantras et mandarins*, 305; 我添加了着重号。）

46 例如，参见Hollan, "Cultural and Intersubjective Context of Dream Remembrance and Reporting," 175-76; Hollan, "Personal Use of Dream Beliefs in the Toraja Highlands," 171; Gregor, "Far, Far Away My Shadow Wandered," 713-16; Stewart and Strathern, "Dreaming and Ghosts among the Hagen and Duna," 54-55; Reynolds, "Dreams and the Constitution of Self among the Zezuru," 22; Mannheim, "A Semiotic of Andean Dreams"; Crapanzano, *Hermes' Dilemma*, 243; Basso, "The Implications of a Progressive Theory of Dreaming," 103-04; 以及George-Joseph and Smith, "Dream World in Dominica"。通常，类型学和分类只是隐含的，在任何给定的情况下都无法完全记起，但却被重复的解释模式所暗示。例如，斯蒂芬在同一页中会写到墨克奥（Mekeo）人，一方面，"不存在人们可以流畅地说给民族志学者的、详尽阐述的梦的类型学"，另一方面，"很多……梦的象征广为人知，最初很容易获得这样的印象，即释梦本质上是熟悉一个广博的象征对应物的总集的问题"（Stephen, *A'aisa's Gifts*, 119）。

47 参见ECT, 483-86; CL, 1868-73; 以及Milburn, *Spring and Autumn Annals of Master Yan*, 3-67。

129

一则轶事：患病的齐景公要占梦，而占卜者请求在释梦前允许查阅他的指南。[48] 班固（32—92）在《汉书·艺文志》中列出了两种梦书，共三十一卷。[49]《隋书·经籍志》（656年成书）至少列出了八种梦书。[50]《晋书》（成书于646—648[51]）中有一段话讲述了3世纪末的事件：太守阴澹对索紞占梦的准确性印象深刻，要求看看他使

---

48 参见《风俗通义》，第392页；我遵循了编者关于修改的建议。用于"指南"的术语是简单的"书"（books）字。译文参见Nylan, "Ying Shao's 'Feng Su T'ung Yi,'" 522-24。还可参见Strassberg, *Wandering Spirits*, 4。我将在下文回到这则轶事。关于《史记》中提到的释梦指南与专家的几个段落的讨论，参见王子今：《长沙简牍研究》，第366页。

49 这两种梦书是十一卷的《黄帝长柳占梦》和二十卷的《甘德长柳占梦》（《汉书》30.1772）。因为这些作品已经失传，所以我们无法确定它们是否采用了梦的征象及其意义的清单形式，但它们在书目中被与其他占卜作品分为一组，从标题来看，似乎是指南。班固的《艺文志》是以刘歆（前50—23）的早期作品《七略》为基础的，其中包含有宫廷图书馆的书目。参见ECT, 130。关于这部著作在占卜技艺和预言技艺的分类方面的重要性，参见Kalinowski, ed., "Introduction générale," 11-13；Kalinowski, "Divination and Astrology," 342-44；以及Raphals, "Divination in the *Han shu* Bibliographic Treatise"。关于这部著作更大的意识形态、政治和宗教的背景，参见Kalinowski, ed., "Technical Traditions in Ancient China," 225-28；以及Fukatsu, "Kodai chūgokujin no shisō to seikatsu," 957。关于这部意识形态色彩浓厚的书目和那个时代文本实际情况之间的差距，特别参见Harper, "Warring States Natural Philosophy," 822-23；以及Kern, "Early Chinese Divination and Its Rhetoric," 262-63。正如柯马丁（Martin Kern）所观察到的："[宫廷]图书馆参与审查的程度和存藏的程度一样高，甚至可能更高"（第263页）。

50 参见《隋书》34.1037-1038。所有这些书名听起来都相当普通，尽管其中列出了诸如京房、崔元和周宣等著名人物的作品，但这些作品在隋代就已亡佚。该目录中列出的其他占卜作品可能也涉及梦，尽管这在任何其他标题中没有明确地指出。关于《隋书》中"志"的部分，包括书目编目的完成日期，参见Twitchett, *Writing of Official History under the T'ang*, 22；以及Wilkinson, *Chinese History*, 751。Drège and Drettas（"Oniromancie," 370）从随后的目录里这类书名数量的减少得出结论，这种体裁在唐朝时的流行程度可能已经有所下降，但我不认同这一推论。

51 参见Twitchett, *Writing of Official History under the T'ang*, 22n67；以及Wilkinson, *Chinese History*, 730。我在下文讨论占卜者索紞的时候会回到这段话。

用的指南——也就是"占书"。[52] 所以，在整个汉代和中古早期记载的关于梦之征象的密钥即便不是无处不在，也已相当常见了。[53]

2世纪，王符在论述中列出了一份关于常见的梦的征象及其一般意义的清单。他可能是归纳了各种指南，要不然就是他所知道的若干民间实践。在他的清单中，他提到了五大类常见的梦"象"及其相关含义（见表3）。[54]

表3 王符《潜夫论》中常见的梦"象"及其含义

象	含义
1. 清洁，鲜好；竹木茂美；宫室器械新成。	谋从事成；吉喜。
2. 臭污腐烂，枯槁绝雾；倾倚征邪，剸刖不安；闭塞幽昧；解落坠下向衰。	计谋不从，举事不成。
3. 妖孽怪异；可憎可恶。	忧□。
4. 图，画；卵胎；刻镂非真，瓦器虚空。	欺绐。
5. 倡优俳儴；小儿所戏弄。	欢笑。

---

52 《晋书》95.2494-2495。索统答曰："昔入太学，因一父老为主人，其人无所不知，又匿姓名，有似隐者，统因从父老问占梦之术，审测而说，实无书也。"这个案例告诉我们，太守认为索统肯定使用了指南。

53 刘文英的《中国古代的梦书》对中国前现代的梦书做了一个相当简要的概述，并对其中的段落进行了选编；韩师的《梦与梦占》（第55—60页）给出了一个更简略的概述。

54 《潜夫论笺校正》，第318—319页；译文据 Kinney, *Art of the Han Essay*, 122。如果王符从书面清单中得出这些对应关系，那么他可能已经将这些征象加以综合归类，以精简讨论的内容。相似地，王充在《纪妖篇》中不假思索地写出几组看似标准的对应关系。参见《论衡校释》，第916页；以及 Drège and Drettas, "Oniromancie," 391。

131

还有一些手稿材料。2007年，湖南大学岳麓书院从一位香港古董商那里购得一批约两千枚竹简和木简。后来，藏品通过私人捐赠扩大到2 174枚。显然，这些从墓葬中发掘出来的竹木简来历不明，但学者判定其书体样式可以追溯到秦朝（前221—前207），并且，根据其中提到的一些行政细节可知，它们也许与一位官员合葬在现今的湖北地区。[55] 这个语料库包含有涉及当地行政、法律、音乐和数学的文本。其中，有一份释梦指南。

在其能够复原的范围内，[56] 这份没有标题的指南遵循三项主要的解释原则。一组段落完全依据梦发生的日期或时辰为梦赋予意义。例如，一片竹简的部分内容是："戊己梦［即在数小时或数天的时间周期中的这些时间发生的梦］［预示］语言也。庚辛梦［预示］喜也。壬癸梦［预示］生事也。"[57] 正如同一组的另一片竹简[58]

---

55 参见朱汉民、陈长松主编：《岳麓书院藏秦简》，第1—2页；以及Fodde-Reguer，"Divining Bureaucracy," 42-43。

56 我参考了由安娜·亚历山德拉·福德·雷格尔（Anna-Alexandra Fodde-Reguer）完成的对竹简的重新排序，她得到了米兰达·布朗（Miranda Brown）的协助。文本始终只写在竹简的一面，使得段落顺序很难复原。不过，即便竹简的顺序仍难确定，文本的一般性质还是相当明了的，并且在大多数情况下，每一片竹简上都有一或两条不连续的梦的内容及其释义的清单，不会超出到第二片竹简上，这就降低了排序的重要性。

57 这是1514号竹简文本的开头部分。图版、转写本和注释，参见朱汉民、陈长松主编：《岳麓书院藏秦简》，第153页；转写本和翻译，参见Fodde-Reguer，"Divining Bureaucracy," 123, 125。在整个讨论中，我的译文得益于Fodde-Reguer，"Divining Bureaucracy," 125-27中的译文，但有时略有不同。

58 也许是文本原始排列中紧接在1514号竹简之前的那片简，正如朱汉民和陈长松所坚持的那样，参见朱汉民、陈长松主编：《岳麓书院藏秦简》，第152—153页；以及Fodde-Reguer，"Divining Bureaucracy," 123, 125。

所解释的那样："五分日，三分日夕：吉凶有节，善羹有故。"[59] 其他段落的重点则是结合做梦的时间与梦的内容。例如："甲乙梦伐木：吉。丙丁梦失火高阳：吉。戊己［梦］官事[60]：吉。庚辛梦□山铸［？］钟：吉。"[61] 第三组也是最常见的条目类型则为梦的内容赋予意义，而不考虑做梦的时间。不过，这一类释梦远远超出了"吉"或"凶"的范围，提供了更为具体的预言。例如："［梦见］污渊，［意味着］有明名来者。梦井洫者，［意味着］出财。"[62] 其中一些条目根据做梦者是男性还是女性，进一步详细说明了预言："梦□中产毛者，丈夫得资，女子得鸶。"[63]

在睡虎地墓中出土的两种竹简《日书》之一，也出现了略为复杂的择日学的指南，风格类似于梦书，成书时间可追溯到公元前217年。[64] 这种关于梦的意义的指南有四个向量：六十进制"天干"纪日

---

[59] 这句话出现在0102号竹简上。参见朱汉民、陈长松主编：《岳麓书院藏秦简》，第152页；以及Fodde-Reguer, "Divining Bureaucracy," 123, 125。关于商代甲骨文记载商王做梦时间的例子（尽管它没有根据时间大胆地解读其意义），参见Itō and Takashima, *Studies in Early Chinese Civilization*, 1：462。

[60] 这里根据Fodde-Reguer, "Divining Bureaucracy," 123读作"官"，而不是朱汉民、陈长松主编：《岳麓书院藏秦简》（第153页）中转写的"宫"。这个字出现在1526号竹简最上端的位置，有部分裂开了。

[61] 这几行文字贯穿了1514号和1526号竹简。参见朱汉民、陈长松主编：《岳麓书院藏秦简》，第153页；以及Fodde-Reguer, "Divining Bureaucracy," 123, 125。

[62] 这是0015号竹简。参见朱汉民、陈长松主编：《岳麓书院藏秦简》，第164页；以及Fodde-Reguer, "Divining Bureaucracy," 124, 127。

[63] 这是0029号竹简，上半部分已经佚失。我采用朱汉民、陈长松主编：《岳麓书院藏秦简》（第158页）中的转写和注释。其他根据做梦者的性别对相同梦的内容作出不同解释的竹简，包括0049号、1513号和1495号。

[64] 关于这一时期的日书体裁，参见Harper and Kalinowski, eds., *Books of Fate and Popular Culture*; Harkness, "Cosmology and the Quotidian"; Kern, "Early Chinese Divination and Its Rhetoric," 265-73。

法下梦发生的日子；梦中影像的主要颜色（黑色、绿色或蓝色）；梦中所见现象的特定类别（服装、太阳）；五行。[65] 梦的意义是预兆，并且总是吉利的。

敦煌则出土了十二份梦书写本（加上一些篇幅较短的残片），成书时间可追溯到9至10世纪。[66] 这些文本在体裁和形式上与岳麓

---

[65] 这段文字出现在《日书》乙种。这些竹简的图版可以参见《睡虎地秦墓竹简》，第134—135版（第189—193简），第247页有转写和注释。参照Harper, "Textual Form of Knowledge," 53；以及Harper and Kalinowski, *Books of Fate and Popular Culture*, 452。和瑞丽（Raphals）对这段话的说法相反（"重点从终止噩梦的魔法技巧转向通过六十进制的周期来预测噩梦" [*Divination and Prediction*, 187]），提供宇宙的"象"不是为了预测梦，而是为了解释已经发生的梦，这把择日学的钥匙并没有取代驱除噩梦的方法，而是对其进行补充。解释的钥匙和仪式的解决方案起着完全不同的功能。参照Idel, "Astral Dreams in Judaism"讨论的基于梦与天体的假定关系进行释梦的方法。

[66] 关于哪些写本构成了哪些文本的见证，学术界似乎还未达成共识，因此以下标题的清单与证实它们的特定写本应该被视为暂定的。[1]《新集周公解梦书》。（a）P3908：转写本参见郑炳林：《敦煌写本解梦书校录研究》，第171—202页；详细的描述与分析参见Drège and Drettas, "Oniromancie," 396-97。译文参见Drège, "Clefs des songes de Touen-houang," 213-34。（b）S5900：转写本参见郑炳林：《敦煌写本解梦书校录研究》，第167—170页。描述与分析参见Drège and Drettas, "Oniromancie," 401。（c）P3571背面。描述与分析参见Drège and Drettas, "Oniromancie," 395。[2]《周公解梦书》。（a）P3105正面：描述与分析参见Drège and Drettas, "Oniromancie," 393-94。（b）P3281背面：描述与分析参见Drège and Drettas, "Oniromancie," 394-95。译文参见郑炳林：《敦煌写本解梦书校录研究》，第219—232页。（c）P3685背面：描述与分析参见Drège and Drettas, "Oniromancie," 395-96。译文参见郑炳林：《敦煌写本解梦书校录研究》，第219—232页。（d）S2222正面：描述与分析参见Drège and Drettas, "Oniromancie," 399-400。译文参见郑炳林：《敦煌写本解梦书校录研究》，第203—218页。（e）保存在大英图书馆印度事务部的两个残片（C118）：描述与分析参见Drège and Drettas, "Oniromancie," 401。[3]《先贤周公解梦书》。（a）P3105正面：描述与分析参见Drège and Drettas, "Oniromancie," 394。（b）郑炳林所说的残片58。译文参见郑炳林：《敦煌写本解梦书校录研究》，第238—243页。[4]无标题。（a）S620正面。描述与分析参见Drège and Drettas, "Oniromancie," 398-99。译文参见郑炳林：《敦煌写本解梦书校录研究》，（转下页）

书院藏秦简颇为相似。总体而言,这整个竹简和写本的语料库可能相当充分地代表了从古典晚期至中古时期存在的梦书类型。有些敦煌文本是成卷的,另一些则是抄本的形式。[67] 在某些情况下,同一个文本有不止一件写本,其中的差异有时看来是抄写员的舛误,但有时又似乎表明存在着分歧的解释传统。总的来说,大多数在一个文本中被标记为吉祥的梦的征象,在其他文本中也被类似地标记,这表明基本的释梦有一定的一致性。

同样,梦书的格式也有一致性。除了极少数例外,这些文本都会罗列梦的征象,每一条都以"梦见"这个短语开头,然后是它们的预示。以下是《新集周公解梦书》中唯一完整文本里的几个例子:[68] 梦见

(接上页)第262—289页。(b) P3990背面。描述与分析参见 Drège and Drettas, "Oniromancie," 398。译文参见郑炳林:《敦煌写本解梦书校录研究》,第290—293页。[5]《解梦书》。(a) S2222背面。描述与分析参见 Drège and Drettas, "Oniromancie," 400-01。(b) P2829正面。描述与分析参见 Drège and Drettas, "Oniromancie," 393。[6] 无标题的十二支日得梦吉凶释梦要诀(其具体内容与P3908有所不同),前言包含对梦的理论评述,只见于P3571背面。译文参见郑炳林:《敦煌写本解梦书校录研究》,第194—199页,描述与分析参见 Drège and Drettas, "Oniromancie," 384-86, 395。[7] S2072,一个无标题的轶事集,我会在下文进行讨论。郑炳林:《敦煌写本解梦书校录研究》,第303—310页。关于早期出版的这一材料的概述,参见 Drège, "Notes d'onirologie chinoise," 272-76。关于敦煌复合写本(多个文本抄写在一卷中)的有参考价值的研究,参见 Galambos, "Composite Manuscripts in Medieval China"。

67 有些学者推测,手卷更有可能是专业占卜者使用的,而抄本则供私人使用(Drège and Drettas, "Oniromancie," 371)。

68 这个文本载 P3908。关于法国国家图书馆提供的数字版本,参见 https://gallica.bnf.fr/ark:/12148/btv1b8300230n.r=P%203908?rk=128756;0 [2020年3月3日访问]。译文参见郑炳林:《敦煌写本解梦书校录研究》,第171—202页;详细的描述与分析参见 Drège and Drettas, "Oniromancie," 396-97。译文参见 Drège, "Clefs des songes de Touen-houang," 213-34。这一作品的部分也在S5900中得到证实(译文参见郑炳林:《敦煌写本解梦书校录研究》,第167—170页,描述与(转下页)

上天者，生贵子。梦见天明者，合大喜。梦见看天者，主长命。梦见日月者，主大赦。梦见日月照身，大贵。梦见日月没者，大凶。等等。

敦煌指南通常根据主题类别[69]来划分征象及其意义，以便查询，这与同时期涵盖广泛主题的"类书"的编纂方式非常相似。[70]在迄今为止复原的汉代以前唯一的梦书中，还没有看到这样的编纂方式。德勒热（Drège）和德里塔斯（Drettas）梳理出在这些写本中反复出现的十三类主题：天；地；植物；住宅；家庭和婚姻事务；公务；宗教组织、角色和仪式；农业；身体和熟悉的物品；饮品和食品，交通工具、旅行和贸易；野生动物和家养动物；水和火。[71]

目前还不清楚，敦煌指南究竟是为专业的占卜者还是为非专业人士准备，并由其拥有和使用的。[72] 岳麓书院的竹简似乎是一位官员的陪葬品，而他不太可能是一名专业的释梦者。无论如何，流程大概是这样的：某人做了一个梦，然后回忆梦。他们，或者代

（接上页）分析参见 Drège and Drettas, "Oniromancie," 401）。关于这个文本与类似文本的材料及图像方面的简要评论，参见 Drettas, "Deux types de manuscrits mantiques"。Drège and Drettas（"Oniromancie," 395）注意到P3571背面十二支日得梦吉凶与那些在P3908中发现的内容有相似性，但郑炳林《敦煌写本解梦书校录研究》，第295—296页）准确地指出，前者对征象的解释内容与那些在P3908中发现的内容差异很大。在敦煌发现的其他几本各种指南的标题中都有"新集"一词，显然是为了向边疆地区的读者强调，写本中提供的这些作品的特定版本是最新的——也就是说，它反映了当时在遥远的中原地区能够获得的最好的文本知识（参见郑炳林：《敦煌写本解梦书校录研究》，第178页）。

69 术语包括"章""部"和"篇"。
70 关于类书体裁的历史，参见刘全波：《魏晋南北朝类书编纂研究》；程乐松：《中古道教类书与道教思想》；Wilkinson, *Chinese History*, 955-62；以及Elman, "Collecting and Classifying"。
71 Drège and Drettas, "Oniromancie," 379-80.
72 Drège and Drettas, 390-92.

表他们释梦的一方（占卜者、家人或朋友），从中择取一个看似特别重要的图像。负责释梦的人打开指南，找到相关部分，检索图像有没有被罗列在其中——如果有，那么释梦者就得出一个预言。如果我的个人经验可作参考的话（也可能不可以），那么几乎所有能够在清醒时回忆起的梦都包括不止一个图像，但是这些指南却没有给出如何挑选最重要的图像进行占卜的指导。无论作出何种选择，将整个梦的叙述简化为单一的元素，是这种释梦模式最值得注意的特点之一。它与20世纪的某些释梦法截然相反，后者将梦中的每一个细节，无论多么微不足道，都看作是有意义的。[73]

除罗列梦的征象及其意义之外，有两份敦煌写本，包括P3908的《新集周公解梦书》，还提供了另一种交替使用的纯粹择日学的方法：依据梦发生的日期或时辰来释梦。[74]例如，一份写本写道："卯日梦者，有口舌，凶。"另一份写本则写道："卯日梦者，主外客至，忌官事。"[75]

---

[73] 弗雷德里克·皮尔斯（Frederick Perls）发明的方法认为，由于每一个梦的每一个细节——每一个人物，甚至每一个物体——都是做梦者有意识的碎片式投射，它所包含的意义就可以在分析过程中复原。对皮尔斯来说，这种对于碎片的"重新拥有"是释梦的目标。我将在第四章的结语部分简要回顾这个方法。参见Perls, *Gestalt Therapy Verbatim*, 67；以及Coolidge, *Dream Interpretation as a Psychotherapeutic Technique*, 78-87。我要感谢琳达·F. 坎帕尼（Linda F. Campany）给我提供这些参考文献。

[74] 关于"择日学"及其作为一个范畴的历史，参见Harper and Kalinowski, "Introduction," 1-9。

[75] 所讨论的两个写本是P3908和P3571的背面，后者只是一个残片。参见Drège and Drettas, "Oniromancie," 384-86中的表格。关于十二支日得梦吉凶清单的转写本，参见郑炳林:《敦煌写本解梦书校录研究》，第176—177页（P3908）和第294页（P3571背面）。P3908包括不是一个而是多个择日学的方案，这使它更加复杂。

仅仅根据做梦的时间来释梦，而完全忽略梦的内容，这似乎是比较少见的，并且在梦书或叙事文本中都很少提及。[不过，正如我们所看到的，上文讨论的秦简中有这样的例子。传世文本的早期先例出现在《左传》中，当时赵鞅（死于公元前476年）在日食之夜梦到一个小孩光着身子按歌声的节拍跳舞——这似乎是一幅生动的梦的图像尽管在早期中国文化的背景下可能不如在我们梦中那样生动——他的梦只是根据其相对于日食的时间来解释，而其内容则被完全忽视了。][76] 这类释梦法与从某些出土的医学写本中复原的将时日诊断体系相仿，在后者中，疾病的识别仅以病发时所在的十二支日为依据。[77]

梦书最显著的修辞特征在于，它们没有提供为梦的内容赋予特定意义的依据。意义只被简单地陈述为是给定的——尽管不是自明的，否则就不需要梦书了。理解这个特征的一种方法，是将其视为这些指南预期实用性的一个功能：免除理论探讨，以便使用者能直奔主题。[78] 另一种方法则是将其视为一种经过深思熟虑的劝说策略，可以说类似于早期驱魔指南所证实的策略。[79] 这些指向梦的隐秘意义的密钥非常怪异或者看似独断，也许本来就是为了增强

---

76 参见ZT，1716-17和在Brennan, "Dreams, Divination, and Statecraft," 86-87中的讨论。无论是《左传》的叙述本身，还是中古早期杜预（222—284）的注解，都非常详细地说明了梦的时间的重要性，使用天干地支和五行系统来分析梦所预示的东西。而这两个说明都没有提到那个光着身子唱歌的小孩。

77 举一个例子，参见Harper, "Physicians and Diviners," 99。它讨论了公元前217年葬于睡虎地秦墓中的写本。

78 这是Drège and Drettas, "Oniromancie," 380-81的观点。

79 例如，参见Harper, "A Chinese Demonography of the Third Century B.C."；以及Harper, "Spellbinding"。

它们的权威感。这些文本部分地展示了据称是内行人对梦的神秘符号密码的理解,同时隐去了它最初是如何得出及由谁得出的假设逻辑——除其中某些文本的标题将它们与权威的古代文化人物联系起来之外,例如周公,孔子曾经因为梦不到他而感到悲痛,这个故事很出名。[80] 在传承秘术的文本及秘教大师功绩的故事中,这种同时展示神秘知识(或其影响)和隐藏其来源的做法很常见。[81]

从解释学的角度来讲,梦书模式有两点最引人注目:精简性 (stripped-down simplicity)——通过将整场梦简化为单个图像并将其他所有内容排除在考虑之外来实现,以及赋予该图像以单一固定的意义。梦中可能出现的任何其他内容,以及做梦者的生活情境中可能涉及的任何状况,统统被悬置起来。梦的复杂性与模糊性,以及伴随而来的梦的混乱状况,都被断然忽视了。相反,我们发现了单个图像(或者做梦的时间)与其声称的意义之间一一对应的图绘——一个固定关联性的网格,将梦的混乱、易变性、情调与奇异性简化为一个符号学秩序(semiotic order)的定位方案。不过,指南提供的解释信息,虽然在某些情况下只是笼统的("吉"或"凶"),

---

80 参见《论语》7.5。这段文字我在 Dreaming and Self-Cultivation 中有讨论。关于周公代表什么,参见 Nylan, "Many Dukes of Zhou in Early Sources"。Drège, "Clefs des songes de Touen-houang," 213n28 提出了一种可能性,即这些标题提到的人物实际上不是早期的周公,而是三国时期著名的释梦者周宣(关于他,我将在下一章的"著名的专业释梦者"部分详细讨论)。在最近的 Drège and Drettas, "Oniromancie"中没有论及这种可能性,但是在没有新证据的情况下,我认为不能排除这种可能性,特别是因为古代的周公虽然被提到是孔子梦的对象,但他本人(据我所知)并不精于释梦,而周宣则以释梦闻名,并被认为撰写了至少一本知名的(现已亡佚)一卷《占梦书》(参见《隋书》34.1037 中的书目)。
81 参见 Campany, "Secrecy and Display in the Quest for Transcendence";以及 Campany, *Making Transcendents*, 88-129。

有时却非常具体（"祖先想要吃东西""旅行者将要到来""你的妻子有外遇"）。当然，梦书解释网格的相对简单性仅仅是文本本身的一个方面。就人们如何使用它们预测的信息来应对自己的生活而言，仍有充足的弹性——确切地说，非常需要——创造力。这些指南只提供了一个关于仅可预期一件事的大致观念，仍然需要使用者来决定如何或者是否要将其应用到自己的生活中。[82]

王符在《潜夫论》中反思了为什么占梦有时会不准确。他所说的内容让人们深入了解了在实际生活情境中运用梦书时被认为相关的一些因素。王符问道，为什么清晰的梦常常什么都没有预示，而模糊的梦有时却会给出准确的预言。原因在于："本所谓之梦者，困不了[>憭]察之称，而懵愦冒名也。"[83] 他进一步考察道："今一寝之梦，或屡迁化，百物代至，而其主不能究道之，故占者有不中也。此非占[的方法或者梦书]之罪也，乃梦者过也。"[84] 王符认识到，做梦者如何向占梦者述梦必然会影响释梦——这是弗洛伊德以他从未想过的方式提出的洞见。[85] 当基于释梦所得的预言未能成真时，很多问卜者或者梦书的使用者可能会指责占卜者或梦书，而王符将大部分责任重又推回给做梦者自己。但是，接着他又认识到"或言梦审矣，而说者不能连[梦中的]类传观，故其善恶有不验也。此非书之罔，乃说之过也。是故占

---

82 Fodde-Reguer, "Divining Bureaucracy," 21-22 中也提出了这个观点。
83 《潜夫论笺校正》，第320—321页。我遵循了汪继培的笺注及他对字词的阐释。译文据Kinney, *Art of the Han Essay*, 122。
84 《潜夫论笺校正》，第322页。译文据Kinney, *Art of the Han Essay*, 123略有修改。
85 当然，在王符的案例中，没有与弗洛伊德的"稽查员"（censor）类似的概念。

梦之难者，读其书为难也"。[86] 王符认为，在整个过程中完全没有出错的是梦书。如果做梦者充分地讲述了梦，而释梦者又巧妙地运用了梦书，同时还考虑到做梦者的感受和性情，以及做梦的时间[87]——措辞涵盖了他在《梦列》前文中阐明的若干梦的类别——那么尽管不能保证肯定准确，但得到一个恰当的解释还是可能的。

因此，在梦书中，就释梦的内容和方法而言，我们可以说梦境的混乱至少在表面上被置于某种秩序之下。不过，大部分必需的简化工作是在书外进行的，因此使用者需要判断寻找哪一幅梦的图像。另外，梦书所提供意义的简单性，给梦的世界带来了有序的假象，还允许——准确地说是需要——在运用梦书时有很大的灵活性，以至于梦书给出的指导极少。再加上敦煌指南中给出的绝大部分意义都是吉而非凶这一事实，[88] 梦书为使用者提供的似乎

---

[86]《潜夫论笺校正》，第322页。译文据 Kinney, *Art of the Han Essay*, 123 修改。参照亚里士多德在《论睡眠中的征兆》(*On Prophecy in Sleep*)中的观察，即那些特别擅长释梦的人（因为任何人都能够解释那些清晰明白的梦）是那些善于发现相同点的人。"我所说的相似性是指精神影像就像水中的映像……如果水波的运动过大，那么这个映像就不会像原来的事物，也不会像真实物体的图像。因此，他的确会是一个聪明的映像的解释者，他能够很快地辨别并想象这些零散的与扭曲的图像碎片代表了什么，比如一个人，或者一匹马，或者其他对象。"在梦中也是如此：运动破坏了梦中图像的清晰度。（这里还是用了"想象〔phantasmata〕"一词，梦中的成分以某种方式意味着梦外的意义，在很多方面让人想到"象"。）我们希望能够更清楚地解释什么构成了梦中的"运动"(kinesis)，扰乱了梦中图像的清晰度，就像水的运动对水中映象的影响一样。Aristotle, *On the Soul, Parva Naturalia, On Breath*, 385〔〔古希腊〕亚里士多德著，苗力田主编：《亚里士多德全集》第三卷〕。

[87] 做梦者的感受和性情非常重要，以便将它们从解释的"方程"中排除，而不是将其纳入。王符把它们看作为了转移注意力而提出的不相干事实。我将在第四章的结语中回到这一点。

[88] Drège and Drettas, "Oniromancie," 380.

141

和任何其他占卜方法一样,是"一种在混乱环境中的控制感",[89] 一种面对不确定性时的支持感,而这些感觉的力度取决于问卜者对指南和占卜者的信心。或许对一名普通人来说,光是拥有这样一本梦书,哪怕很少翻阅,本身就足以觉得心安。而对一名专业的占卜者来说,拥有这样一本指南,更是重要的权威标志。对于这两类使用者来说,拥有这种梦境的图绘,必定发挥了近似护身符的作用。[90]

梦书的另一个修辞特征也值得一提。对于一些读者来说,书中清单可能也具有规范性。正如他们所说,关于不吉利的图像,"这些是不吉利的图像——不要梦到它们"!并且,关于吉利的图像,"这些是最好的梦了——梦到它们"![91] 然而,这些想象中的指令假定做梦者对他们的梦有一定的控制力,而除清醒梦的技巧之外,情况并非如此(我尚未找到更多明确的例子)。或许更好的说法是,对于大

---

89 Johnston, "Delphi and the Dead," 300.
90 关于释梦在一个截然不同的社会中的功能之一的类似评论,可参见 Hollan, "Personal Use of Dream Beliefs in the Toraja Highlands," 173。
91 正如 Strickmann, *Mantras et mandarins*, 306-07 提到的。参照:"当一种文化[为梦]提供语法规则的时候,一种梦的范式就被铭刻在梦本身之中了。因此,人们常说,接受荣格分析的人做的是原始型的梦,而接受精神分析的人做的梦则充满了弗洛伊德梦观的核心象征。海地人……认为他们梦到了海地释梦体系所暗示他们将找到的那个世界。"(Mageo, "Theorizing Dreaming and the Self," 17-18)此外,"释梦的体系可能有一个相当独特的特征……由于它短暂地代表了睡眠者文化环境中非常相关的一部分,释梦体系在构建梦的显性内容方面,似乎发挥了极大的作用。个人被占梦者解释的深刻准确性所震撼,却没有意识到梦的内容本身就是他(做梦者)自己对释梦体系先验知识(prior knowledge)的人工制品"。(Tuzin, "The Breath of a Ghost," 560-61)就此而言,对不同文化的梦的内容进行的社会科学定量研究已经发现,大多数被记载的梦都属于少数典型的主题——虽然到目前为止,这种研究往往是基于小规模样本的(例如,Yu, "We Dream Typical Themes Every Single Night"; 以及 Yu, "Typical Dreams Experienced by Chinese People")。

第三章　释梦和释梦者(第一部分)

多数使用者来说，梦书中的清单有时候会起到一种促使人趋吉进取的作用。

插曲：一部佛教梦书

就我所知，佛教中至少有一部内容详尽的梦书。[92] 我想将它与上述梦书进行简要的比较，在别处再作更深入的讨论。

于693年[93]来到长安和洛阳的南印度僧人菩提流支，在713年完成了他对四十九会独立经文的翻译与汇集的监修，经集名为《大宝积经》(Ratnakūṭa)，旨在讨论菩萨道的各个方面。[94] 其中之一是《菩萨说梦经》(Svapnanirdeśa [？]，见 T 310，11：80c-91b，也称作《净居天子会》，见《大宝积经》第15—16卷)。译者为竺法护(约活跃于266—308年)，这可能是错误的，但无论 88

---

[92] 一些现存的道教文本将某些梦的图像和固定意义关联起来，但是我尚未发现任何与这一佛教文本在这些清单的广泛性方面相匹配的文本。它们在 *Dreaming and Self-Cultivation* 中得到了论述。

[93] 参见 Forte, "South Indian Monk Bodhiruci"; Weinstein, *Buddhism under the T'ang*, 44〔[美] 斯坦利·威斯坦因著, 张煜译：《唐代佛教》〕。

[94] 关于这部经集，参见 Pagel, *Bodhisattvapiṭaka*; Pedersen, "Notes on the Ratnakūṭa Collection"; 以及 Chang, *Treasury of Mahāyāna Sūtra*。这部大型汇编的若干部分保存在敦煌写本中，包括一份精美的保存完整的第117卷纸卷写本(仍然固定在木质卷轴上，S351)，该卷包括《宝髻菩萨会》(*Ratnacūḍaparipṛcchā*)的前半部分，对应于 T 310.47a, 11：657a-665a; 参见 Pagel, *Bodhisattvapiṭaka*, 435。但是，就我目前所能确定的而言，除了在 P3017，即题为《金字大宝"积"经内略出交错及伤损字数》的全集勘误与校正的清单之中，这一梦的文本不在其中。在这份写本的第一张纸上，第15卷和第16卷之下列出了若干小的校正，对应于《说梦经》中的简短段落。有趣的是，第15卷标题旁重申了译者为竺法护。参见 https://gallica.bnf.fr/ark:/12148/btv1b83007111/f1.item.r=大宝积经.zoom〔2020年3月3日访问〕。

195

143

如何，这部经的汉译本至迟在598年就已经出现了。[95]

《净居天子会》包含一个广博的系统，供那些发心行菩萨道走向证悟的佛教修行者进行基于梦的自我诊断。文中列出了108种梦的征象（"相"［lakṣaṇa］）及其含义。[96] 在格式化的经文引言之后，文本先简要地罗列出108种相。随后，在主体部分对每一种相进行解读，以指明做梦者处于十地菩萨道的哪个特定阶段。每一个诊断（在大多数情况下）之后都有一个实践诀窍，以消除梦所证实的业障，使做梦者能够在修道之路上前进。

《大正新修大藏经》翻印的《净居天子会》有些错乱，但条理足够连贯，能够辨别出释梦的原理。[97] 梦的很多征象都与佛教的修行与思虑有关，但有些则是无关的。经文的主要功能是诊断和治疗。108个诊断中每一个包含的关键信息是，做梦者已经达到（按

---

[95] 参见《开元释教录》55：493b18的目录，而此书在吴晋二代（参见477b13）译经部分中。该经的标题是《菩萨说梦经》，分为两卷。智昇评论道："《法上录》［指费长房598年的目录］云护公所出，详［检查］文乃非，且依《上录》为定。"官刻《大藏经》同样也说，翻译出自竺法护的说法源于费长房的目录。该经有藏文版；参见Harrison, "Mediums and Messages," 136-37。我在撰写本书时还不清楚埃斯勒（Esler）（"Note d'oniromancie tibétaine"）讨论的藏文文本是否就是哈里森（Harrison）所论述的那个文本。

[96] 根据哈里森（"Mediums and Messages," 137-38）的说法，藏文版列出了106种征象。埃斯勒提到，他讨论的文本有108种征象。当然，在佛教的语境下，找到一份总计108项的清单不足为奇。从哈里森对藏文文本的简要描述来看，藏文和汉文版本之间肯定有重合部分，但也有显著差异。

[97] 一些在开头清单中列出的梦的征象，在随后的主要部分中缺乏对应的解释。反过来说，一些主要部分的解释是在开头的征象清单中找不到的梦的内容。征象的顺序有时是杂乱无章的，征象清单中的措辞并不总是与主要部分中的措辞一致，而且文本的句读异常粗劣，即使以《大正新修大藏经》的标准来看也是如此。我在 *Dreaming and Self-Cultivation* 中对这个文本作了更详细的分析，并翻译了选定的条目。

十地的标准划分）菩萨道的哪一个阶位。大多数诊断都承认做梦者有可能处于十地中的某几地，最高可达所有十地。[98] 在这种情况下，需要根据梦的内容来添加更多细节，从而调整诊断。例如，菩萨梦见成为王（第九十相），如果他在梦中感到恐怖，则表明他正处于初地；如果他在梦中参观僧房，则表明他正处于二地；如果他在园观中游览，则表明他正处于三地；如果他在祭祀天神，则表明他正处于四地；如果他身处大城，则表明他正处于五地；等等。[99]

不过，文本的重要性并不止于诊断，还延伸到病因学与治疗处方。经文解释了修行者如何因为前世特定类型的缺憾而产生了特定的"业障"（karmāvaraṇa 或 nīvaraṇa）。[100] 比如（第六十八相，87a22），梦到自己坐在须弥山顶，表明前世因为结交恶友，学习奸诈，以及不听信善知识的劝告，导致功德不足。梦到自己在山顶（第六十九相，87a29），表明前世曾经不尊敬说法人。梦到自己被污秽的东西沾染，则是非常不吉利的征象（第八十九相，88c25），表明前世曾经诽谤佛陀，经常做恶事。这些前世业力病因学在其他佛经中很常见，包括那些并非以梦为基础的概述占卜程序的经文，比如5世纪在中国撰作的《灌顶经》及6世纪汉译的《占察善恶业报经》。[101] 此外，也有一些业障并非个人前世的恶行所

---

98 例如，征象九十五，梦见为很多人说法（89b9）。
99 89a3-12.
100 关于这些"业障"，参见 Dayal, *Bodhisattva Doctrine in Buddhist Sanskrit Literature*, 103, 121-22; Gethin, *Buddhist Path to Awakening*, 173-82。
101 参见 Strickmann, "Consecration Sūtra"; Strickmann, *Mantras et mandarins*, 330-31; 以及 Guggenmos, "A List of Magic and Mantic Practices"。《占察善恶业报经》第二卷已经被译为英文，但并不完全令人满意，参见 Rulu, *Teachings of the Buddha*, 108-18。

致——至少不是直接导致的——而是由于恶魔的活动,他们在修行者的道路上设置了障碍。

文本建议采取具体行动来消除各类梦所揭示的业障。例如,第七十三相(87b24)中,菩萨梦到乘上龙或象,表明他应当修习恭敬劝发,远离幻伪奸诈。第九十九相(89c15)下的清单中,菩萨梦到云雷放电,就应当多思善念,舍弃珍爱的物品,以及收获更多的陀罗尼(dhāraṇī)。经文建议的修行是菩萨功课的标准项目,不过,与108种梦的征象相应的建议各不相同,意味着与每一种梦的征象相关的具体修行对消除其指示的特定业障十分有效。还有一些规定的修行非常严格,例如,梦见自己被污秽的东西沾染之后,需要持续三年昼夜三时勤修忏悔(第八十九相)。

这个文本和上文讨论的梦书相比如何?与其他梦书一样,《菩萨说梦经》中的梦之所指并不直接;它们表面的内容并非真正的含义。在这里,释梦指南也采取罗列梦的征象及其意义的形式——虽然这份指南通过在每一个主要的征象之下包含若干子规则的做法,变得更加灵活与复杂。但在这种情况下,梦的意义在某些方面比岳麓书院藏秦简和敦煌写本中看到的更加明确。而且,与我们讨论过的其他梦书不同,这个文本具有显著的病因学和规范性的元素:它不仅提供了梦的征象的意义,还告诉读者为什么(尽管不是如何)他或她会梦见这个征象,以及应当如何应对。经文之所以能够规定具体的行动方案,是因为它可以假设读者在一个受到已知假设与规则支配的、有限的实践之源始境域内行事。与上文检视的梦书不同,这个文本是诊断式而非预言式的——它向内或过往看,却不做前瞻。它所传达的隐藏信息不是未来可能发生的事件的进程,而是做梦者当前在一条既定的救赎道路上所处的临时位置，再加上对做梦者的过往业力中通过某种未指明的机制来引发梦的简要说明。如若没有这个文本，不管是做梦者的业力历史，还是做梦者在修道之路上目前所处的位置，他都无法知道。

从梦书到叙事

岳麓书院藏秦简和敦煌写本，以及佛教的《菩萨说梦经》都很重要，因为它们不仅是我们了解中古时期释梦指南样貌的最佳早期例子，而且它们正好是释梦指南，而不是理论或历史著作。岳麓书院藏秦简和敦煌文献的重要性还在于，它们是手稿，保存了在特定时间点实际流传状态的文本，未在世代流传过程中被篡改。不过，正如我们所看到的，关于释梦的实际实践，它们能够告诉我们的非常有限，因为它们只是指南，而且它们释梦的模式是网格状的。况且，考虑到许多梦在本质上多是叙事的，而不仅是想象的，因此在任何文化中，通过将梦简化为单一的图像来释梦（口头的或书面的），就有一些内在的古怪之处。我们通常不会只看到一个单一静止的场景。我们经历了一系列的行动或事件，不仅作为被动的观察者参与其中，而且往往带有强烈的情绪基调。从另一个角度来说，梦书式的释梦方式是一种试图赋予梦以秩序的高度还原论的方式。

在许多方面，现存的中国释梦叙事传达了更多的信息。它们向我们展示了占卜的过程，即嵌入特定生活情境和社交网络之中的一系列对话和行动。[102] 它们记述了人们谈论梦,创造性地赋予梦以意义,然后作出回应。令人惊讶的是,它们还常常解释梦是如何被破译的实际逻辑,而梦书从未解释过。而且,它们记录的解释学方法在范围上比指南更广。正如让-克洛德·施密特（Jean-Claude Schmitt）在谈到中世纪欧洲的两种十分相似的体裁时所写的那样:"梦的叙事从整体和独特的个人或社会情境中考虑梦,而锁钥[即梦书]将梦的内容分解为大量离散的元素和孤立的图像,并以一种可替代的逻辑来解释它们,而不考虑语境。"[103] 这两种文本几乎毫无关系,以至于施密特都怀疑,通常和先知丹尼尔（Daniel）联系在一起的欧洲梦书到底有没有被使用过。

这些轶事的存在告诉了我们一些关于梦所处文化地位的重要信息。事实上,这些故事最初由某人写下,随后被其他人以各种文本样式保存下来,这说明梦得到了人们的严肃对待。而且从其中一些故事的丰富细节中,我们可以感受到人们巧妙地破译梦时的喜悦。熟练的释梦者使用的方法具有游戏的许多特性。读者显然喜爱那些完美释梦的游戏案例。

---

102 参照:"占卜是逐项进行的,被个人或群体用来解决特定的情况。在一种文化中,占卜实践根据共享的和公共的一种结构及一套信仰来发挥作用,同时又需要传达与独特的含义产生共鸣的意义。因此,占卜的意义是可变的。对同一信仰体系中的个人来说,一个解读不仅可以有不同的意义,而且意义也很容易颠倒。"（Guinan, "A Severed Head Laughed," 20）。我只想补充一点,即使在小规模的文化中,当然也包括像中古早期中国这样一个庞大而多样的文化,甚至没有一个单一的"共享的和公共的结构及一套信仰";相反,而是有很多。

103 Schmitt, "The Liminality and Centrality of Dreams in the Medieval West," 276。德勒热和德里塔斯谈到了与梦书相比,叙事有着更高的复杂性（Drège and Drettas, "Oniromancie," 383）。

现在，让我们从中古早期（在少数情况下，甚至更早）流传下来的众多占梦故事中选取一些例子。我将从较简单的释梦方法开始，逐步过渡到更复杂的释梦方法。

我在此重申，我对任何特定释梦案例的语境都不感兴趣。我对各个记载的历史真实性问题（如"某某真的梦到过这个吗？""这真的是梦的后果吗？"）更加不感兴趣。因为我正在交互参阅大量叙事，力图绘制出各种方法的范围，在其中，梦能够被呈现并被可信地设想为已得到解释及由谁解释。我将这些叙事的整个语料库视为一套由社会记忆塑造并为了社会记忆而塑造的话语。我感兴趣的是，设想释梦的一系列可能的方法。

第四章

释梦和释梦者（第二部分）

　　我从一个简短的故事开始，故事中的梦没有被解释，而只是被记载与谈论。这段话让我们瞥见各种社会交流，这些社会交流产生了我们关于梦及人们对梦回应的叙事。据说吴国的著名将军孙坚（卒于191年）尚在母腹之中时，他的母亲梦到她的肠子流了出来，绕住了阊门。[1] 她醒来以后很害怕，把这个梦告诉了邻居妇人，邻居说："安知非吉征也？"事实上，《三国志·孙坚传》的后文应验了邻居的宽慰回应。[2]

1　这个故事指的是哪个门并不完全清楚，但很可能是自古以来就矗立于苏州城墙的阊门。参见《汉语大词典》12：124。关于孙坚，参见BDL，769。
2　《三国志》46.1093。裴松之在429年撰成的为陈寿《三国志》所作的注中，引用了《吴书》中的这个故事，作者可能为周处（236—297）。关于周处，参见CL，2274–76。

151

释梦轶事与解释学模式

每一则现存的梦的记录几乎都是这样开始的。某人醒来后，将自己的梦讲给他人听——在孙坚的故事中，是讲给邻居，而非家人——随后就梦可能预示的内容展开对话。孙坚的故事也许当时就记下来了，但更可能的是，这个故事在出身卑微的孙坚成为著名的将军之后，才被回忆起来（或者可能是编造出来的）。

以下是对非直梦最简单的解释之一。王导（276—339）[3]的一个孙子王珣[4]梦到一个人给了他一支如椽大笔。醒来后，王珣便告诉别人说："此当有大手笔事。"不久，皇帝驾崩，王珣奉命起草哀册谥议。[5] 这一解释是通过简单的转喻来进行的：被赠送毛笔，说明会有写作任务；毛笔大如椽与场合的重要性相关。我们看到，做梦者向不知名的他人讲述自己的梦，并自己加以解释。

另一个说梦的例子出自罗含（约292—372）的故事。一天，年轻的罗含梦到一只文彩异常的鸟飞入口中，他惊愕地醒来，跟人说了这个梦。抚养他的叔母朱氏说："鸟有文彩，汝后必有文章。"自

---

3 王导是317年在长江以南建立东晋政权的关键人物。他的官方传记见于《晋书》卷六十五，本例正是取自此传。关于王导的略传，参见SSHY，626。
4 王珣（350—401）因与晋孝武帝（司马曜［372—396在位］）和佛教僧人关系密切而著称。关于他的略传，参见SSHY，619；也可参见Zürcher, *Buddhist Conquest of China*, 211-13, 395nn151, 153。
5 《晋书》65.1756。

此之后，罗含更加勤奋，最终成为一名高官和文章家。[6] 在这里，我们再次看到做梦者向他身边的人讲述梦。在这个例子中，释梦由他人完成。据我所知，这种对身有文彩之鸟意义的解读颇不寻常。[7] 我想，一定有许多这样的案例，个人、家庭或者群体，无论出于什么原因，都相信某个梦的"象"通常具有特定的意义。我们可以假设，很少有这种地域化的、特殊的释梦被收录到史料中，但历史上一定有更多的例子。正如我们所料，这两种符号学层面的简单释梦都被随后发生的事情所证实，这一点已经被明确地指出来了。

在另外三则轶事中，我们看到做梦者自信地以相对简单的方法来解释自己的梦。据说将军吕光率军攻打塔里木盆地北部丝绸之路上的重要绿洲城镇龟兹城时（384年），一天夜里，梦见一头金色的大象飞越到龟兹城外。他解释道："此谓佛神去之，胡必亡矣。"[8] 同样，这则释梦也基于简单的转喻，用的典故是汉明帝的著名故事，他梦见金人，后来被证实是佛陀。[9]

---

[6] 《晋书》92.2403。罗含曾在庾亮和桓温手下担任行政职务。他的大部分著作都亡佚了，但《更生论》（约370年）在僧祐（445—518）编撰的佛教文献汇编《弘明集》（52: 27b-c）中保存了下来。参见SSHY, 587；以及Zürcher, *Buddhist Conquest of China*, 16, 135-36。

[7] 郑炳林《敦煌写本解梦书校录研究》（第311—357页）提供了对敦煌梦书中提到的梦"象"的有用索引。当然，这只是一个小的（也许是地域性的）样本，而标准关联性的语料库肯定要大得多。无论如何，这一解读并未出现在其中。

[8] 《晋书》122.3055。关于此战的背景，参见Graff, *Medieval Chinese Warfare*, 69。吕光征服龟兹，将著名的翻译家鸠摩罗什带到了长安，对中国佛教产生了很大的影响。参见Zürcher, *Buddhist Conquest of China*, 226；以及Tsukamoto, *History of Early Chinese Buddhism*, 253, 745, 869。

[9] 参见Campany, *Signs from the Unseen Realm*, 68-71。

周磐（49—121）[10]在他七十三岁时，召集学生讲论。经过一天的讨论后，他向自己的两个儿子透露说："吾日者梦见先师东里先生，与我讲于阴堂之奥。"[11] 然后他长叹一口气，说自己即将死去，要求葬仪要简单。[12] 不久，周磐无疾而终。对周磐来说，似乎梦见与先师交谈，或者在他墓室西南角交谈，又或者两者兼而有之，都是临近死亡的征象。[13] 但是，文本没有详细说明缘由。更简洁的记载是名将关羽（卒于220年）"梦猪啮其足，语子平曰：'吾今年衰矣，然不得还！'"[14] 故事没有解释关羽是如何得出这一预言的，但后来的事情证实了它。

解释学的解释

与我们目前所看到的例子不同，许多释梦轶事确实解释了梦的意义是如何得出的。我们可能想知道为什么如此。我相信答案是故事交流者和读者喜欢这些细节，已到了对释梦逻辑和故事结果同样感兴趣的程度。我们现在将看到的每个故事都包括释梦者如

---

10 关于略传，参见 BDL，1146。
11 注者李贤（在他677年呈奏给皇帝的注释中，参见 Wilkinson, *Chinese History*, 714）将"阴堂"释为"暗室"，而说"奥"表示东南角。我按照《汉语大词典》11:1028a 的说法，将"阴堂"理解为老师的墓室，而王力《古汉语字典》（第184页）将"奥"理解为指室西南隅。
12 在这一时期，这种要求是很常见的。参见 Knapp, "Heaven and Death according to Huangfu Mi"；张捷夫：《中国丧葬史》，第119—155页；蒲慕州：《墓葬与生死》，第254—268页；以及 Bokenkamp, *Ancestors and Anxiety*, 53–56。
13 《后汉书》39.1311；参照《太平御览》551.4a。李贤注道，这是"死之象也"。关于《后汉书》作者范晔（398—446）略传有用的研究，参见 Eicher, "Fan Ye's Biography in the *Song shu*"。
14 《三国志》36.942，引自《蜀记》。

何破译梦的叙事。[15]

在上一章中,我提到应劭(151?—203?)在《风俗通义》中引用了《晏子春秋》(公元前2世纪以前)[16]中的释梦故事。我现在再回到这个故事。

> 齐景公病水十日,夜梦与二日斗而不胜,晏子朝,公曰:"吾梦与二日斗,寡人不胜,我其死也?"晏子对曰:"请召占梦者。"立于闺,使以车迎占梦者,至曰:"曷为见召?"晏子曰:"公梦与二日斗,不胜,恐必死也。"占梦者曰:"请反具书。"晏子曰:"无反书。公所病者阴也,日,阳也,一阴不胜二阳,公病将已。"居三日,公病大愈,且赐占梦者,曰:"此非臣之功也,晏子教臣对也。"公召晏子,将赐之,晏子曰:"占梦者以臣之言对,故有益也。使臣身言之,则不信矣。此占梦者之力也,臣无功焉。"公召吏而使两赐之。[17]

---

15 本节主题的简要讨论可以参见Ong, "Image and Meaning"。
16 参见ECT, 483-86; CL, 1868-73; 以及Milburn, *Spring and Autumn Annals of Master Yan*, 3-67。关于齐国的晏婴(约卒于500年)及其故事的早期汇编,参见Milburn, *Spring and Autumn Annals of Master Yan*, 68-453。关于《左传》中的晏婴,参见Schaberg, *A Patterned Past*, 102, 129, 150, 230-32, 277, 279-80; Wai-yee Li, *Readability of the Past*, 22-25, 352-55; 以及Pines, "From Teachers to Subjects"。
17 参见《风俗通义》,第392页。我遵循校注者的修改建议,这些修改是相当重要的——正如校注者认为的,《风俗通义》的文本是相当混乱的。关于这段话的译文,参见Nylan, "Ying Shao's 'Feng Su T'ung Yi,'" 522-24。关于《晏子春秋》传世中文本的译文,参见Milburn, *Spring and Autumn Annals of Master Yan*, 196-98。关于晏子为齐景公释梦的另一份记录,保存在3世纪成书的《博物志》中,参见Greatrex, *Bowu zhi*, 128。

在这个故事中，释梦是如此简单，以至于晏子建议无需查阅占梦者的指南：太阳属阳，疾病属阴。在梦中，遭到"阴"折磨的做梦者被太阳打败，所以释梦的结论就是疾病会消退。更有趣的是，故事所反映的心理洞察力。我们可以说，由做梦者认为在这种问题上具有权威的人宣布这是吉兆，做梦者会更有信心。甚至有人认为，齐景公病愈，更多是由于他对释梦和专业释梦者的信任，而不是梦可能反映的什么宇宙共鸣（cosmic vibes）——一种占卜的安慰剂效应。睿智的晏子明白这一点，这比他释梦的能力更令人印象深刻。

　　279年，汲郡（今河南汲县）发掘了一座公元前296年封存的古墓。从墓中重获的文本在西晋晚期的学者中引起了轰动，[18]可能激发了人们搜集新旧"奇闻轶事"（strange things）记载的兴趣。[19]其中有三份文本与占卜有关，但它们不是指南——而是轶事集。两份文本全部记载占卜轶事；另一份则杂糅了这类轶事和其他离奇事件的叙事。总之，这三份文本的内容表明，地位重要的问卜者使用占卜已经被视为一个值得深思的问题，或是一个值得仿效的典范传统——绝非在任何情况下都被视为理所应当的事情。从权威资料来源中搜集的案例，一方面能够澄清过去占卜的用途，另一方面也能够证明在每一次汇编时，占卜在被持续应用着。

---

18 关于这次发掘和对在其中发现文本进行编订的详细说明，参见Shaughnessy, *Rewriting Early Chinese Texts*, 131-84〔[美]夏含夷著，周博群等译：《重写中国古代文献》〕。这些文本包括一些与此处讨论不直接相关的著作，其中有著名的《穆天子传》。

19 正如Campany, "Two Religious Thinkers of the Early Eastern Jin," 202; Shaughnessy, *Rewriting Early Chinese Texts*, 167; 以及Campany, *A Garden of Marvels*, xxix-xxx 指出的那样。

第四章　释梦和释梦者（第二部分）

　　这些文本中有一份是《归藏》。[20] 有部分文字以引文的形式保存在中古早期的几部作品中，包括张华（232—300）的《博物志》。[21] 到了宋代，学者曾经怀疑这些经过重新汇编的引文的真实性。[22] 不过，1993年从湖北省王家台墓出土的竹简本与现存的引文高度重合。（墓主似乎曾是一名占卜者，尽管没有证据表明他如何使用这个文本。）大多数条目都使用这样的形式："昔者"，主角X就某情境或行动"枚占"于Y，Y宣称它吉/不吉。[23] 对我们的研究目的而言，《归藏》与《周易》有一个很重要的不同：《归藏》每一卦下文字的主要内容通常都是一则由具名人物讲述的特定历史或原始历史案例的卜筮记录。[24] 第二份从汲冢出土的文献是《师春》。《晋书·束皙传》——束皙是一位参与研究该文献的官员——载："《师春》一篇，书《左传》诸卜筮，'师春'似是造书者姓名也。"[25]《师春》证明了战国晚期有人力图从《左传》中选出占卜的

20　参见 Shaughnessy, *Unearthing the Changes*, 141-188，其中包括对1993年的发掘与文本及其历史的详尽讨论，还有所有片段的译文；Shaughnessy, *Rewriting Early Chinese Texts*, 148-49，156-60；以及 Shaughnessy, "Wangjiatai *Gui cang*"，以《归藏》和《周易》的关系为中心。
21　关于《博物志》，参见 Greatrex, *Bowu zhi*；以及 Campany, *Strange Writing*, 49-52，127-28，280-94。
22　参见 Shaughnessy, *Unearthing the Changes*, 147；以及 Shaughnessy, "Wangjiatai *Gui cang*," 95-97。
23　参见 Shaughnessy, *Unearthing the Changes*, 152中对该文本条目的概括性描述。关于竹简中所证明的其他格式，参见 Shaughnessy, *Unearthing the Changes*, 158-61。
24　参见 Shaughnessy, "Wangjiatai *Gui cang*," 99，104；以及 Shaughnessy, *Unearthing the Changes*, 152-53。
25　《晋书》51.1433。参照杜预在282年写的稍微详细的注解，译于 Shaughnessy, *Rewriting Early Chinese Texts*, 145，并再译于第163页；这里明确指出，《左传》和《师春》中案例的顺序和每个案例的意义或措辞都是完全相同的。

案例，并将之汇集在一份独特的汇编中——也证明了有人力图将这套神秘的实践置于某种文本秩序之下。

然而，我要重点关注的是第三份文献。关于《琐语》，[26]《束皙传》载："十一篇［简书］，诸国卜梦妖怪相书也。"[27] 留存至今的引文证实了这一点。其中，有两段文字与释梦相关：

> 晋平公梦见赤熊窥屏，恶之而有疾。使问子产，子产曰："昔共工之卿曰浮游，既败于颛顼，自没沉淮之渊。[28] 其色赤，其言善笑，其行善顾，其状如熊，常为天王祟。见之堂上则王天下者死；见堂下则邦人骇；见门，近臣忧；见庭，则无伤。窥君之屏，病而无伤；祭颛顼、共工则瘳。"公如其言而疾间。[29]

> 齐景公伐宋。至曲陵，梦见大君子甚长而大，有短丈夫宾

---

[26] 参见Unger, "Die Fragmente des So-Yü"；以及Shaughnessy, *Rewriting Early Chinese Texts*, 166-71。两个论述都提供了一些片段的译文。（夏含夷翻译了一个翁有理［Ulrich Unger］遗漏的片段。）也可参见Campany, *Strange Writing*, 33-34。

[27] 《晋书》51.1433；译文据Shaughnessy, *Rewriting Early Chinese Texts*, 167。

[28] 关于共工、颛顼和大洪水的神话，参见Lewis, *Flood Myths of Early China*；王青：《中国神话研究》，第146—150页；栾保群：《中国神怪大辞典》，第149页。我在写作本书时没能找到其他关于"浮游"的记载。

[29] 《太平御览》908.2b-3a; Unger, "Die Fragmente des So-Yü," 374-75。我的译文根据Shaughnessy, *Rewriting Early Chinese Texts*, 169（附有中文文本）的译文修改。《左传》有同一轶事的另一版本，但在细节上有较大出入，参见ZT, 1423和Wai-yee Li, *Readability of the Past*, 237；以及Brown, *Art of Medicine in Early China*, 34中的讨论。

于前。晏子曰："君所梦何如哉？"公曰："甚长而大，大下而小上。其言甚怒，好仰。"晏子曰："若是，则盘庚也。"[30] 夫盘庚之长九尺有余，大下小上，白色而髯，其言好仰而声上。"公曰："是也。其宾者甚短，大上而小下。其言甚怒，好俯。"晏子曰："如是，则伊尹也。"[31] 伊尹甚大而短，大上小下，赤色而髯，其言好俯而下声。"公曰："是矣。"晏子曰："是怒君师，不如违［攻伐］之。"遂不果伐宋。[32]

我们已从其他文本中熟悉这两位释梦者（上文提到过晏子）。[33] 这两次释梦都将奇特的梦中人物与传说中的一些准神人物（quasi-divine personage）联系起来。首先，根据这些人物在梦中的外貌或行为的特定方面，将他们映射到一个隐含的源始境域中。然后

---

30 盘庚是商朝的王；《尚书》中一篇记录了据称是他对臣民发表的演讲。参见 Allan, *Buried Ideas*, 301〔［美］艾兰著，蔡雨钱译：《湮没的思想：出土竹简中的禅让传说与理想政制》〕; Keightley, *These Bones Shall Rise Again*, 164, 182; 以及 Lewis, *Construction of Space in Early China*, 144–45。

31 关于伊尹，参见 Sterckx, *Food, Sacrifice, and Sagehood in Early China*, 65–74〔［英］胡同德著，刘丰译：《早期中国的食物、祭祀和圣贤》〕; Sterckx, "Le pouvoir des sens," 76–79; 栾保群：《中国神怪大辞典》，第631页; Lewis, *Construction of Space in Early China*, 272; Campany, *Strange Writing*, 38–39, 115, 316。这个故事的一个版本被收录在张华的《博物志》中；参见《博物志校证》，第84页（第250条）；以及 Greatrex, *Bowu zhi*, 128。

32 《太平御览》377.4b, 378.3b; Unger, "Die Fragmente des So-Yü," 374–375。

33 子产是郑国的大臣。在《左传》中，子产经常被描绘成一个善于以理服人的劝导者。参见 Lewis, *Construction of Space in Early China*, 29–32, 53, 145–47; Schaberg, *A Patterned Past*, 82–84, 143–44, 147; Wang, *Cosmology and Political Culture in Early China*, 83, 102, 104, 124〔王爱和著，［美］金蕾、徐峰译：《中国古代宇宙观与政治文化》〕; Wai-yee Li, *Readability of the Past*, 358–69; 以及 Hunter, *Confucius Beyond the "Analects,"* 52, 105, 116。

分析他们的行为，第一段文本给出了指示和预言（祭祀两位人物，疾病就会康复），第二段文本则给出警告（不要进攻）。两个故事的共性说明，当时已经有一种成型的解释学模式，虽然可能只有文本的制作者知道。在这两个例子中，梦中人物的外貌和行为都被解读为与做梦者的特定处境（疾病、进攻的计划）相关。第一个故事以一个可证实的细节结束：占卜者预言，如果做梦者进行祭祀，那么他就会康复，而随后的事情证实了这个预言。第二个故事以做梦者接受占卜者的建议而结束，暗示他这么做是明智的。

还有一个细节也值得一提。第一则轶事暗示梦本身导致了疾病，而占卜者开出了治病的方法。在许多梦的叙事中，某人梦见一些东西，醒来以后，他们"视之为可憎的"或"恶之",[34] 或梦见被敌人攻击，而梦本身或他们对梦的反应导致了疾病或死亡。正如上文所述，这些故事表明主角对梦的反应会造成我们倾向于称之为身心失调的影响。[35] 王符的思考还是很有助益的："借如使梦吉事而己意大喜乐□□，发于心精，则真吉矣。梦凶事而己意大恐惧忧悲，发于心精，即真恶矣。"[36] 在很大程度上接受了梦往往预示未来事件，而梦是由外部原因引发的这种观念的文化中，很难将梦视为微不足道的而不予考虑，我们可以很容易地想象做梦

---

[34] 关于"恶"字在中古早期文本中的一些用法，参见刘钊：《出土简帛文字丛考》，第220—221页。

[35] 当然，作为词根的"心"（psyche）和"身"（soma）之间关系的本质，可能与我们如果筛选大量中文文本时发现的情况密切相应，也可能不一致。另一方面，认为这些文本在"心"（mind）与"身"（body）之间缺乏任何区别或对比的想法——即"整体主义的神话"（myth of holism）——已经在 Slingerland, *Mind and Body*, esp. 22-61 中得到了相当激烈而且我认为很成功的驳斥。

[36]《潜夫论笺校正》，第318页；参照 Kinney, *Art of the Han Essay*, 121 中的翻译。

者从噩梦中醒来后的恐慌。梦本身——无论梦到什么——都可能被视为忧虑不安的起因,这就是为什么有些文本坚称圣人根本不会做梦。梦本身既是忧虑的起因,也是忧虑的症状。

《归藏》《师春》《琐语》都是公元前300年以前人们根据当时保存的记录将成功占卜的实例汇编成集的。还有一份性质有些相似的写本,抄写时间显然接近本书所讨论历史时期的结尾。斯坦因2072号是在敦煌发现的一份首尾均已佚失的无题抄本,是一部大约形成于晚唐或五代时期的类书汇编。在该写本的十三个主题部分中,我们找到一个题为"占梦"的部分。[37] 这一部分包含十一则轶事,[38] 我将在后面的章节中讨论其中几则轶事。

文字游戏

就现存的轶事来看,相当多的释梦以文字游戏为核心。有时是口语层面的游戏,用同音异义词来替换梦中所见事物的词语。有时是书面语层面的游戏,将梦的场景"翻译"成图表,然后将其分成若干部分,以形成词组。中国的情况超出了帕特里夏·科克斯·米勒(Patricia Cox Miller)观察的范围,即"为了便于释梦,

---

[37] 关于文本中与梦相关部分的讨论,参见郑炳林、羊萍:《敦煌本梦书》,第265—270页;Drège and Drettas, "Oniromancie," 383;特别是郑炳林:《敦煌写本解梦书校录研究》,第303—310页。在国际敦煌项目的资助下,网上能够获得一个很好的数字化版本,参见http://idp.bl.uk/idp.a4d [2020年3月3日访问]。

[38] 嵇康在梦中获传《广陵散》的故事(在第五章中讨论),以及另一个关于郭璞在梦中向江文通赠送五色笔的故事(该系列的第五则轶事),实际上并不涉及释梦。相反,这两个故事讲述的是直接的到访,在故事中,知识或某个物品通过梦被转移到清醒时的世界中。它们关于梦的基本概念是结构化的,也就是说,不是通过前瞻范式,而是通过到访范式。其他九则故事确实都涉及释梦。

梦必须被讲述或被写下来。在最直接的意义上，梦是语言的现象，也是心灵的想象和神圣的意图"。[39] 在中国的许多例子中，还有一种情况是，梦的某些语言学层面的内容及叙述梦的词语正是释梦的关键。[40]

这种解析的一个相对简单的模式是同音异义词的替换。这里有一个例子，其中恰好包括一个显形（apport），尽管这个元素被占卜者忽略了：

> 太元中（376—396年），太原[41]王戎为郁林太守。[在他乘船赴任的途中，]泊船新亭眠。梦有人以七枚椹子与之，着衣襟中。既觉，得之。
> 占曰："椹，桑子也。自后男女大小，[你的家庭]凡七丧。"[42]

另一个例子是关于刘敬宣的轶事，他是刘牢之（卒于402年）的长子，是平定399年至402年间由孙恩和卢循领导的五斗米道叛

---

39 Miller, *Dreams in Late Antiquity*, 39.
40 在古代世界的其他地方也有相似的情况：例如，参见Hughes, "Dreams of Alexander the Great," 175；以及Harris-McCoy, *Artemidorus' Oneirocritica*, 5, 39, 321。文字游戏是弗洛伊德对梦的意义之观点的关键，参见 *Interpretation of Dreams*，检索"jokes""puns""words"条目下的许多例子。一位研究梦的双关语的语言学学者写道："在做梦时，大脑好像在有意寻找使用双关语的机会，以便通过意象呈现抽象的想法。"（Rock, *Mind at Night*, 131）
41 不要与更有名的竹林七贤之一王戎（234—305）（关于他参见SHHY, 621；以及《晋书》43.1231-35）混淆，也不要与5世纪的著名作家王融（468—494）（关于他，参见CL, 1208-13）混淆。
42 《异苑》7/23；《太平广记》276/13。译于Campany, *A Garden of Marvels*, 96。

第四章　释梦和释梦者（第二部分）

乱的重要人物。[43] 这个故事在该时期的三部主要史书《晋书》《宋书》《南史》中都有记载。[44] 刘牢之去世以后，刘敬宣陷入潦倒，这时候，他梦到[45]自己搓了个土丸子，然后吞了下去。醒来后，他十分高兴，说："丸者桓［桓玄］也。丸既吞矣，我当复本土也。"旬日之内，桓玄就被打败了，刘敬宣也得以回到京师。这里不仅有一个同音异义词的游戏，而且还将梦中的行为替换成清醒时生活中的事件：吞下泥土与回到乡土相关。

下面这个故事是在现已亡佚的孙盛（4世纪）著《晋阳秋》中记载的，《世说新语》注中有引。《晋书》和成书于5世纪早期的志怪小说集《异苑》中也有记载：

晋会稽张茂，字伟康，尝梦得大象，以问万雅。雅曰："君当为大郡守，而不能善终。大象者，大兽也，取诸其音，兽者守也，故为大郡。然象以齿焚其身，后必为人所杀。"
茂永昌中为吴兴太守，值王敦问鼎，执正不移。敦遣沈充杀之，而取其郡。[46]

---

43 关于刘牢之传记的概要，参见SSHY, 584。关于叛乱及刘牢之在平定叛乱中的作用，参见Graff, *Medieval Chinese Warfare*, 86-87; Miyakawa, "Local Cults around Mount Lu at the Time of Sun En's Rebellion," 83; Miyakawa, "Son On, Ro Jun no ran ni tsuite"; Miyakawa, "Son On, Ro Jun no ran hokō"; Zürcher, *Buddhist Conquest of China*, 154-56; Lewis, *China between Empires*, 67-69〔美〕陆威仪著，李磊译：《分裂的帝国：南北朝》）。
44 《晋书》84.2192；《宋书》74.1411；《南史》17.474。
45 《宋书》的版本说他"寻梦"（repeatedly dreamed）。
46 译文据SSHY, 271修改，也可参见《晋书》78.2065和《异苑》7/15（译于Campany, *A Garden of Marvels*, 94-95）。Drège, "Clefs des songes de Touenhouang", 245讨论了这个故事。

万雅释梦的时候,提及张茂梦到的大象有两个特征:大象的体型大,意味着一个大的行政单元;而大象因有象牙而被杀,意味着张茂本人会被杀。出人意料的是,万雅并没有从"象"这个字及其发音来释梦;相反,他根据大象所属的动物类别("兽")推断张茂未来的大郡守官职,"兽"与"守"这两个字谐音("守"的字面意思是"保护者",但也是复合词"太守"的一部分)。[47] 和大多数此类故事一样,故事的结尾指出,后续发生的事件证实了这个预言。

这里还有一个同音异义词的例子,在两个方面都不同寻常:被占卜的梦本身就包含占卜的述行,而主角再次入梦解读前梦的意义:

[宋] 景平(423—424)中,颍川荀茂远 [与亲人] 至南康。夜梦一人头,有一角,为远筮曰:"君若至都,必得官。"问是何职,答曰:"官生于水。"于是而寤。

未解所说,因复寐。又梦部伍 [他在这个梦中一定是与部伍同行] [48] 至扬州水门,堕水而死。作棺既成,远入中自试,恨小。即见殡殓,葬之渚次。怅然惊觉,以告母兄。

船至水门过,果落江而殒。丧仪一如其梦。[49]

这个故事利用了"官"和"棺"同音异义及字形的相近。在

---

47 "大"和"太"这两个字常可互通,尽管在这一时期它们并不押韵。
48 文本在此处提到了"部伍",指军事单位(参见《汉语大词典》10.651),所以很明显,在梦中他是在行军,或者是和一队士兵一起被用船运送。
49《异苑》7/31;《太平御览》396.3a。

第一个梦中，荀茂远听成了"官"，但占卜者实际告诉他的是他很快就会得到一具棺材——正如事件发展那样，这是正确的。这两个梦都准确预示了他将面临什么，第一个梦通过文字游戏来预示，第二个梦则直接预示。第二个梦是对第一个梦隐晦意义的直观呈现。

"官"和"棺"的文字游戏如此常见，以至于成为殷浩（303—356，当时的重要人物，曾任刺史和将军）[50]的口头禅：

人有问殷中军，何以将得位而梦棺器，将得财而梦矢秽。殷曰："官本是臭腐，所以将得而梦棺尸；财本是粪土，所以将得而梦矢污。"[51]

将当官贬低为苦差事，是流行的消遣方式。这是一个特别巧妙的例子。但它同样巧妙地说明了为什么梦见棺材（而非其他以"guan"音字命名的现象）意味着即将升官。我们在这里瞥见了人们一定经常用以推测梦的密码的原理——而梦书则将其略去了。

一种更为复杂的文字游戏则需要将梦中的场景"翻译"成一个字，再与另一个字押韵，或者将其拆解为多个组成部分，抑或

---

50 参见SSHY，635。
51 SSHY 123-24；我的译文部分借用了马瑞志（Richard B. Mather）的翻译。殷浩的部分回答还是根据谐音的。"财本是粪土"暗指《国语》中的一段话。"官"和"棺"的文字游戏在下文中反复出现。相同的轶事出现在《晋书》77.2403中，译于Drège and Drettas, "Oniromancie," 283。

两者兼而有之,从而进行释梦。一个关于押韵的例子出现在易雄的传记中,易雄虽然出身卑贱,但面对张昌造反(303年)临危不惧,由此知名。[52] 之后,当王敦造反(322—324年)并进军朝廷时,易雄组织了他所任职城市[53]的防御。易雄后来被抓,被送到在武昌的王敦面前,他义正辞严地为自己的行为辩解,说他希望被处死后成为"忠鬼",帮助晋室复仇。王敦当即因这番话而感到羞愧,便释放了易雄。然而当众人向易雄道贺时,他只是笑着说:"昨夜梦乘车,挂肉其傍。夫肉必有筋。'筋'者'斤'也。车傍有斤,吾其戮乎。"不久,王敦派人杀死了易雄。[54]

我们发现有时释梦并不使用同音异义词,而使用某种隐喻性映射。[55] 沈庆之[56]在他刚满八十岁的时候,梦见有人送给他两匹绢,说道:"此绢足度。"他告诉别人:"老子今年不免。两匹,八十尺也。'足度',无盈余矣。"他确实死在了这一年。[57] 在这个例子中,梦中提到的"两匹"被转换为"八十尺",又被转换为做梦者的寿命,而梦中人所说话语的意义也被转换为寿命。

通常,梦的场景会被转换为一个字,这被证明是释梦的关键。

---

52 关于这场叛乱,参见《晋书》100.2612-14;以及Zürcher, *Buddhist Conquest of China*, 347n4.

53 可能是春陵,即今湖北省枣阳市,他在那里担任过县令。

54《晋书》89.2314-15。

55 关于梦的解释学一些模式的细致修辞学分析,参见Hasar, "Metaphor and Metonymy in Ancient Dream Interpretation".

56 他有一段卓越的军事生涯,但后来被逼自杀。参见《宋书》77.1996以下及《南史》37.953以下的传记。

57《宋书》77.2004。这则轶事也被收录在刘敬叔的志怪汇编《异苑》中,作为卷七第32条叙述的两则轶事之一。

佛教大师佛图澄（卒于348年）的传记有一个较为简明的例子。[58]他所侍奉的北方后赵国羯族皇帝石虎（333—349年在位），有一次梦到一群羊背着鱼从东北方过来。醒后，他问佛图澄这件事，大师回答道："不祥也，鲜卑其有中原乎。"（当然，这一点后来得到了证实。）羊背着鱼，构成了"鲜卑"的"鲜"字，而它们向西南方移动，预示着鲜卑人/慕容氏将从他们在东北的基地向中原地区扩张。[59]

同样，西晋文人王濬（206—286）梦见自己在卧室的梁上悬挂了三把刀，不久又增挂了第四把刀。梦醒后，他惊愕不已，"意甚恶之"。但是他的主簿李毅向他行礼并祝贺道："三刀为州字，又益一者，明府其临益州乎？"不久之后，反贼张弘杀死了益州刺史，王濬被任命为益州刺史。[60]

蔡茂（前24—47）是两汉之际[61]的官员，关于他的一个故事也是一个将梦的图像与字关联起来的案例。他梦见自己坐在大殿里，殿梁上长出了有三个穗的禾粟。他一跃而起，抓住了中间的穗，但很快又失去了它。他便向手下的主簿郭贺（卒于64年）咨

---

58 关于佛图澄，参见 Zürcher, *Buddhist Conquest of China*, 181-85；以及 Wright, *Studies in Chinese Buddhism*, 34-72〔[美] 芮沃寿著，常蕾译：《中国历史中的佛教》〕（这段情节出现在第61页）。

59 关于历史状况，参见 Graff, *Medieval Chinese Warfare*, 56-69；以及 Vovin, Vajda, and de la Vaissière, "Who Were the Kjet（羯）？".

60 《晋书》42.1208。这则轶事也收录在敦煌文献 S2072 中，该写本为无标题的类书，汇集十一则与梦有关的轶事；参见郑炳林：《敦煌写本解梦书校录研究》，第303页。关于王濬，参见 CL, 1199-1200。

61 BDL, 27-28.

询此事。⁶² 郭贺从席上站起来祝贺蔡茂，说："大殿者，宫府之形象也。极而有禾，人臣之上禄也。取中穗，是中台之位也。⁶³ 于字'禾''失'为'秩'，虽曰失之，乃所以得禄秩也。衮职有阙，君其补之。"郭贺的预言在一个月内就得到了证实。⁶⁴ 值得注意的是，在王溥和蔡茂的故事中，他们的梦都是由其下属解释的。

邓攸（卒于326年）⁶⁵的传记中记载了3世纪时他的祖父邓殷的一个故事。邓殷在担任淮南太守时，曾梦见自己在河边行走，看到一个女子，一只老虎从后面靠近她，把她的鞶囊⁶⁶从她的腰带上咬了下来。占卜者认为水（氵）边的女子（女），构成了"汝"字，至于咬断她的鞶囊，则是一个新的虎头取代一个旧的虎头，一定表示"汝陰"或"汝南"这两个郡。之后，邓殷确实被调任为汝阴太守。⁶⁷ 因此，这里有两次解释学的操作。梦中场景的两个要素（水边的女子）被连起来，并被转换为一个字，即"汝"。然后，梦中虎头替换了鞶囊的虎头则被解读为做梦者任职的位置会从现在的地方调任到两个以"汝"字开头的地方之一。

---

62 BDL，282。郭贺传记在《后汉书》26.908-09，蔡茂传之后。
63 "中台"的字面意义是在朝廷"［聚集于］中央平台［的那些官员］当中"。
64 《后汉书》26.908；一些版本见于《搜神记》10/3及上文讨论的敦煌无标题类书写本S2072（参见郑炳林：《敦煌写本解梦书校录研究》，第304页）。后者引《后汉书》为其资料来源。
65 关于传记的概要，参见SSHY，608-09。
66 这些穿在腰带上的皮质小袋子被称为"鞶囊"，通常会做成绣虎头的形状，或者上面绣有虎头。参见《汉语大词典》12:212。《太平御览》398.2b和《北堂书钞》76.3b-4a引自另一种《晋书》（王隐所著）的相关段落，以及《太平御览》691.7a所引段落，都说在通行的版本中未指明的"兽"是老虎。我据此进行了翻译。
67 《晋书》90.2338。被《太平御览》261.3a和691.7a引用。《太平御览》398.2b和《北堂书钞》76引用了王隐《晋书》中一个略有出入的版本。

第四章 释梦和释梦者（第二部分）

相关的释梦流程还包括要将梦中场景或图像转换为字，然后把字拆解成若干部分来分析，进而揭示梦的意义。一些现代学者将之称为拆字法（glyphomancy），也许并不恰当。[68] 例如，有人梦见自己的肚子上长出了一棵松树，他告诉别人说："'松'字'十''八''公'也。后十八岁，吾其为公乎。"——亦即去世。[69] 这一点后来也被证实了。[70] 郭瑀是敦煌人，他的传记见《晋书·隐逸传》。[71] 他以经学家著称，梦到自己乘青龙飞上天。他们来到一个屋子前就停了下来。醒来后，郭瑀感叹道："龙飞在天，今止于屋。'屋'之为字，'尸'下'至'也。龙飞至尸，吾其死也。"[72]

在下面这则轶事中，人名的三个字被拆解开来分析，形成一个句子：

晋邹湛，南阳人。初，湛常见一人，自称"甄舒仲"，余无所言。如此非一。久之，乃悟曰："吾宅西有积土败瓦，其中必有死人。'甄舒仲'者，'予舍西土瓦中人也'。"检之，果然。

---

68 相关研究参见 de Groot, "On Chinese Divination by Dissecting Written Characters"; Vance, "Deciphering Dreams"; Strassberg, "Glyphomantic Dream Anecdotes"; Bauer, "Chinese Glyphomancy（ch'ai-tzu）"。关于对应用于这些释梦方法的"拆字法"一词的批评［主要是基于作者对将汉字称为"字形"（glyphs）的不满］，这些技巧在汉语中通常被称为"测字"或"相字"，参见 Drettas, "Le rêve mis en ordre," 314n164。
69 死者通常被尊称为"公"。
70 《三国志》48.1167 的注释。在吴国末代皇帝孙皓（卒于284年）的传记中，引用了《吴书》中的这段话，作者可能是周处。做梦者不是孙皓，而是吴国大臣丁固。
71 Berkowitz, *Patterns of Disengagement*, 207 中顺带提到了他。
72 《晋书》94.2455。概述见 Drettas, "Le rêve mis en ordre," 333n177。

乃厚加殡殓。毕，梦此人来谢。[73]

最初，鬼魂可能因为处境糟糕，所以不能正常言语，只能通过这种基于字的密码来交流。被重新安葬后，鬼魂才能说话。这个故事读起来就好像是有人玩味这三个字，用它们分解开来的形态作为关键语，然后重新建构了一个故事。毕竟，邹湛是一位学者，精通《易经》（及其他经典）。[74]

宇宙关联性与《易经》

释梦的一些其他方法使用的不是文字游戏，而是所谓的宇宙关联性（cosmic correlations）。请看谢安（320—385）传记中的以下情节。[75]谢安告诉亲近的人说，他在辅佐桓温（312—373）时做过一个梦，当时桓温在东晋朝廷中掌握着实权。他梦见自己"乘温舆，行十六里，见一白鸡而止。乘温舆者，代其位也。十六里，止今十六年矣。白鸡主酉，今太岁在酉。[76]吾病殆不起乎！"

---

73 《异苑》6/4，译于Campany，*A Garden of Marvels*，89，我在这里有修改。《太平御览》883.3b 和《太平广记》276/14引用了《晋书》的版本，事实上，这个故事也见于现存的《晋书》92.2380。译文和讨论参见Strassberg，"Glyphomantic Dream Anecdotes，"183（我的译文是独立完成的）。关于邹湛（卒于299年？）传记的注释，参见CL，2360–61。

74 CL，2360–61。

75 谢安是东晋时期在文学、政治、文化和军事方面的领袖。参见CL，1568-71；Zürcher，*Buddhist Conquest of China*，112-13，117-18，134，141，189；Graff，*Medieval Chinese Warfare*，84-86；以及Chennault，"Lofty Gates or Solitary Impoverishment，"269-70。

76 "Shadow of Jupiter"即"太岁"，有时也称"岁星"（year star），是木星的别称。但在这里肯定是被用于其更为技术性的含义，即太岁逆向轨道的关联物，（转下页）

事实上，谢安的确不久后就去世了。[77] 这种解释需要将梦中距离的长度转换为做梦者寿命的年数。然后将梦中所见动物与木星逆行轨道关联物在天空中经过的位置关联起来。[78] 因此得出了这样的结论，梦所象征的情况——乘坐马车走了十六里，然后在路上遇到一只白鸡就停下来了——这预示着谢安从那时起还有十六年的寿命。

另一种方法则是将梦的场景"翻译"为《易经》的某一卦，再以《易经》对该卦的说明作为基础来释梦。以下是《三国志》中的一个例子：

> 初，艾［卒于264年］当伐蜀，梦坐山上而有流水，以问殄虏护军爰邵。[79] 邵曰："按《易》卦，山上有水曰蹇。[80] 蹇爻曰：'蹇利西南，不利东北。'孔子曰：'蹇［在这些预兆之下］利西南，往有功也。不利东北，其道穷也。'往必克蜀，殆不

（接上页）在天空中朝着太岁相反的方向运行。"酉"是谢安说话时太岁在天空中运行的位置或方向（十二个之一）。参见 Wilkinson, *Chinese History*, 515-16; 以及 Hou, "Chinese Belief in Baleful Stars," 205-09。

[77]《晋书》79.2076。另一个版本见《幽冥录》第100条（《古小说钩沉》，第268页）。

[78] 关于将梦"象"映射到占星位置上更复杂的释梦，参见《晋书》103.2699中刘曜的传记，引自《太平御览》328.4a。相同的故事在《太平御览》400.5a-b中引自《前赵录》。

[79] 爰邵不是更著名的将军袁绍（卒于202年），袁绍在东汉末年的军事冲突中起着重要作用，参见BDL, 1009-11。

[80] 这是第39卦䷦；卦名的意思是"蹒跚而行"或"逆境"（adversity）。它的下卦是艮卦☶，卦象为山，而它的上卦是坎卦☵，卦象为水。参见Lynn, *Classic of Changes*, 375-80; 以及 Rutt, *Book of Changes*, 262。

还乎。"艾怃然不乐。[81]

然而，邓艾还是在263年随同钟会（卒于264年）征伐蜀国，结果"子忠与艾俱死，余子在洛阳者悉诛，徙艾妻子及孙于西域"。[82]

《晋书·苻融传》记载有一则中古早期流传下来的最为引人注目的释梦轶事。苻融是苻坚（338—385）最年少的弟弟，也是383年淝水之战中被击溃的前秦将军（苻融战死）。[83]有一个名为董丰的人，游学三年后回乡，途中路过他的妻子家，便停下来留宿。夜里，妻子被杀死了。其妻之兄怀疑是董丰杀的，便报官逮捕了董丰。董丰无法忍受审问，被屈打成招。担任司隶校尉的苻融调查了此事，并对供词表示怀疑，于是亲自审问董丰。

> 问曰："汝行往还，颇有怪异及卜筮以不？"丰曰："初将发，夜梦乘马南渡水，返而北渡，复自北而南，马停水中，鞭策不去。俯而视之，见两日在于水下，马左白而湿，右黑而

---

[81]《三国志》28.781。邓艾是魏国的著名测绘家和将军，他的略传参见BDL, 109；以及SSHY, 608。

[82] SSHY, 608.

[83] 参见《晋书》114.2934；《太平御览》639.4a-b部分引自《晋书》，而《太平御览》728.3a-b则引自《载记》（可能是《苻坚载记》的简称）。《太平御览》639略去了苻融对这个梦的部分解读。一个版本也出现在敦煌写本S2072关于占梦的部分中，该写本是上文讨论的无标题类书；它引用了《类林》（一部唐代的著作）作为其资料来源（参见国际敦煌项目网站http://idp.bl.uk/database/stitched.a4d?recnum=2071 [2020年3月3日访问]；以及郑炳林:《敦煌写本解梦书校录研究》，第303页）。遗憾的是，这篇附录的传记没有收录在Rogers, *Chronicle of Fu Chien* 中。在这里翻译的轶事之后，还有另一则轶事，进一步证明了苻融占测犯罪行为的技艺，但第二则轶事并不涉及梦。

燥。寤而心悸，窃以为不祥。还之夜，复梦如初。问之筮者，筮者云：'忧狱讼，远三枕，避三沐。'

既至，妻为具沐，夜授丰枕。丰记筮者之言，皆不从之。妻乃自沐，枕枕而寝。"

融曰："吾知之矣。《周易》坎☵为水。马为离☲。[84]梦乘马南渡，旋北而南者，从坎之离。三爻同变，变而成离。离为中女；坎为中男。[85]两日，二夫之象。坎为执法吏：吏诘其夫，妇人被流血而死。坎二阴一阳，离二阳一阴，相承易位。离下坎上，既济［第63卦䷾］，[86]文王遇之囚牖里，有礼而生，无礼而死。[87]马左而湿：湿，水也，左水［氵］右马［马］，冯字也。两日［日］，昌字也。其冯昌杀之乎！"

于是推检，获昌而诘之，昌具首服，曰："本与其妻谋杀董丰，期以新沐枕枕为验。[88]是以误中妇人。"

这是一次复杂的解码。首先，符融将梦的场景"翻译"成卦象。这种翻译是基于梦中的元素（马、水）与特定卦象之间常见的关联。接着，从这些卦象之间的动态关系及其后这些卦象的组

---

84 这些确实是标准的关联。
85 也就是说，离卦的中间为阴爻，对应的是"阴"和女性；坎卦的中间为阳爻，对应的是"阳"和男性。
86 此卦名亦可简单地理解为"已经完成"，参见Shaughnessy, *I Ching*, 81。
87 据说周文王在被商纣王囚禁于羑里时，对《易》卦进行了重新整理排列，后由散宜生献宝才获释。"有礼而生，无礼而死"或许是《礼记·礼运》篇"失之者死，得之者生"的典故。我在写作本书时，并未查到这段文字提到的具体典故。
88 此处的字序在不同的文本版本中互异，这使我怀疑，无论涉及沐浴还是枕头的确切征象是什么。从目前的文本来看，中古时期的编者并不比我更清楚。

合中，形成一个特定的卦，从而得出进一步的解释推论。这些话都是相当明确的：既济卦第二爻的爻辞是"妇丧其茀"，第六爻的爻辞则是"濡其首：厉"。[89] 推演至此，苻融最后回到梦中场景，将其中的元素（水在马侧、马、两日）"翻译"为字，形成凶手的姓和名。

著名的专业释梦者

几乎在所有已知的案例中，某人想要了解梦的意义时，据说都会咨询专业的占卜者（通常简称为"占者"或"占梦者"）而非亲友，但占卜者的名字都未被提及。这些案例除记载预言以外，几乎都没有提到他或她，[90] 除非作者想就占梦者及所述的特定社会环境、一般的占卜或者做梦者进行讨论。例如，在梁王畅的传记中就有这种情况，他做了一连串的噩梦。从官卞忌说自己能够御使

---

[89] 马王堆写本第二爻的爻辞有"发"（hair）字，但通行本作"茀"（headdress）字（参见 Shaughnessy, *I Ching*, 81, 298；参照 Lynn, *Classic of Changes*, 538-44；以及 Rutt, *Book of Changes*, 286）。在此，特别感谢夏含夷与我讨论这段话，使我免于错误。

[90] 正如 Drège and Drettas, "Oniromancie," 246 所指出的。在一些段落中，据说做梦者咨询了不知名的占卜者，后者给出了预言（但未说明任何释梦的逻辑）。这些段落包括《后汉书》10A.418, 12.504, 59.1920, 65.2144, 74A.2393；《三国志》9.288, 18.547, 63.1425；《晋书》95.2489；《宋书》19.559；《南齐书》26.479；《搜神记》10/8；以及《异苑》7/30。比如，《述异记》第78条（《古小说钩沉》，第189—190页）和《异苑》7/20有记录为他人释梦的著名人物，其中苻坚是做梦者，他的妻子是释梦者。

第四章 释梦和释梦者(第二部分)

六丁,[91] 善于占梦。于是,梁王畅让他占卜了几次。他的乳母王礼等人因此都说自己能看见鬼神,于是"共占气,祠祭求福"。他们谄媚刘王畅说,"神言王当为天子"。[92] 这样的例子大概并不罕见。专家——尤其是自称掌握了一种释梦秘术的专家——都能轻易地愚弄上位者。他们可能经常这样做,这至少从司马迁开始,就是历史编纂学的一大主题。[93] 秘术专家小心翼翼地维护着自己的名声,保护着他们宣称拥有的技艺使用权,[94] 并且常常从一个地方转移到另一个地方,这使得他们声称的占卜准确性、成功治愈或异乎寻常的长寿都很难被推翻。自称做过梦,是治疗与其他技艺的从事者说服其群体相信自己能力的手段之一。[95]

但在少数情况下,有一些关于著名释梦者的轶事。这让我们得以瞥见做梦者与专业占梦者之间社会互动的性质、占梦者在这种场合中的举止,以及他们使用的解释学方法。在介绍每位占梦者的材料之后,我将把这些文本作为一个整体进行评论。

管辂

管辂(约210—256)作为一名熟练掌握多项占卜技艺的术士,

---

91 关于这些精灵及与之相关的占卜与自我修行的方法,参见 Kalinowski, "La littérature divinatoire dans le Daozang," 91-95; Pregadio, *Encyclopedia of Taoism*, 695-97; 以及 Campany, *To Live as Long as Heaven and Earth*, 72-75。
92 《后汉书》50.1676。
93 参见 Campany, *Making Transcendents*, 125, 178, 201, 210, 221。
94 这是 Campany, *Making Transcendents* 中从多个角度探讨的一个主题。
95 参照:"梦被用作巩固有抱负的治疗者地位的案例;他搜集这些梦,并像请愿书上的签名一样展示它们。"(Reynolds, "Dreams and the Constitution of Self among the Zezuru," 26)

其声望在文献中班班可考,这些占卜技艺包括龟卜(这可能一直是这一时期及其后的重要占卜方法),[96] 根据《易经》使用蓍草占卜、占星术、相术和风角术。[97] 他主要不是以释梦著称,但有一则著名的轶事流传至今,是他为一位重要的政治人物何晏(约190—249)占梦的故事。[98] 故事的开头,何晏请管辂以卜卦预知他是否能够位列三公。何晏还提到,自己接连梦见有几十只青色的苍蝇飞来聚集在他的鼻子上,虽然他试图驱赶它们,但它们始终没有离开,何晏请管辂对此加以解释。管辂回答说:

> 鼻者,艮[《易经》的第52卦]也。此"天中之山",[99] 高而不危,所以长守贵也。[100] 今青蝇,臭恶之物,而集之焉。位峻者颠,轻豪者亡,必至之分也。夫变化虽相生,极则有害;虚满虽相受,溢则有竭。圣人见阴阳之性,明存亡之理,损益以为衰,抑进以为退。是故山在地中曰谦[第15卦],雷在天上曰大壮[第34卦]。谦则"裒多益寡"。大壮则"非礼不履"。
>
> 伏愿君侯上寻文王六爻之旨,下思尼父《彖》《象》之义,则三公可决,青蝇可驱。

---

96 这是Kory, "Cracking to Divine"的核心论点。
97 参见Richard J. Smith, *Fathoming the Cosmos and Ordering the World*, 98-100; DeWoskin, *Doctors, Diviners, and Magicians*, 91-134; 以及SSHY, 576。
98 关于何晏,参见SSHY, 557-58。
99 裴松之《三国志注》谓:"相书谓鼻之所在为天中。鼻有山象,故曰:'天中之山'也。"
100 马瑞志(SSHY, 299)认为,这里暗指《孝经》第三章中的一段文字。

第四章 释梦和释梦者(第二部分)

另一位重要人物邓飏（卒于249年）[101]当时也在何晏和管辂身旁，不屑地回应道："此老生之常谈。"管辂反驳道："夫'老生者'见不生。'常谈者'见不谈也。"[102] 何晏与邓飏都在249年被杀。

作为释梦，这个故事并不是特别有趣。管辂一开始就将梦的图像与《易经》的卦联系起来，然后用卦名引出相术内容。但他的解释大部分是由一段道德警示话语构成的，其中还穿插了一些卦的典故，所针对的是一位他认为[103]会因为自己的行为而身陷危机的人物。这种借占卜之机提出劝诫的做法一定很常见，时至今日仍能在许多中国的寺庙中看到，在那里，召唤鬼神的法师在为旁观者解释灵媒的模糊话语时，会趁机对他们进行道德说教，或者在随机抽取占卜灵签时给出通常看起来普遍适用的道德建议。

周宣

周宣（约卒于238年），现属山东的乐安郡人，可能是这一时期最著名的占梦者。《三国志·周宣传》记载的只是他准确释梦的一连串故事。[104]

---

101 关于邓飏，参见SSHY，608。
102 译文据SSHY，299-300。对比参见DeWoskin, *Doctors, Diviners, and Magicians*, 111-14中的译文。
103 在《三国志注》中，从另一个文本《管辂别传》引用的一个相关段落，我们详细地读到管辂如何通过观察他们身体的行为所透显出的"气"来判断两人即将死去。译文参见DeWoskin, *Doctors, Diviners, and Magicians*, 113-14。
104《三国志》29.810-11。译文据DeWoskin, *Doctors, Diviners, and Magicians*, 138-40修改。刍狗的轶事也被译于Drège and Drettas, "Oniromancie," 247；而摩钱文的轶事则译于SSHY，506-07。

177

周宣，字孔和，乐安人也，为郡吏。太守杨沛[可能是周宣所在郡的长官]梦人曰："八月一日曹公[即曹操（155—220）][105]当至。必与君杖，饮以药酒。"使宣占之。是时黄巾贼起，宣对曰："夫杖起弱者，药治人病，八月一日，贼必除灭。"至期，贼果破。

后东平刘桢梦蛇生四足，穴居门中，使宣占之。宣曰："此为国梦，非君家之事也。当杀女子而作贼者。"顷之，女贼郑、姜遂俱夷讨。[周宣知道这些]以蛇女子之祥，足非蛇之所宜故也。

文帝[曹丕（187—226）]问宣曰："吾梦殿屋两瓦堕地，化为双鸳鸯。此何谓也？"宣对曰："后宫当有暴死者。"帝曰："吾诈卿耳！"宣对曰："夫梦者意耳，[106]苟以形言，便占吉凶。"言未毕，而黄门令奏宫人相杀。

无几，帝复问曰："我昨夜梦青气自地属天。"宣对曰："天下当有贵女子冤死。"是时，帝已遣使赐甄后玺书，闻宣言而悔之，遣人追使者不及。

帝复问曰："吾梦摩钱文，欲令灭而更愈明。此何谓邪？"宣怅然不对，帝重问之，宣对曰："此自陛下家事，虽意欲尔而太后不听，是以文欲灭而明耳。"时帝欲治弟植[107]之罪，逼

---

105 黄巾军的一支部队——或至少与黄巾军有松散联系的一支叛军——于192年在东北部的兖州向曹操投降。参见 de Crespigny, *Imperial Warlord*, 62-67[[澳]张磊夫著，方笑天译：《国之枭雄：曹操传》]。
106 考虑到上文关于"象"及其"意"之间关系的讨论，我们也许可以把这里的"意"解读为"意义"。
107 关于曹植（192—232）生平的略传，参见CL, 90—106。

于太后,但加贬爵。[108]

以宣为中郎,属太史。

尝有问宣曰:"吾昨夜梦见刍狗。其占何也?"宣答曰:"君欲得美食耳。"有顷,出行,果遇丰膳。

后又问宣曰:"昨夜复梦见刍狗。何也?"宣曰:"君欲堕车折脚,宜戒慎之!"顷之,果如宣言。

后又问宣:"昨夜复梦见刍狗。何也?"宣曰:"君家失火,当善护之!"俄遂火起。

语宣曰:"前后三时,皆不梦也。聊试君耳。何以皆验邪?"宣对曰:"此神灵动君使言,故与真梦无异也。"又问宣曰:"三梦刍狗而其占不同。何也?"宣曰:"刍狗者,祭神之物。故君始梦,当得余食也。祭祀既讫,则刍狗为车所轹,故中梦当堕车折脚也。刍狗既车轹之后,必载以为樵,故后梦忧失火也。"

宣之叙梦,[109]凡此类也。十中八九,世以比建平之相矣。[110]

其余效故不次列。

明帝末卒。[111]

当然,这则关于多次梦到刍狗的完美轶事,既幽默,又意在说

---

108 这则轶事也出现在《三国志》5.157 中。
109 夏德安("Wang Yen-shou's Nightmare Poem," 243n9)把"叙梦"看作一种释梦者"叙述"受托解释梦的意义之技艺的专业术语。请注意,它是《太平御览》中关于梦的部分(第397卷)的一个小标题。
110 指朱建平(大约卒于224年),魏国的著名相士。他的传记参见《三国志》29.808-10,译于 DeWoskin, *Doctors, Diviners, and Magicians*, 134-37。
111 曹叡于226年至239年初在位为魏明帝。

明周宣的高超技艺。因此，试图提炼出其中包含的解释学，似乎毫无意义——但是周宣自己作出了解释！意义的更替源自刍狗在清醒时的世界中使用的顺序。在某种程度上，神灵让做梦者或讲述者梦到及讲述的事情，与祭祀仪式中刍狗使用方法的顺序相关联。同时，这则轶事读起来好像（或者可以读成好像）就是为了直接挑战那些梦书的解释模式而写的，在梦书中，每个梦的征象都有单一固定的意义。

索统

《晋书》卷九十五有专门介绍特殊技艺（"艺术"）（不仅有占卜，还有各种不可思议的技艺与超自然的特技）从业者的传记，其中专门为索统立传，他是敦煌人，擅长释梦。从传中提及的一些人物判断，他大约活跃于300年前后。

> 索统，字叔彻，敦煌人也。少游京师，受业太学，博综经籍，遂为通儒。明阴阳天文，善术数占候。司徒辟，除郎中，知中国将乱，避世而归。乡人从统占问吉凶，门中如市。统曰："攻乎异端，戒在害已，无为多事，多事多患。"遂诡言虚说，无验乃止。惟以占梦为无悔吝，乃不逆问者。
>
> 孝廉令狐策梦立冰上，与冰下人语。统曰："冰上为阳，冰下为阴。阴阳事也。'士如归妻，迨冰未泮'：[112] 婚姻事也。

---

[112] 索统在这里引用了《诗经》，《毛诗》第34首诗歌中的一联，诗节为："雍雍鸣雁，旭日始旦。士如归妻，迨冰未泮。"译于 Waley, *Book of Songs*, 30。

君在冰上与冰下人语,为阳语阴——媒介事也。君当为人作媒,冰泮而婚成。"策曰:"老夫耄矣,不为媒也。"会太守田豹因策为子求乡人张公征女,[农历]仲春而成婚焉。

郡主簿张宅梦走马上山,还绕舍三周,但见松柏,不知门处。纮曰:"马属离,离为火。火,祸也。人上山,为凶字。但见松柏,墓门象也。不知门处,为无门也。三周,三期也。后三年必有大祸。"宅果以谋反伏诛。

索充初梦天上有二棺落充前。纮曰:"棺者,职也,当有京师贵人举君。二官者,频再迁。"俄而司徒王戎[113]书属太守使举充,太守先署充功曹,而举孝廉。充后梦见一虏,脱上衣来诣充。纮曰:"'虏'去上中,下半'男'字。夷狄阴类,君妇当生男。"终如其言。

宋桷梦内中有一人着赤衣,桷手把两杖,极打之。纮曰:"'内'中有'人','肉'字也。肉色,赤也。两杖,箸象也。极打之,饱肉食也。"俄而亦验焉。

黄平问纮曰:"我昨夜梦舍中马舞,数十人向马拍手。此何祥也?"纮曰:"马者,火也,舞为火起。向马拍手,救火人也。"平未归而火作。

索绥梦东有二角书诣绥,大角朽败,小角有题。[他戴上了它们]韦囊角佩,一在前,一在后。纮曰:"大角朽败,腐棺木。小角有题,题所诣。一在前,前,凶也。一在后,后,

---

113 王戎(234—305)为竹林七贤中最年轻的一位。他晚年从政,一路被擢升至尚书令,并(在303年)被授任司徒。参见SSHY,621;以及《晋书》43.1231-35。

背也。当有凶背之问。"时绥父在东。居三日而凶问至。

郡功曹张邈尝奉使诣州，夜梦狼啖一脚。纮曰："'脚''肉'被啖，为'卻'字。"会东房反，遂不行。

凡所占莫不验。

太守阴澹从求占书。纮曰："昔入太学，因一父老为主人，其人无所不知，又匿姓名，有似隐者。纮因从父老问占梦之术，审测而说。实无书也。"澹命为西阁祭酒，纮辞曰……[114]澹以束帛礼之，月致羊酒。

年七十五，卒于家。[115]

赵直

现存史料中没有赵直的独立传记，但是《三国志》中有几处地方提到他，从中可以明显地看出，他在3世纪初活跃于蜀国，擅长释梦。

蜀国诸葛亮的手下，有一位名为魏延（卒于234年）的人物，在他的传记中，[116]我们发现了这则轶事：

延梦头上生角，以问占梦赵直。直诈延曰："夫麒麟有角而不用，此不战而贼欲自破之象也。"退而告人曰："'角'之

---

114 我略去了他拒绝任命的一些客套话。
115《晋书》95.2494-95。在明清时期的作品中，索紞被认为是《玉瑮辉遗》的作者，这肯定是错误的。参见 Drettas, "Le rêve mis en ordre," 116-19。
116 参见 BDL，857（他的姓被误印）。

为字,'刀'下'用'也;头上用刀,其凶甚矣。"[117]

诸葛亮死后,在其长史杨仪的授意下,魏延与他的家族确实失势并被杀害,而杨仪是魏延的死敌。

在裴松之对蜀郡太守杨洪(卒于228年)传记的注中,[118]我们发现了关于他门下书佐何祗(字君肃)的如下轶事:

尝梦井中生桑,以问占梦赵直。直曰:"桑非井中之物,会当移植。然'桑'字'四十'下'八',君寿恐不过此。"祗笑言:"得此足矣。"[119]

在蜀国重臣蒋琬(卒于246年)的传记中,[120]可见如下轶事:

琬见推之后,[121]夜梦有一牛头在门前,流血滂沱,意甚恶之,呼问占梦赵直。直曰:"夫见血者,事分明也。牛角及鼻,'公'字之象,君位必当至公,大吉之征也。"顷之,为什邡令。[122]

117《三国志》40.1003。
118 参见BDL,951。
119《三国志》41.1014-15,引自现已亡佚的《益都耆旧传杂记》。
120 关于蒋琬,参见BDL,378。
121 他因为不理众事,又时常醉酒,得罪了蜀国君主刘备,后被免官。其背景见蒋琬传记前文(《三国志》44.1057),概述参见BDL,378。
122《三国志》44.1057。这则轶事也出现在上文讨论的敦煌无标题类书的汇编(S2072)中。参见郑炳林:《敦煌写本解梦书校录研究》,第304页。

庾温

萧子显（483—537）所撰的《南齐书·祥瑞志》中记载了一系列齐武帝的梦。[123] 其中有几个是由庾温解释的，而关于他的其他信息则不详。这些释梦记载非常简洁，我们无需赘言。[124] 不过所有的梦都由庾温来解，这一事实清楚地表明，他在南齐宫廷中担任着释梦者的职务。永明年间（483—493），庾温将这些梦的记录和其他被认为具有政治意义的征兆汇编为《瑞应图》，此图成为萧子显更宏大的关于南齐受命预兆的专著《祥瑞志》的基础，被纳入《南齐书》之中。[125]

拾遗

关于这五位占梦者的记载，也许并不能完全代表中古早期的社会状况、与问卜者的互动及占梦者普遍使用的释梦方法。（首先，各地肯定有很多享有盛名的占梦者，但其声誉尚不足以留名青史。）而这五位占梦者显然被同时代的人认为技艺特别高明。尽管如此，我们将他们作为整体来讨论，也许更有助益。

---

123 关于萧子显，参见CL，1560-63；以及Tian，*Beacon Fire and Shooting Star*，152-61。关于这部论著，参见Lippiello，*Auspicious Omens and Miracles*，125。
124 《南齐书》18.353-54。
125 参见《南齐书》18.349。萧子显写道，他将庾温早在永明年间所撰《瑞应图》编入该志。

问卜者有时是地位很高的官员——上至帝王。在某些情况下，占梦者利用他们与这些官员的接触，提供一些道德层面的劝说。当受到质疑时，他们有时会坚持自己的立场。供职于朝廷的占梦者可能会协助汇编关于皇室梦的记录，以增补为王朝统治合法化而收集的大量征兆。问卜者也可能包括占梦者自己家族的成员，比如在索统的例子中就有这样的情况。就占梦者而言，他们不像巫那样通常是社会局外人。但占梦者与许多问卜者之间还是存在一定的社会距离。

占梦者与问卜者之间的关系也许相当微妙。如果预测不祥，占梦者可能会避免告诉问卜者真相。问卜者也会为了测试占梦者的技艺而不惜谎说假梦。尽管如此，那些被认为作出了准确预测（无论理论依据是什么）的占梦者还是证明了自己的能力与技艺，因此关于这种提高声誉的占梦报告就会被编入故事之中，流传下来。维护声誉是这些专业人士最关心的事情，不管是为了吸引更多的问卜者，还是像索统著名的例子那样，以免门庭若市。问卜者可能会要求占梦者说明他们的方法，包括他们可能依据的指南，但占梦者通常会拒绝这种要求。在所有这些方面，占梦者与问卜者之间的关系都符合一种文化模式，即从事占卜、治疗或延寿秘技的男女，都会公开——有时是向大众——展示所学技艺的成效，并小心翼翼地保护获得这些技艺的方法。[126] 太守阴澹和占梦者索统之间的交流就是一个典型的例子：太守要求查阅索统的指南，索统声称自己没有指南，并明确表示不愿口头传授。太守不死心，给了索统一个闲差，

---

[126] 参见 Campany, "Secrecy and Display in the Quest for Transcendence"；以及 Campany, *Making Transcendents*。

但遭到拒绝。不过太守还是每个月向索统赠送礼物。

尽管这些占梦者没有揭示他们准确解析梦的全部依据，但在文本中，他们的确至少经常解释了释梦背后的一些逻辑。管辂根据易卦来解读梦象。周宣则解释了自己如何解读梦蛇生四足。他还向一位问卜者（和我们）详细解释了他如何破译连续三次梦见刍狗。索统揭示了一系列的诠释原则：转喻（松柏是墓门之"象"）、阴/阳二元（在冰上、冰下）、类比（两杖象箸）、同音异义词及对书面文字的分析。问卜者显然想要知道他们是如何得出预言的，而占梦者不得不回答。另一方面，占梦者为了自己的利益，会对他们真正的释梦方法保密，他们在公开场合所说的方法很可能是为了迷惑问卜者。[127]

从这些描述中，我们很难获知这些占梦者是如何习得技艺的。在索统的例子中，他的诀窍被暗示来自他对阴阳和基于术数占卜系统的长期钻研。在流传至今的传说中，有一些关于"梦草"的简短记载，据说它类似于"蒲"，如果一个人怀揣梦草入睡，就能知道梦的吉凶。一些文献还补充说，东方朔给过汉武帝一些梦草，以助其梦见心爱的李夫人。因此，梦草似乎既是一种释梦的物质辅助品，也是一种梦的孵化器。[128] 当然，还有其他这样的"行业诀

---

[127] 关于在阿特米多罗斯的案例中给出的解释与实际使用方法之间的差异，参见 Barton, *Power and Knowledge*, 86。

[128]《汉武帝别国洞冥记》(《洞冥记》卷三第2条) 中就有这样一段文字。参见王国良：《汉武洞冥记研究》，第85—86页；以及 Thomas E. Smith, "Ritual and the Shaping of Narrative", 632-33（关于《洞冥记》的整体情况，参见 Thomas E. Smith, "Ritual and the Shaping of Narrative", 588-652中带有注释的译文；以及 Campany, *Strange Writing*, 95-96, 144-146中的简要讨论）。另一个出处见于王嘉的《拾遗记》第六卷（关于这个文本，参见 Campany, *Strange*（转下页）

窍",但据我所知,关于它们的记录并未保存下来。

从这些相对精简的记载中,我们无法还原人们面对面互动的质量,即占梦者和问卜者之间那些"非言语的词汇、手势和动作"。[129] 众所周知,在任何地方的占卜和治疗情境中,这些微妙的线索都是非常重要的,但如果不身临其境,大都无法知晓。我们只能从现存记录的字里行间去想象它们。

从我们在本章和上一章看到的材料可知,释梦显然是普遍存在的重要行为。一方面,人们对了解梦的预示有充分广泛的兴趣,只要有足够的技艺或运气,一个人就可以通过为问卜者释梦来谋生。另一方面,释梦绝非专业人士专属的领域:所有人似乎都参与其中,关注自己和他人的梦。尤其是那些灵妙(并准确)的释梦,无论是由专业人士还是由业余人士作出,都深获重视,并以正史、轶事、别传和奇谈琐言的形式珍藏于集体记忆之中。对晦涩难懂的梦象进行巧妙译解时运用的文字游戏与解释技巧,显然都让读者和故事的汇编者感到愉悦。[130] 在我看来,梦文化正如一些文本所说,充

(接上页)*Writing*, 64-67, 306-18),编选入《太平御览》397.6b;亦可参见《太平广记》408/40,引用了《酉阳杂俎》,以及《云仙杂记》卷十(一部唐代的作品)的一段话。之后的资料来源也有关于这种植物的少量记载。在一些社会中,专业治疗师会睡在病人的衣服或其他物品上;在睡梦中,他们就会看到疾病的源头(例如,参见 Tonkinson, "Ambrymese Dreams," 89-90)。

129 Newman, "Western Psychic as Diviner," 98.
130 戴梅可(Michael Nylan)论证了扬雄(前53—18)在研究与抄写古人流传下来的文本时的愉悦感(Nylan, *Yang Xiong and the Pleasures of Reading*)。李慧仪(Wai-yee Li)也同样写到了谜语及解析出间接话语中所隐藏信息的乐趣("Riddles, Concealment, and Rhetoric")。

满了灵活运用解释学所带来的乐趣,以及当释梦者的预言"正中靶心"时的愉悦。[131]

前瞻与回顾

现在让我们退一步,不问梦的意义是如何得出的,而问这些意义是什么。在一个梦经过解释的过程之后,它的意义是什么?它的意义看起来是什么?一旦表面的象征被穿透,非直接的梦其深层意涵是什么?

首先,对一些读者来说,最引人注目的可能是梦不是关于什么的。部分由于弗洛伊德的影响,一些20世纪和21世纪的做梦者认为他们的梦主要与自己有关——与他们潜在的恐惧、深层的矛盾、渴望和未能释怀的过往创伤有关,或者梦只是从他们最近的日间活动中挑选出来的。正如弗洛伊德所说:"根据我的经验,每个梦都毫无例外是关乎自己的。梦绝对是以自我为中心的。"[132] 而且,人们即便不是弗洛伊德主义者,也会这样看待梦。对荣格来

---

131 正如Nylan, *Yang Xiong and the Pleasures of Reading*, 78所说,射箭在古典话语(《中庸》和扬雄的作品,以及其他著作)中是一个常见的隐喻,意指道德的自我修行和文本学习的持续掌握过程。也许这就是为什么《庄子》和《列子》都有这样的故事:一个弓箭手在受控条件下虽有高超的射箭及驾驭弓箭的技巧,但在高山深渊之上射箭时还是会惊慌失措。参见Watson, *Complete Works of Chuang Tzu*, 230-31;以及Graham, *Book of Lieh-tzu*, 38-39。这个弓箭手不像真正的道家圣人,正如《列子》的另一段话所说的那样,他无法做到"圣人藏于天"(《列子集释》,第51页;Graham, *Book of Lieh-tzu*, 38)。

132 Freud, *Interpretation of Dreams*, 246.

说:"对梦的每一种解释都是对其某些内容的心理学层面的陈述",而心理治疗师"通过有技巧地询问做梦者自己的联想",来为做梦者得出梦的意义,荣格称这一过程为"建立前后联系"(taking up the context):"它包括确保梦的每一个显著特征对做梦者的每一丝意义,都是由做梦者自己的联想决定的。"[133] 正如格式塔心理学家弗雷德里克·皮尔斯(Frederick Perls)在与一名患者讨论她的梦时所说的那样:"这是你的梦。每一部分都是你自己的一部分。"[134] 或者,正如语言哲学家乔治·莱考夫(George Lakoff)在介绍他对一些朋友的梦作基于隐喻的解释时写道:"下述梦的解析强调了深入和广泛了解做梦者生活的重要性。在每一个案例中,我都使用了我熟知的人的梦。正因为我非常了解做梦者,所以我对释梦充满信心。"[135]

试图从进化论的角度理解梦是"昂贵信号"的例子,从字面上看,它是将梦视为睡梦中的自我向清醒时的自我发出的"信号"——自我用梦这种奇特的语言与自己交谈。[136] 当代神经科学关

---

133 Jung, *Dreams*, 69–71.
134 Perls, *Gestalt Therapy Verbatim*, 163.
135 Lakoff, "How Metaphor Structures Dreams," 89。关于对莱考夫释梦方法的批评,参见 Bulkeley, *Big Dreams*, 131–36。
136 参见 McNamara, Harris, and Kookoolis, "Costly Signaling Theory of Dream Recall and Dream Sharing"。不过,他们也将与他人分享梦理解为具有类似的功能:"当做梦者与他人分享梦的时候,会利用他或她的梦来传达一些不可伪造的及因此在与他者打交道时更加可信的关于自我的情绪信号……然后,做梦者可以发出信号,表明他或她正在分享一些并非由自己虚构的东西。与情绪一样,梦被认为是心灵无意识的产物。因此,与其他形式的话语相比,梦更加不可伪造。当你将情绪与梦结合在一起,分享一个情绪化或奇异的梦时,听到的受众都知道,无论梦的内容是什么,梦都会传达关于做梦者心灵的重要情绪及(转下页)

于梦的功能的重要理论之一认为,梦是大脑在夜间巩固记忆——不断地构建与重构个人的知识结构——的产物。[137] 另一种观点认为梦主要是情绪的调节器。[138] 一些研究者认为,梦是"全面的、综合的世界模型",与清醒状态的不同之处正在于它们"完全是内在的模拟……独立于来自周围感觉器官的信息调节影响而产生",或者换句话说,它们是"离线模拟",因为它们是"一个完整的行为空间"。[139] 简言之,许多关于梦的当代主流观点,特别是在学术界——虽然绝非唯一的观点(如第一章所述),都认为梦是关乎做梦者的,是从做梦者的内部产生的,又真实地反映了做梦者过去的经验或当前的担忧。

在中国,做梦者的情绪、忧虑及当前专注的事情都被认为有可能塑造梦的内容。但据我所知,在现存的释梦记录中,几乎没有以这类内容为主的。当提到做梦者的生活状况和心理的这些方面时,通常是为了将它们从释梦中排除——因为它们在最好的情况下被视为无关紧要的,而在最坏的情况下则被视为是歪曲事实的。因此,我们发现王符写道:"昼有所思,夜梦其事,乍吉乍凶,善恶不信者,谓之想。"[140] 又或者说:"唯其时有[做梦者的]精诚之

(接上页)社会信息。"(第118页,我添加了着重号)然而,至少在中国的史料中,这种关于梦的报告的观点必须与伪造的梦的有力例证相互对照。在那里,即便是像孔子这样的人物,也会为了达到某种修辞或教学目的而报告伪造的梦。

137 例如,参见Rock, *Mind at Night*, 77-100; States, *Dreaming and Storytelling*; States, *Seeing in the Dark*.
138 Rock, *Mind at Night*, 101-20.
139 Windt and Metzinger, "Philosophy of Dreaming and Self-Consciousness," 202.
140《潜夫论笺校正》,第317页。

所感薄,神灵之所告者,乃有[准确的]占尔。"[141] 个人因素被视为为了转移注意力而提出的不相干的事实,是信号的干扰。一个可以有效解释的预言性的梦(虽然未必是诊断性的梦),其促进因素被期望存在于做梦者之外,因为它被认为反映了事件的其他复杂样态和其他行动者的隐藏意图。这就是为什么现存的释梦记录几乎从不提及做梦者的心理状态及其过去,而释梦者也没有被描述为在释梦之前询问做梦者的个人情况。[142] 相反,释梦几乎全然是对未来事件的预测,并且完全是通过分析选定的梦本身的内容而得出的。

做一个类比可能有助于澄清关于前瞻性的释梦是什么和不是什么的问题。作为一种符号学技艺,释梦被设定为类似于裂纹占卜("卜")。至少在梦具有占卜意义的情况下,做梦者从未被视为梦的制造者或设计者,而仅仅被视为梦的载体。做梦者类似于龟甲或牛肩胛骨。梦本身则相当于甲骨上的裂纹。释梦者就像解读裂纹的人。然而,这一类比在此逐渐演变成谜团。就梦而言,什么是相当于导致加热后裂纹产生的那根钻凿棒,或者是相当于使用钻凿棒的人?如果梦中的拟象是未来事件的对应物,那么是谁或什么建立了这些符号学的关联,又是谁或什么导致做梦者梦见了这些拟象而不是其他拟象?几乎所有关于释梦的文本都回避了这

---

141 《潜夫论笺校正》,第320页;译文据 Kinney, *Art of the Han Essay*, 122 修改。参照 Brashier, *Ancestral Memory in Early China*, 206。
142 Drège and Drettas, "Oniromancie," 390-91, 专门就《晋书》卷九十五中索统的释梦提出了这一观点。不过,这似乎是一种常态。关于阿特米多罗斯在释梦方面的大量记录,学者也提出了相同的观点:"阿特米多罗斯的释梦,并不是为了获得对做梦者的心理洞察力。"(Price, "The Future of Dreams," 17-18)

些问题，但这并不妨碍它们解读梦境。[143] 释梦的合法性不是基于它们如何运作，也不是基于它们的输入（input）或因果机制，而在于它们运作得有多好——在输出（output）方面。

因此，解释过程的输出通常是一个预言。梦不被认为是做梦者潜在恐惧或愿望的表达，而是事情发展方向的指引。梦被认为是前瞻性的，而释梦的基本目的是应对未来。[144]（我在第三章指出的一个重要例外是佛教的《菩萨说梦经》，它与第二章中瞥见的其他一些文本一样，在功能上都是诊断性的，而非预言性的。）[145] 正如我们在梦书清单里的一些条目中看到的那样，预言可能只是简单的"不祥"，但大多数保存在轶事中的释梦都要具体得多，而且有充分的理由。预言越具体，对梦的解读就越令人印象深刻——也越能再次确认隐藏于事件表面之下的宇宙模式（cosmic pattern）。预言与最终的结果就好像符木的两半。当结果与预言相符时，最常使用的动词便是"验"，带有一种近乎法律的力量。

---

143 回想一下占卜者周宣对那个谎称梦见刍狗，且因叙述梦的内容而连续得到三次准确预言的问卜者作出的解释，这是因为"此神灵动君使言，故与真梦无异也"。所以，这里至少存在一丝模糊的理论，即人们为什么会做一些梦，而这些梦一旦被正确地占卜，就会含有关于未来的线索。

144 关于"人类的境况根本上是植根于前瞻的"具有启发性的讨论，参见 Seligman, Railton, Baumeister, and Sripada, *Homo Prospectus*。人类学家爱伦·巴索（Ellen Basso）写道："精神分析所采用的回溯式的（regressive）梦的理论强调对过去经验的适应，而对梦的前进式的（progressive）观点……表明了对未来的焦虑在确定梦的图像方面的重要性。"（"Implications of a Progressive Theory of Dreaming," 87）

145 因此，这是一个相同的知识符号学基本范式的例子——"一种面向分析特定案例的态度，这些案例只能通过痕迹、症候和线索被重建"，或者换句话说，"破译各种征兆"（Ginzburg, *Clues, Myths, and the Historical Method*, 95）——但这适用于诊断的而非预言的功能。我在 *Dreaming and Self-Cultivation* 论述了其他诊断性的文本。

所以，我们可以说，释梦根本不是一个真正的心理学过程，而是一个宇宙—符号学的过程，在宇宙和做梦者生活交汇的缝隙间运作。主流的自我隐含模型不是一个具有决定性过去的主体性容器，而是一个对宇宙影响开放的分解的存在者，[146] 最终被束缚在事件模式之中，但拥有一些有限的行动空间。梦只是众多现象中的一种，为未来事情的样态提供线索。释梦所揭示与传达的正是事情的样态。（再次强调，这种观念与弗洛伊德相比再明显不过了："梦对我们了解未来的价值是什么？当然，这是不成问题的。相反，人们应该问：梦对我们了解过去有什么价值。因为从任何角度讲，梦都源于过去。"[147]）释梦就像中国同一时期的其他占卜形式及历史书写一样，是一种"秩序的修辞……施加于暴力与混乱的现实"。[148] 它寄希望于基于梦等所提供线索的事件的可读性之上，而这种线索对于那些善于看穿这些夜间活动征象表面的人是有用的。

话说回来，如果梦的预言是一个宇宙—符号学的过程，而非心理过程，那么它所隐含与呈现的宇宙论本质是什么呢？简言之，这是一种将宇宙秩序视为完全不稳定的宇宙论。对征象的不断释

---

146 这并不是说这种隐含的自我缺乏边界（Slingerland, *Mind and Body* 已很好地提醒我们不要有这一东方化的概念；参照 Descola, *Beyond Nature and Culture*, 121），而只是说它的边界在某种程度上是可渗透的，正如我们会在大多数自我的模型中期望的那样。关于细胞生物学对现代自我与国家模型影响的一项令人信服的研究，参见 Otis, *Membranes*。
147 Freud, *Interpretation of Dreams*, 412.
148 Wai-yee Li, *Readability of the Past*, 4。参照同书，第173页："《左传》中的很多叙事都基于这样的假设，即人类境况的线索能够被解读，从而推动有效的行动。"也可参见 Vogelsang, "The Shape of History," 579-80。

读是必要的，这不是因为相信事物中存在着一种总是已然现成的、永恒不变的秩序，而是因为对一个世界的警惕，在其中，事物并非就像它们看上去那样，而是总在变化之中。释梦是"一门猜想的技艺"。[149] 正如我在上一章开头指出的那样，释梦的基础是一种定位的世界观。在这种世界观下，秩序不能被假设为是给定的：它必须被不断地维持、警惕地守护，因为它总是一种转瞬即逝的成果，注定终将失败。所以，一方面，释梦与其他占卜方式建立于一种"对宇宙的概念化，认为它终究是可理解的，因此在某种程度上是可控的——这与不可预测的神反复无常的干预相反"。[150] 另一方面，与其将这种概念化视为对宇宙的"乐观的"看法，[151] 就好像宇宙的秩序被视为既定事实一样；我更倾向于同意迈克尔·普鸣（Michael Puett）将其视为一种"论争"（argument）的观点。[152]

---

149 Galvany, "Signs, Clues and Traces," 165。加尔巴尼（Galvany）在这段话中谈论的是相术的技艺，不过正如我们已经看到的，对梦的解读与对面相和身体的解读都建立在相同的基本原理之上：透过事物的表面，也就是它们的"象"，提取其中的思想或意义——"意"。关于墨西哥恰帕斯州的佐齐尔玛雅人如何在"明显关注表面与深刻、内部与外部、公共与私人问题"（第428页）的环境下解决社会不透明性的出色研究，参见Groark, "Social Opacity."

150 Kern, "Early Chinese Divination and Its Rhetoric," 266.

151 例如，Keightley, *These Bones Shall Rise Again*, 111-15; Keightley, "The 'Science' of the Ancestors," 174-177; Kern, "Early Chinese Divination and Its Rhetoric," 266（赞许地引用了吉德炜［David N. Keightley］的话）；以及Roth, "The Classical Daoist Concept of Li 理（Pattern）".

152 例如，参见：Puett: "Ritual Disjunctions," esp. 221; "Ritualization as Domestication," esp. 366-67; *To Become a God*, esp. 14-15; "Genealogies of Gods, Ghosts and Humans," esp. 161-62, 165, 176-77, 180; "Innovation as Ritualization," 27-36; 以及"Haunted World of Humanity"。也可参见Seligman, Weller, Puett and Simon, *Ritual and its Consequences*, 17-42。

占卜，包括基于释梦的预言，是一种仪式的方式，而仪式是以一种虚拟的、"似然"的方式进行的，它把世界展现为"应当这样""希望这样"，而非"实际如此"。占卜在本质上是修辞性的，因为它试图说服各种事情的参与者及听众。占卜在本质上也是述行性的，因为它不认为宇宙秩序是理所当然的，而是在面临不断的崩溃威胁及社会不透明与天命莫测的持续挑战之下，反复寻求重建、维持与保持宇宙秩序。与大多数其他占卜方式一样，大部分释梦所呈现的宇宙是一个定位的宇宙。呈现一个有序世界的需要，是建立在世界随时可能失序的基础之上的。[153]

占卜是前瞻性的。但对占卜实例的记录则是回顾性的。在事件发展中，识别或论证其中的秩序是一种回顾性的事情。占卜的前瞻性与基于事件的回顾性是硬币的两面："历史编纂学的想象经常与过去相关，这不是为了想象本身，而是为了预示过去的某些后来时刻的方式。"[154] 回顾性是指大多数如今已被收入历史记录与编年史中的梦的叙述，以及大多数关于释梦的轶事，它们是如何成为书面记录的。这类写作是一种将无序混乱的现象整理成流畅叙述的方式，在某种程度上发挥了投射宇宙秩序感的作用。以梦和其他征象的解读为基础而得出的未来可预测性——我们可以说，以叙事的方式（并重复地）进行的——显现出一种事件发展中的隐含秩序、一种宇宙中的非随机性。

---

153 参见 Seligman, Weller, Puett and Simon, *Ritual and its Consequences*, 30–31。
154 Schaberg, *A Patterned Past*, 195.

因此，基于梦的成功预测并不仅仅是一种叙事手段。它也不仅仅是对某一特定释梦方法有效性或者某一特定释梦者技艺的论证。更宽泛地说，它也是一种世界观的论证。史嘉伯（Schaberg）将这种回顾性叙事称为预辩法的轶事（proleptic anecdotes），它们证明了这种预测的有效性，并为论证做出了贡献。正如他对《左传》制作者的观察那样："所有可以观察到的事件都充满着一种宿命的特质。确保只有真实的预测会被叙述的回顾性习惯，也把一种关于未来是确定的而又含糊其辞的知识输入到过去。一般而言，可被观察到的细节可能是不祥的，而叙事者掌握着释梦的钥匙……由于叙事者将轶事建构为预言，并且让当时的大臣说出预测的话语，如此，叙事者就将自己对过去的掌握伪装成了他们对现在的掌握。"[155] 每一则对成功预测的回顾性叙事都"起到收尾的作用"。[156]

借助民族志的案例，我们更容易看到前瞻与回顾之间的这种循环关系。人类学家米歇尔·斯蒂芬（Michele Stephen）在写到她的对话者选择与她分享哪些梦和不分享哪些梦时，敏锐地观察到："人们描述了那些他们能够形成有个人意义的例子。他们不会或者只是不情愿地讲述那些他们无法理解的梦。最近的例子与清醒时事件之间的关联还没有被认识到，因此不能轻易透露。"[157] 下面的叙事更加引人注目：

---

155 Schaberg, *A Patterned Past*, 194.
156 Wai-yee Li, *Readability of the Past*, 269.
157 Stephen, *A'aisa's Gifts*, 113.

第四章 释梦和释梦者(第二部分)

1976年，在加利福尼亚州的乔奇拉，一辆载有26名孩子（年龄5至14岁）的校车在夏令营归来途中遭到持枪劫持。孩子们被转移到一辆窗户漆黑的货车里。天黑以后，他们被埋入一辆卡车拖车中，拖车已沉到地下，然后又被盖上泥土。16个小时后，两个年龄较大的男孩挖开了泥土，孩子们得以逃脱。孩子们回到家中后，虽然没有受到身体的伤害，但情绪持续遭受这起事件的影响……创伤后最常见的影响之一，便是预兆的形成……创伤过后，26名孩子中有19名（加上1名在劫持发生之前下了车的孩子）回顾这起事件并看到了"预兆"，如果他们当时保持警惕，"预兆"就会提醒他们。对于应对机制已不堪重负的孩子来说，预兆形成代表着他们通过寻找当天事件的"逻辑"来回顾性地重新获得掌控感的一种努力，这一逻辑若经过正确解读，能让受害者选择一种可以避免灾难的行动方案。在某些情况下，孩子们在被劫持之前所做的一些事情，会成为即将发生的事件的预兆。除此之外，细微的行为会被赋予不祥的意义，而这种行为变得与创伤本身有不可磨灭的关联，以至于成为……事件的"嫁接附属物"……在某些情况下，不祥的行为是个人责任感的体现。……在其他情况下，不祥的事件则仅仅被视为警示信号，源于一些事故，而如果当天的事件［在事故发生之前］以正常方式发展，那么这些事故就会消失……预兆与创伤之间的关联似乎赋予了预兆持续的象征能力……［这些组合］是来自不同经验领域的联合项目。它们是认知的创造物，将事件转变为征象，从而找出一种疏远和掌控的

124

办法。[158]

为了我们的目的，应当首先关注这一过程的基本功能：试图通过将宇宙理解为毕竟是有秩序与富有征象的，从而"重新获得掌控感"。当然，我的讨论已默认了预知是不可能的，实际发生的只有回顾性的预兆。不过，这并非众所周知的事实。"预知是不可能的，而它们总是成真。"[159]

对梦的接受

梦有意义吗？从史料反映的主位观点（emic perspectives）来看，回答通常（但肯定不总是）是肯定的。那些认为梦具有意义的人通常会想象梦本来就有意义，等待一名优秀的释梦者来解读。但从古典晚期和中古时期的中国文化框架之外的（祛魅的？）角度来看，也许这个问题是错误地形成的。最好说梦只是发生了，并观察人们如何确定梦意味着什么（如果有意义的话），以及人们如何处理梦。正如接受研究（reception studies）所论的文本、电影和艺术品一样，我们也可以说，梦的意义并非本来就存在于其

---

158 Guinan, "A Severed Head Laughed," 24-26；我添加了着重号。一个著名的回溯性征象形成的例子，是亚拉伯罕·林肯在他去世前的几个小时梦见自己在船上旅行，当他的死讯和他的梦被重述而传遍全国时，人们便接受了这个梦。参见 White, *Midnight in America*, 151-72。

159 Knight, "The Premonitions Bureau," 44；一个关于精神病学家试图记录准确预感例子的扣人心弦的描述。

第四章 释梦和释梦者(第二部分)

自身之中。相反,释梦者将意义附加于梦,又据以创造意义,并从梦中衍生出意义,他们所用的方法有时具有惊人的创造性。人们(通常)是梦的无意识的制造者,然后,人们——做梦者自己,或者常常是其他人——决定从所做的梦中编造意义。[160]

为使这一点更加突出,要注意一些案例。在这些案例中,我们对某一特定的梦的意义有不一致的记录;或者在一些案例中,有人出于修辞的原因,从一开始就捏造了一个梦。这样的例子很少,但一经发现,就能为我们提供珍贵而短暂的一瞥,让我们了解一些在我们视野之外发生的社会过程,正是它们产生了现存的记录。我们已经看到过一个案例,问卜者有意提供虚假的梦的报告,以测试释梦者的技艺(在周宣的例子中,一位姓名不详的问卜者假装三次梦见刍狗),还有一个案例,不堪烦扰的占梦者有意给出错误的预言,[161]以减少人们向他问卜的需求(索紞的例子),或者因为占梦者担心问卜者的反应(赵直的例子)。以下是另外两个例子。

> 文王观于臧,见一丈夫钓,而其钓莫钓,非持其钓,有钓者也,常钓也。文王欲举而授之政,而恐大臣父兄之弗安也;欲终而释之,而不忍百姓之无天也。于是旦而属之大夫曰:"昔者寡人梦,见良人黑色而髯,乘驳马而偏朱蹄,号曰:寓而政于臧丈人,庶几乎民有瘳乎!"诸大夫蹴然曰:"先君王也。"文王曰:"然则卜之。"诸大夫曰:"先君之命王,其

---

160 一个圈套:人们从梦中编造意义的一种方式,是告诉自己,他们所编造的意义实际上就是梦所固有的意义。
161 但显然他并没有提供虚假的释梦,只是在用其他占卜方式时才会这样。

199

无它,又何卜焉!"遂迎臧丈人而授之政。典法无更,偏令无出。三年文王观于国,则列士坏植散群,长官者不成德,斔斛不敢入于四境。……文王于是焉以为太师,北面而问曰:"政可以及天下乎?"臧丈人昧然不应,泛然而辞,朝令而夜遁,终身无闻。颜渊问于仲尼曰:"文王其犹未邪?又何以梦为乎?"仲尼曰:"默!汝无言!夫文王尽之也,而又何论刺焉!彼直以循斯须也。"[162]

孔子穷乎陈蔡之间,藜羹不糁,七日不尝粒,昼寝。颜回索米,得而爨之,几熟。孔子望见颜回攫其甑中而食之。选间,食熟,谒孔子而进食。孔子佯为不见之。孔子起曰:"今者梦见先君,食洁而后馈。"颜回对曰:"不可。向者煤炱入甑中,弃食不祥,回攫而饭之。"孔子叹曰:"所信者目也,而目犹不可信。所恃者心也,而心犹不足恃。弟子记之,知人固不易矣。"[163]

并非每一个记载的梦都像记载的那样真实发生过;有些记载的梦根本就没有发生过;也并非所有的梦的记载在最初形成与流传时,都被人们据其字面意义来接受,更不要说数量更少的释梦了。"就如人们被认为很可能会对其真实意图及动机撒谎一样,人们也

---

[162]《庄子集解》,第181—182页;Watson, *Complete Works of Chuang Tzu*, 228-30。
[163]《吕氏春秋》17.448; Knoblock and Riegel, *Annals of Lü Buwei*, 418。一个更简明的例子是指责周人宣扬武王灭殷之梦来"说众"(《吕氏春秋》12.267-68; Knoblock and Riegel, *Annals of Lü Buwei*, 266-68),这暗示此梦并没有真正发生,或者即使发生了,它的宣告也只是出于巧辩的理由。我要感谢米克·亨特(Mick Hunter)提供这些参考文献给我。

被认为很可能会对梦撒谎。"[164] 这些社会事实的痕迹最终被载入史料,只是凸显了梦与释梦在社会中的修辞分量。

人们释梦的过程在几个方面不可避免地具有社会性。必要的第一步是将那些杂乱无章的回忆印象和梦中经历的故事情节,即那些最初只有做梦者知晓的事情(除了不同的人同时做同样的梦这种罕见情况),[165] 经过清醒时记忆的过滤,转换为语言——即便做梦者起初只对自己讲述梦,也已经是一种对话行为。这就是为什么我们必须始终"将梦的叙事与梦的经验区分开来":[166] 两者绝不相同。正如克拉潘扎诺写道:"这不仅仅是因为我们的语言无法恰如其分地叙述我们所梦到的东西,还因为它们改变了经验的语域。它们在梦的经验和梦的语言表达之间造成了距离。梦失去了它的直接性。"[167] 或者正如凯文·格洛克(Kevin Groark)精确地指出问题一样:

在醒来的那一刻,一个有趣的解释活动发生了。这个人第一次从清醒时的自我的角度反思他或她的梦的经验。做梦

---

164 Stephen, *A'aisa's Gifts*, 139. 关于质疑个人在特定情况下对梦声明的真实性的例子,参见Groark, "Toward a Cultural Phenomenology of Intersubjectivity," 287。
165 第五章简要地讨论了这种"同梦"的例子。据我所知,这类案例几乎都是建立在到访而非前瞻范式之上,其原因将在第五章更加明晰。
166 Crapanzano, "Concluding Reflections," 182.
167 Crapanzano, 182. 也可参见Crapanzano, "Betwixt and Between of Dreams"。参照:"当我们解释他人的梦时,释梦过程总是在我们开始之前就已经开始了……我们开始释梦时,做梦者已经编好了一个叙述,这个叙述可能已经通过连续复述而重新编排。但是……在叙述之前,清醒的做梦者会对梦进行重新思考,而在梦结束之前,做梦者便会对梦中正在发生的事件进行解释。"(Dennis Tedlock, "Mythic Dreams and Double Voicing," 104)

者已经从梦境中极度沉浸式的、具身的、发散性的第一人称体验，进入到一种清醒状态，在这种状态下，他或她"意识到"这些是心灵的而非自我的经验……梦的第一人称的直接性与梦被重新构造为准第三人称（quasi-third-person）的心灵经验之间的这种视角上的张力，在梦的叙事中得到了表达，并以数种方式被索引——所有这些活动都有助于将说话者从一个中心经验的位置转移到一个有距离和边缘的位置。[168]

随后，这个口头叙事被分享给了其他人，分享后，又流布于世界中，并变得对其他人具有潜在的重要性。它成为"现实展开的参与者"，[169]一个由社会互动构成的现实。毫无疑问，大多数梦都不会被记住或谈论，但所有被我们记录下来的梦都会被讲述给其他人；在大多数情况下，最初可能是口头讲述，之后是书面叙述。在释梦过程中，对梦的初次讲述是一个复杂的时刻，我想停下来先对之进行探讨。

首先，我建议，最好不要将梦及其讲述视为已经通过其他方式完全并最终形成之自我的表达，而是作为一种模式，在其中，总是处于形成过程中的自我被进一步发现、建构或呈现。梦的分享是日常生活中展现自我的一个方面；它本身就是一种特殊的社会互动模式，受到特殊的限制或警示。它也是诸多声誉管理模式中的

---

168 Groark, "Discourses of the Soul," 708.
169 Poirier, "This Is Good Country," 117.

一种。"梦的叙事是述行性的"[170]——它们是在选定的受众面前对选定的梦的述行。梦可能含有潜在的爆炸性或危险的信息。"如果梦……可以被自由地交流……无尽的恐惧与怀疑之网就会暴露出来。"[171] 任何声称从梦中获得过多知识的人,都可能引起怀疑。对任何特定的做梦者来说,他或她的社会角色往往会限制对话者的圈子(例如,我们已经看到,一个女人向一位女性朋友分享她的梦,官员们向一个下属分享他们的梦,一个老师向参加告别仪式的孩子和学生分享他的梦)。我们不应感到惊讶的是,并非所有的梦都会被分享,而那些被分享的梦在选择受众方面总是很谨慎。[172] 在写到一类治疗师将解释他自己和客户的梦作为其方法工具箱的一部分时,帕梅拉·雷诺兹(Pamela Reynolds)注意到:"梦被用作巩固有抱负的治疗者地位的案例;他收集这些梦,并像请愿书上的签名一样展示它们。通过这样做,他便占有了一些符号。符号出现在他的梦中。他选择哪些梦来加以解释……他决定是否依照解释来行动。"[173]

当然,我在这里所说的方式假设了梦本身是私人的——或者即便是互动的,正如将在下一章看到的,通常是与非人类的存在者(extra-human beings),而不是与做梦者自己社群中活着的人互动。

---

170 Mageo, "Theorizing Dreaming and the Self," 20.
171 Stephen, *A'aisa's Gifts*, 139.
172 这里借鉴了 Goffman, *Presentation of Self in Everyday Life*〔[美]欧文·戈夫曼著,黄爱华、冯钢译:《日常生活中的自我呈现》〕; Vann and Alperstein, "Dream Sharing as Social Interaction"; Herdt, "Selfhood and Discourse in Sambia Dream Sharing"; Barbara Tedlock, ed., "Zuni and Quiché Dream Sharing and Interpreting"; 以及 Goodale, "Tiwi Island Dreams"。
173 Reynolds, "Dreams and the Constitution of Self among the Zezuru," 26.

但事实并非总是如此。在某些文化中，梦本身被理解为已经是互动的，除日常清醒时的生活中的关系以外，还有一个共享的社会空间。格洛克曾用有说服力的文字写道，在墨西哥恰帕斯州的佐齐尔玛雅人（Tzotzil Maya）中，"梦境……[如何成为]一个人际关系的领域，在其中，通常他者（包括了人类和非人类）被掩盖的动机和感受可以通过心灵互动的媒介而被感知和体验"——这些互动很多都带有明显的敌意，往往以一系列症状的形式回流到做梦者清醒时的生活之中，从一般的不适到疾病、焦虑，甚至是严重的身体伤害。[174] 在写作这本书的过程中，我发现在中国这种理解的证据相对较少，虽然活着的做梦者与已故的人之间的这种梦的交互很容易找到，在很多情况下同样也会导致做梦者生病或最终死亡。[175] 在本书中，我有时会提到诸如此类的梦的"身心失调的"影响，虽然在格洛克和斯蒂芬等学者提供了敏锐而复杂的分析之后，我这样做充其量似乎太过简单，可能需要重新思考。

第二，梦的叙事本身就已经是某种释梦的述行。正如我们已经看到的王符的评论，最初叙述梦所使用的术语塑造着进一步给出的释梦。被告知梦的其他人并非仅仅是梦的叙述话语的被动接受者：这些对话者影响了梦如何及是否被告知。"他们充当着梦的

---

174 Groark, "Toward a Cultural Phenomenology of Intersubjectivity," 285–87; Groark, "Social Opacity," 431; 以及特别是 Groark, "Specters of Social Antagonism"。在 Stephen, *A'aisa's Gifts* 中同样写到一个社会，在这个社会中，清醒时的面对面的互动极其顺利、平静与和谐，但在梦中，群体成员之间经常发生更为复杂的敌对、怨恨甚至攻击，同样严重的情绪与身体的影响会被带回到清醒时的生活中。
175 两个人在同一个梦中互动的例子在中国史料中偶有发现，我会在第五章中进行简要的讨论。但据我所知，这种案例很少。

审查员的角色：是良知与习俗的具身化"[176]——主体间的审查员并非生活在做梦者的脑海中，而是生活在人类社群中。"对话者——无论真实的、隐含的，还是想象的——对梦有着特殊的控制力。他们占有梦。他们赋予梦以稳定性。"[177]"被告知梦的人……倾向于通过建议整齐的结构来干扰梦的记忆，这些结构很诱人，但却篡改了梦真正的轮廓。事实上，梦的讲述中不可避免的不诚实，也……解释了其他人的梦经常引起的无端怀疑：由于故事被篡改，氛围已经消散了。"[178] 最初被讲述梦的对话者在共同撰写叙事中扮演着特殊的角色，[179] 微妙地塑造了梦是怎么被讲述的，以及梦是由什么构成的。

第三，某个人——做梦者、亲属、朋友、同事、下属、专业的释梦者，或者在很多情况下是兼具多种身份的人——得出了对梦的"意义"的陈述。正如我们所看到的，这相当于陈述事物当下或未来的真实状态，即一种迄今为止不为人知且以其他方式不能知晓但如今已通过释梦被揭示出来的事情。然而即便如此，这也不是社会过程的终点。一方面，必定总有其他的释梦，无论它们是否被记录下来，也不管这些记录是否留存下来。留存至今供我们阅读的只是冰山一角，其余绝大部分都永远淹没在时间的海洋

---

[176] Crapanzano, "Concluding Reflections," 193.
[177] Crapanzano, 193.
[178] Brann, *World of the Imagination*, 343.
[179] 我在这里想到了 Ochs and Capps, *Living Narrative* 中详细地论证了关于对话中的各方如何在叙事形成时有效地参与了塑造叙事。参见 Campany, *Making Transcendents*, 10-11 中的讨论。

之中。[180] 另一方面，在中古早期中国，与在大多数前现代的社会中一样，无论梦最终被赋予何种意义，"都是一个协商的问题……其他人必须被说服接受这种或那种解释中的一个［些］主张"。[181] 释梦者不能自由地随意编造，或者说出一连串胡话。他受制于受众（和自己）的期望，即必须以一种方法来证明他所得出的解释是正确的。他的解释不能显得武断或毫无依据。它需要不那么明显，足以引起些许惊奇，但又不能太过离奇，以至与事件的纷乱及梦本身的细节无关。所以，应当特别关注书面记录中那些特定的释梦是如何得出的。

记录梦，往往伴随着记录相应的释梦，这是在漫长而曲折的接受过程中的又一个重要步骤。一个被认为重要的梦很可能被记录在不止一个版本中，有些较为粗略，但更接近经验，其他的则更为精致，但也更彻底地受制于文体的规范与受众的期待。[182] 梦本身

---

180 关于一个民族志学的例子，即一个梦如何在一本梦书中被不同地论述，以及1969年在台湾如何被三位半专业的释梦者不同地论述，参见Drège, "Notes d'onirologie chinoise," 276–77。

181 Keen, "Dreams, Agency, and Traditional Authority in Northeast Arnhem Land," 129.

182 参照皮尔西（Pearcy）（"Theme, Dream, and Narrative"）对阿里斯提得斯《神圣的故事》(*Sacred Tales*) 最终用于流传的（一些）版本与阿里斯提得斯保留的关于自己的梦的个人记录——他在许多地方都提到了这些梦，但它们在修辞上与公开的文献有很多不同——两者之间复杂关系所作的分析。关于阿里斯提得斯的研究，也可参见Harris and Holmes, eds., *Aelius Aristides*；以及Petsalis-Diomidis, *Truly Beyond Wonders*。关于古代文献体裁的修辞性与非正式笔记的独特性——相对于（未）完成的流传的记录版本——所作的同样敏锐的分析，可参见Larsen, *Gospels before the Book*。关于集体维系的群体的梦与清醒时的幻觉的记录所作的一些出色民族志观察，参见Mittermaier, "The Book of Visions"；以及Mittermaier, *Dreams that Matter*, 118–39。

是短暂的，最初的释梦或许是以口头和面对面的方式进行的。但是，一旦被写成文字，无论是冗长的叙事、简略的编年条目、信札、释梦者的日记，还是家谱，梦及其解释就不再仅仅是做梦者、释梦者或写作者的占有物（possession）。作为一种记录，梦及其解释因此流出而成为世界中的一种东西，有资格形成自传，也容易以意想不到的方式被传播、接受、使用及解释，从而完全脱离最初记录者的控制。"写作具有需要保持警惕的特性。如果放任自流，它可能会偏离轨道。"[183]

最后，由于大多数的释梦都采取了预言性的立场，其他人如何接受这些解释的一个关键因素便是它们是否被后续事件所证实。最初的释梦是符木的一半。只有当它与另一半——事件实际发生的方式，或当时隐藏、随后显露出来的信息——相匹配时，它的地位才能在社会和认识论层面得到保障。认识到符木的两半相匹配，这本身就是一个社会过程。因此，梦的解释学还具有另一个必然相关的社会层面，即任何给定的解释都必须赢得其他受众，说服他们相信解释的准确性及得出这一解释的技艺。释梦在很多方面都像在法律面前的争论：赋予意义的详细依据与预言成真构成了基本的证据，但是最终这一切都必须呈现在法官与陪审团这些其他人面前。

然而，我们仍然没有到达释梦社会过程的终点，因为它一直在社会空间和代际时间中向外传播，因为许多人参与了对这条释梦之链书面记录的保存、抄写、编辑、汇编、重编、选编及评论。每一个关于释梦的叙述被重新记录或被重新汇编的例子——无论

---

183 Svenbro, *Phrasikleia*, 211.

是在做梦者或释梦者的传记，还是在志怪或占卜述行的轶事汇编，抑或在专题选集，或者在专著之中——实际上都是它赢得了另一位赞同者的例子。赞同者选择将其纳入一部更大的作品中，目的是向读者证明这样或那样的观点。而这部更大作品的声誉——从其幸存或消失开始——取决于新一代读者的接受情况。因此，这个过程向前发展，而且持续不断，直到我们，直到这里，直到现在。关于梦的记录以及释梦的创造，过去是，现在也是，永无止境。

第五章

到访

请看下面这则出自约435年前后的汇编中的轶事。[1]

吴当阳县董昭之乘船过钱塘江,江中见一蚁,着一短芦,惶遽垂死,使以绳系芦着船,船至岸,蚁得出。中夜梦一人乌衣来谢云:"仆是蚁中王,君有急难,当见先语。"历十余年,时江左所劫盗横,录昭之为劫主,系余姚狱。昭之自惟蚁王梦,缓急当告,今何处告之。狱囚言:"但取两三蚁着掌中祝之。"昭之如其言,暮果梦昔乌衣人云:"可急去,入余杭山,

---

[1] 所讨论的作品是东阳无疑(约活跃于435年)的《齐谐记》。这个故事译于Campany, *A Garden of Marvels*, 24–25。中文版本包括《初学记》20.493;《艺文类聚》97.1689;《太平御览》479.7b和643.9b–10a;以及《太平广记》473/8。关于《齐谐记》,参见Campany, *A Garden of Marvels*, 24; Campany, *Strange Writing*, 80–81;李剑国:《唐前志怪小说史》,第388页;以及王国良:《魏晋南北朝志怪小说研究》,第323页。相同的叙事出现在通行的二十卷本《搜神记》中(20/8),但是李剑国认为不出自《搜神记》,因为上文列出的所有版本都以《齐谐记》作为文献来源,而没有一个版本以《搜神记》为文献来源(参见《新辑搜神记》,第764页)。

天下既乱，令不久也。"于是便觉，蚁攻商械已尽，因得出狱，过江投余杭山，遇赦得免。

我想说的是，这与其说是一个关于梦的故事，不如说是一个关于关系的故事，而梦在其中起着重要的作用。这种关系建立在危急情况下的互助之上。不过它始于一次主体间的相遇，在这次相遇中，人类的主角认出了另一个自我，后者知道自己在水上遇到了麻烦。值得注意的是，一些传世的不同版本写道，当蚂蚁在短芦上来回窜动时，"惶遽畏死"；蚂蚁因此成了叙事的主体，一个共同的主角。[2] 其他版本则将此作为董昭之在思想和言语上的推论："昭之〔对自己〕曰：'此畏死也。'"蚂蚁因此被董昭之以哲学家惯常所说的"他心论"（theory of other minds）理解为和他一样的活生生的个体，其行为表现出对危险的意识和活下去的目的。[3] 所以，这是一个关于两个自我之间产生关系的故事——一则关于自我生态（ecology of selves）的叙事。[4] 每位主角都有自己的目

---

[2] 特别是《初学记》卷二十（惶遽垂死）、《太平御览》卷六百四十三（惶遽畏死）和《太平广记》卷四百七十三（遑遽畏死）中的版本。我应当指出，在此处及下文中，当提到同一轶事的不同版本时，我的前提是假设每个传世的版本都是社会记忆的人工制品；因此每个版本都有评估人们声称发生了什么，或者他们认为可能发生什么的价值。所以，这就不是一个试图确定哪个版本是"原始的"或"正确的"的问题。关于这一点，参见 Campany, *Signs from the Unseen Realm*, 17-30；以及该书引用的作品。

[3] 具体而言，《艺文类聚》卷九十七和《太平御览》卷四百七十九都作"昭之曰：'此畏死也。'"顺带一提，我们清醒时的"心灵理论"（theory of mind）也已被证明能有力地延续到我们的梦中，参见 Kahn and Hobson, "Theory of Mind in Dreaming"。

[4] 在 Kohn, "How Dogs Dream" 和 Kohn, *How Forests Think* 中发展出的意义。

210

的——最重要的是尽可能长时间地存活与发达。每位主角都认识到其他主角是一个有意图的存在者，其目的与自己的相似，并据以做出相应的行动。

每位主角也认识到另一主角是一个有着某些可理解其习俗的社会成员。尽管董昭之最初不知道蚂蚁在其社会世界中的地位，但他后来知道了，并据以提出自己的援助请求。就蚁王而言，他通过广泛分布的蚂蚁网络来保持着对人类社会事件的了解：董昭之陷入困境的消息就是这样传到他那里的，这也是他知道赦免即将到来的原因。这种相互识别使他们相互救命的援助成为可能。

这两个自我形成了一种馈赠的形式与模式，一旦进入其中，即使没有将双方紧密地绑定在一起，也会将双方关联起来。[5] 这个故事促使我们思考，这是一种超越物种的联结形式。它不是人类一方强加在"自然"这块空白画布上的一个概念性的或仅仅是文化的结构，而是两个自我之间互动过程中的一个涌现特征，对双方都有所约束。我们甚至可以把这个故事解读为促使我们探讨，是否事实上只有一种文化，而不是像自然/文化二元体那样，文化是复数的，但自然是单数的——在这种文化中，诸如馈赠礼物的形式

---

[5] 根据德斯科拉（Descola）（*Beyond Nature and Culture*, 307-35），我认为此处的关联是一种涉及馈赠而非交换的关联。"与交换不同，馈赠首先是一种单向的行为，它包括舍弃某样东西给某人，而不期望得到任何补偿，除了接受者可能表示感激。……在礼物馈赠方面，互惠是永远无法保证的"（Descola, 313）。但我想补充一点，在中国，对称回报的期望往往比德斯科拉所说的更强烈：一方面，董昭之最初的行为并没有期望得到回报；但另一方面，在中国的情境中，蚁王对他行为的回应也是意料之内的（除了明显地表明，它是一只拥有非凡能力、能提供帮助的蚂蚁）。

将不同物种的自我联结起来——但是有很多种自然，从有很多个周围世界（Umwelten）的意义上来说，很多个经验的世界（worlds-as-experienced）取决于每个物种独特的感觉运动能力，以及它们如何塑造其对环境的感知和与环境的关系。[6] 有些读者会将这个故事解读为一种迷人的投射，将人类独有的、可能是"儒家"的价值（关于"报"或道德互惠）与人类独有的符号创造过程，投射到没有符号、没有价值、没有自我、没有目的的非人类的自然世界之中。按照这样的解读，这个故事将只与人类和人类文化有关（或者，如果一个人是中国文学史家，他可能会简单地将这个故事解读为"小说诞生"的一个案例，在这种情况下，它只与一种文学体裁的史前史有关）。

不过，我想寻求一种不同的解读。正如爱德华多·科恩所说："区分……不是在缺乏内在意义的客观世界与作为文化载体并赋予文化以意义方面具有独特地位的人类之间……相反，'相关性'——最基本的形态是表现、意图和目的——在任何有生

---

6 关于这个概念，参见 von Uexküll, *Foray into the World of Animals and Humans* 中的经典讨论，以及对这个概念的使用。例如，Kohn, *How Forests Think*, 84；以及 Kohn, "How Dogs Dream," 4–5, 7, 9。也可参见 Gallagher, *How the Body Shapes the Mind*；以及 Noë, *Action in Perception*。狄肯（Deacon）的解释令人印象深刻："因为生物体是负责产生构成关于其世界信息的限制条件之所在，这种信息所能涉及的内容是非常有限的、具体的并以自我为中心的。就像带着金属探测器的寻宝者一样，生物体只能获得关于其内部产生的动态过程所敏感的环境信息——也就是冯·乌克斯库尔所说的'周围世界'（Umwelt），即世界上以自我为中心的物种相关特征的星丛（constellation）。"（Deacon, *Incomplete Nature*, 410）也可参见 Hoffmeyer, *Biosemiotics*, 171–211；Wheeler, *Whole Creature*, 120–22；以及 Horowitz, *Inside of a Dog*, 20–32 的精彩讨论。我这里的核心方法根据 Descola, *Beyond Nature and Culture*。

第五章　到访

命的地方都会产生；生物世界是由无数存在者——人类和非人类——感知和表现其周围环境的方式构成的。意义……并非人类独有的领域。"[7] 而故事中两次做梦的事件对这种解读至关重要。

做梦是一种跨物种交流的"特权"模式，允许蚂蚁——通常可能是指示符号（indexical signs）的使用者（按照皮尔士的三分符号类型学）[8]——也能够用象征符号（symbolic signs），亦即人类的语言，来进行交流。[9] 我们可以说，这是梦的一种可供

---

[7] Kohn, "How Dogs Dream," 5. 参照霍夫梅耶（Hoffmeyer）所说的："符号与意义的进程不能像人们经常假设的那样，成为区分自然与文化领域的标准。相反，文化符号的进程必须被视为更普遍和更广泛的生物记号过程（biosemiosis）的特例，后者在生物圈中不断地展开并发挥作用。"（Hoffmeyer, *Biosemiotics*, 4）

[8] 对皮尔士来说，符号是"在某些方面为某人表示某物的东西，或者某个有能力为某人表示某物的东西"（Kohn, *How Forests Think*, 29; Hoffmeyer, *Biosemiotics*, 20; 参照 Sherman, *Neither Ghost nor Machine*, 60："信息对于自我来说总是对其环境有意义"）。由此理解，"并非所有符号都具有类似于语言的特性，而且……并非所有使用符号的存在者都是人"（Kohn, *How Forests Think*, 29）。皮尔士区分了三类一般的符号：像似（Icons）通常是其对象的相似性（如照片）。指示（Indexes）与其说是表征对象的相似性，不如说指向他们（如作为风向指数的风向标）。象征（Symbols）通过与其他象征（如人类语言中的词语）系统地、约定俗成地关联，间接地指代它们的对象。"与构成生命世界中所有表征之基础的像似的和指示的指称模式不同，至少在这个星球上，象征式指称模式是一种人类独有的表征形式"（Kohn, *How Forests Think*, 31-32）。或者，正如罗伯特·耶勒（Robert Yelle）总结的类型，"像似、指示、象征分别意指基于性质上的相似、存在的关联（事实上的关联）和任意规定的符号关系（sign-relations）"（"Peircean Icon and the Study of Religion," 241）。也可参见 Peirce, *Essential Peirce*, 13-17; Liszka, *General Introduction to the Semeiotic of Charles Sanders Peirce*, 18-52。

[9] 参照："梦被理解为一种享有'特权'的交流模式，使栖居于不同本体论领域［也就是不同的周围世界］的存在者通过灵魂的联系成为可能"（Kohn, "How Dogs Dream," 12）。

213

性。[10] 另一个可供性在于，蚂蚁有机会以人的形态和装束出现。自我被包裹在身体里，而在梦中，服装是可以改变的。[11] 董昭之大概本来不能理解蚂蚁的符号，但蚁王能够超越物种界限并在梦中与他相会。梦的这一可供性通常只是单向行动的：[12] 董昭之没有出现在蚂蚁的梦中，用蚂蚁的符号和他讲话，并变成蚂蚁的样子。也许这只是因为我们不得不阅读的事件记录是由人所做的记录，而且因为我们是人，不是蚂蚁。

到访范式

这个故事是我所说的梦境到访范式的例证。它有四个运作部分。梦是与另一个存在者的相遇。这样的相遇是直接的，不是编码的。相遇是真实的；也就是说，它不"仅仅是一个梦"，而且清醒时的世界因此发生了一些变化。而且，就我在本章中的讨论而言，最重要的是，梦是在做梦者与梦中到访者之间的关系这一背景下发生的，或者说，梦为这样的关系创造了可能性。

与我们在前两章看到的截然不同，这里的梦并不象征世界中的任何事物。它们不是在元层次上运作的。恰恰相反，梦是发生

---

10 关于此处及下文意指的可供性概念，参见第一章；以及Gibson, "The Theory of Affordances"; Levine, *Forms*, 6-11; 以及Bird-David, "'Animism' Revisited"。
11 关于存在者在梦中出现在人们面前时形态的可变性，例如，参见Schweitzer, "Phenomenological Study of Dream Interpretation"。
12 参照Kohn, *How Forests Think*, 167。

在世界之中的"对话事件"[13]。[14] 而且，正如我们将要看到的，梦是改变做梦者并在清醒时的世界中留下真实痕迹的经验。它们在本质上是对话的；它们需要回应。这样的梦"不是……一种逃离，而是……与世界的接触"。[15] 它们有唤起的力量，因为它们鞭策做梦者去做某些事情。它们也有述行的力量：它们自己就做了某些事情。

于是，这些梦不再是私密和孤立的，而是再次将做梦者与其他自我联系起来，甚至更加密切。梦起着人际空间的作用——并且，可能在那里找到彼此的存在者并不限于活着的人类。这种对梦的看法也许会让我们感到惊讶（至少曾让我感到惊讶），但事实证明它是相当普遍的，广泛分布于人类的历史与地理空间之中。凯文·格洛克很好地抓住了这一点：

---

13 Mittermaier, *Dreams That Matter*, 171；我添加了着重号。
14 在某种程度上，我在这里使用了爱德华多·科恩的说法。他观察到，对于厄瓜多尔亚马孙河上游的鲁纳人（Runa）来说，"梦不是世界的象征。相反，梦是发生在世界中的事件。所以，梦并不完全是对未来或过去的注释，更准确地说，是跨越时间领域与意识状态的单一经验的一部分"（Kohn, "How Dogs Dream," 12）。这并不是说（请原谅我与 Bourguignon, "Dreams That Speak"有不同的看法）这些梦是"预先解释的"（preinterpreted）——这种说法仍然过于接近解释性的前瞻范式——而是说，这些梦从一开始就不需解释，无论是在梦的经验中或是随后。
15 Mittermaier, *Dreams That Matter*, 142。在本段中，我多次引用了她在第 140—172 页的讨论。关于这种一般类型的梦，其他有参考价值的讨论，包括 Faure, *Visions of Power*, 128-29（他区分了梦的"两种模式"，即述行性的和解释学的；后者是前两章所讨论的，而前者是本章所讨论的）；Crapanzano, *Hermes' Dilemma*, 244（"visitational dreams"）；Harris, *Dreams and Experience in Classical Antiquity*；Moreira, *Dreams, Visions, and Spiritual Authority in Merovingian Gaul*；Ewing, "*Dreams from a Saint*"；Gerona, *Night Journeys*；Cicero, *De divinatione*, 285-87（内含两则迷人的轶事）。

215

在许多传统社会中，梦境形成了一种交替的人际领域，其特征是社会互动和经验的形式，与清醒时的生活有质的区别，但又与之密切相关……在佐齐尔玛雅人中，人类的社会性被明确地理解为既包括面对面的关系（身体的自我之间的关系），也包括不同的自我延伸（self-extensions）或者基于灵魂的"对应物"之间的关系。梦境是一个人际关系的领域，在其中，通常被掩盖的他者（包括人类和非人类）的动机与感受可以通过灵魂互动的媒介而被感知与体验……梦的经验允许注意力和主体间接触的焦点从相对不透明的物理身体现象的领域，易位或转移到灵魂的本质领域。在这样做的时候，它使得基于灵魂"对应物关系"延伸的主体间领域……成为内嵌关系性整体领域的一部分而受到关注。[16]

真实的触感

在继续讨论之前，我先停下来指出这种梦的范式自身，以及它在文本中被书写或被表现的方式的一个基本特征。所讨论的文本通常是轶闻性的叙事；这是因为梦被视为在某个特定时间点发生的事件，涉及的参与者有限。[17] 但此外更关键的是，这

---

16 Groark, "Toward a Cultural Phenomenology of Intersubjectivity," 285；我添加了着重号。
17 关于中国轶事的性质，参见 van Els and Queen, *Between History and Philosophy* 和 Chen and Schaberg, *Idle Talk* 中收集的论文。

些轶事中的大多数都是以这样一种方式构建的,读者本来应该认为这个故事不是寓言,或者说不是假设的案例,而是关于过去真实事件的记载。(至于读者是否相信这个事件真的如其记载的那样发生过,则完全是另一个问题——是她对事件的接受的问题。)[18]

现在有一些例外情况证明了这一规则,其中一些最著名的例子出现在《庄子》和另一部大量引用它的《列子》中。例如,在《庄子》第四篇《人间世》中,我们发现有几个段落提出"无用之用"的主题。一名木匠和他的弟子路过一个有一棵宏伟老栎树的神社。弟子问木匠为什么不停下来观赏这棵树,木匠不耐烦地解释道,这棵树"是不材之木,无所可用"。当天晚上,栎树在木匠的梦中出现,反驳木匠。栎树认为使无用的技艺不断完善对它才是大用。栎树继续说:"且也,若与予也皆物也,奈何哉其相物也!而几死之散人,又恶知散木?"木匠醒来以后讲述了他的梦。弟子想知道,如果栎树一心想着没有用处,为什么还要立于社中,给人提供遮阴之处,供世人瞻仰。木匠回答说:

密!若无言。彼亦直寄焉,以为不知己者诟厉也。不为社者,且几有翦乎?且也,彼其所保,与众异。而以义喻之,不

---

18 这类轶事常常被现代学者视为"虚构故事"(fiction),不是因为学者能证明它们在被讲述和汇编时就是这样被理解的——他们不能——而是因为他们"相信它们是虚构的故事,既然这些故事本身不可能是真的(考虑到它们的内容),那么它们肯定就是虚构的"(Allen, *Shifting Stories*, 33)。但是,当然,被认为是可能的、似乎真实的或可信的东西会随着时间的推移而改变,这一点完全被归为中国的"文学"而被许多历史学家忽略了。

亦远乎![19]

很难避免这样的印象：这则轶事（同《庄子》《列子》中的大多数其他轶事一样）本意是想要被当作一个寓言或者一个思想实验，而非对现实事件的记录。（我们可以将这则轶事与同一个文本中的其他轶事相比较，以了解它的不同之处。而其他轶事中的很多人物都有明显是虚构或寓言式的名字，部分更是熟悉的人物，如孔子，他们的言行与文本假定读者惯常看到这些人物的言行完全不一致。这不是一个猜测作者意图的问题，而是一个文本内与文本间阅读的问题。不过，我并不希望被解读为主张《庄子》秉持的世界观否认了树木是有目的自我的可能性。）这个故事被定位在世界中文本外（extra-textual）事件之流的斜角上。它的力量不是源于它声称所叙述的事件确实发生过，恰恰相反——是源于相信读者能够看出其立论与木匠和树的真实相遇无关，是一个超越传统看法的论点，而这个故事是一个旨在阐明此论点的虚构创造物。[20] 不过，作为一则梦的叙事，它共享了到访范式的所有四个要素。因为在这里，梦也是做梦者与其他存在者之间的相遇，而且不是编码的。它改变了它的被访者（recipient）。（在做梦之前，木匠像评价其他树一样从木材之用来评价这棵树；做梦之后，他对这棵树和一般衡量有用无用的标准有了新的看法。因此，梦中相遇在世

19《庄子集解》，第41—42页。我修改了Watson（*Complete Works of Chuang Tzu*, 63-65）和Graham（*Chuang-tzu*, 72-73）的译文。

20 参照Goldin, "Non-Deductive Argumentation in Early Chinese Philosophy"中的评论，特别是第49—51页。

界上留下了真实的痕迹。)而且,梦发生于做梦者与其他存在者之间的关系这一背景下,无论这种关系多么短暂。

这则轶事与类似的寓言式的梦的叙事都运用不言而喻的虚构故事,来论证其对各种主题的立场,而我们将在下文讨论的大多数文本与此不同,它们坚持认为所叙述的事件确实发生过——这对它们的修辞结构至关重要。也就是说,它们表现的是(而且通常会被解读为)一种不同的体裁,对文本外的世界有着不同的立场。[21] 其中一些文本如此坚定地坚持这一点,以至于它们包含的细节显然本意应该是为了强化这种"真实的触感"。[22]

以这个文本为例:

> 刘照,建安中为河间太守。妇亡,埋棺于府园中,遭黄巾贼(184年),照委郡走。
>
> 后太守至,夜梦见一妇人往就之,后又[再次前来]遗一双锁,太守不能名。妇曰:"此萎蕤锁也。[23] 以金缕相连,屈伸

---

21 关于这个论点的阐释,参见 Campany, *A Garden of Marvels*, xix–xxvi 和 xxxiv–xxxvii; Campany, *Making Transcendents*, 8–22; 以及 Campany, *Signs from the Unseen Realm*, 14–30。借用民俗学研究中的一个术语,每则轶事都是一种"神奇记忆"(memorate),"关于事件的二手、三手或四手的叙事,被描述为曾经发生在某个特定的人身上的事件,而且……这种叙事涉及的问题足够重要,能够让传播链多个环节中的叙事群体保持兴趣"(Campany, *Signs from the Unseen Realm*, 17n63)。

22 我从 Greenblatt, "Touch of the Real"借用了这个短语,以及关于它为什么重要的论点。

23 "萎蕤锁"可能是因为锁的金线与萎蕤的根茎相似而得名,萎蕤是一种草药,见于医学配方和长寿药方。参见 Campany, *To Live as Long as Heaven and Earth*, 25–26, 223n323。

在人，实珍物。吾方当去，故以相别，慎无告人！"

后二十日，照遣儿迎丧，守乃悟云云。儿见锁感恸，不能自胜。[24]

138　　除埋葬地点很近之外，刘照的亡妻为什么会在梦中到访新上任的太守，我们不得而知。至少在清醒时的生活中，这样的到访是很不正常的；但这是梦的世界，一切皆有可能。可以确定的是，她的陪葬物带进了清醒时的世界：借用通灵术（spiritualism）的话语，这是一种显形（apport）。[25] 她的儿子认出了这双珍贵的锁，从而增加了两重确认——她的确是前任太守的妻子，埋骨于府园中，而她留下的礼物，鉴于其珍贵性，肯定来自她的墓中。其中的含义是不容忽视的：梦到一位去世的人，有时可以是一次如此可触知般的真实相遇，以至于实物能够在世界之间转移。使这种显形成为可能的本体论机制仍然尚未解决。但此事被断言真的发生过，

---

[24]《录异传》的汇编者不详（参见 Campany, *Strange Writing*, 94）。这个文本收录在《太平广记》361/7；译文据 Campany, *A Garden of Marvels*, 21 修改。

[25] 一个源自19世纪和20世纪初通灵术术语，显形（"带来的东西"）是一个据称被从一个维度带入另一个维度的实体对象。参见 Dodds, *Greeks and the Irrational*, 106〔[爱尔兰] E. R. 多兹著，王嘉雯译:《希腊人与非理性》〕。物质的显形与清醒梦有共同的特征，即把东西从（表面上是私人的）梦中"带来"到（公开的）清醒时的状态。凯西·赫恩（Keithe Hearne）和斯蒂芬·莱伯格（Stephen LeBerge）在20世纪70年代末和80年代初做过清醒梦者通过预设眼动信号表明何时进入清醒梦状态的实验。埃文·汤普森（Evan Thompson）在谈到这些实验时写道："这些具有独创性的实验意义重大。它们表明受试者在发出清醒梦信号时是真的睡着了，使受试者能够在梦发生的时候报告他们的梦，而不仅仅是回溯性地报告梦；它们实现了一种从私人的梦到公开清醒时世界的跨世界交流，以及开辟了一条探索意识的新方法，而我们几乎还没有开始发掘其前景"（Thompson, *Waking, Dreaming, Being*, 154-55；我添加了着重号）。

而且唯恐我们怀疑，又被再度确认。这则轶事构建的方式预料到读者会怀疑鬼魂—梦—到—清醒时的—世界的物体转移是否真的发生过，而面对这种怀疑，它采取了措施来维护事件的真实性。梦并不再现世界，它本身就是世界中的一个事件。与所有到访范式中的梦一样，它是"现实展开的参与者"。[26]

再举其他几个例子就足够了。下面是另一个出自《录异传》的故事：

> 嘉兴令吴士季者，曾患疟。乘船经武昌庙过，遂遣人辞谢，[27] 乞断疟鬼焉。[28] 既而去庙二十余里，寝际，忽梦塘上有一骑追之，意甚疾速。见士季，乃下马，与一吏共入船，后缚一小儿将去，既而疟疾遂愈。[29]

这里，吴士季的痊愈具有显形的功能，是清醒时的世界中新出现的现象，证实了（并且被声称是直接产生于）梦中发生的事情。导致痊愈的过程是由吴士季的供奉和祈求引发的；这一行为开启了他与神明的关系，使得神明根据吴士季的祈求作出回应。在这个例子中，梦本身与其说是一种交流，不如说是一扇实时的、临时的窗户，透过它，我们可以看到围绕着我们而

---

26 Poirier, "This is Good Country," 117.
27 这个请求的"辞谢"可能是因为吴士季没有亲自出面（由于他的状况）献上供品与祈求，也可能是因为他认为导致他染疟疾的任何罪过。
28 疾病常常被归结为鬼怪和神明所为（简称为"鬼"）；就此而言，这个故事并不罕见。
29 《古小说钩沉》，第416页；《太平广记》318.13；《太平御览》743.2b-3a。

一般不可见的精灵世界的运作情况：梦表明，这就是这类治疗法的运作方式。也就是说，这个梦暂时地打开了一个通道，通过它，做梦者可以在梦的某个状态中看到将使其痊愈的实际机制——一种通常对他和所有听到或读到这则轶事的人（包括我，我猜还包括你）来说都察觉不到的机制。表述这个机制的隐喻习语是官僚主义的。神明的下属与导致疟疾的鬼都装扮成人的模样，治疗过程采取的是抓捕罪犯的形式。[30] 梦的可供性再一次指向一个单一的方向：吴士季不一定像鬼或神，或者就这个故事而言，像马看待他们那样看待事物。这则轶事证明了梦中所见在清醒时的世界中的真实性。它还称颂了向武昌庙神祈求的灵验。

这样的论证是这类轶事体裁的主要内容，被用于由各种意识形态和宗教信仰塑造的故事中。王琰汇编的弘扬佛教的《冥祥记》（约490年）中有这样一个例子：

> 宋淮南赵习，元嘉二十年［443—444］为卫军府佐。疾病经时，忧必不济，恒至心归佛。夜梦一人，形貌秀异，若神人者，自屋梁上，以小裹物及剃刀授习，云："服此药，用此刀，[31]病必即愈。"习既惊觉，果得刀药焉。登即服药，疾除，

---

30 抓捕意味着疟鬼的行为是违法的。但在很多案例中，导致疾病的施动者被认为是依照神的指令合法地行事。关于一个例子，参见 Campany, "Taoist Bioethics in the Final Age," 82。

31 剃刀是用来在出家前剃除头发的。它起到提喻法（synecdochic）的暗示作用，暗示主角出家，而主角据以采取行动。

出家，名僧秀。年逾八十乃亡。[32]

有两个细节可以证明这个梦的经验是真实的：赵习一醒来就拥有了在梦中被赠予的物品，而他慢性病的康复（我们应能推断）是由于在梦中得到的药物，还提到了他的高寿。而且，就像前文的例子一样，这里有一个对读者的隐含建议：前面是"从水路经过武昌时，一定要拜武昌庙神"，这里则是"考虑加入僧众吧，尤其是在一个异乎寻常的梦中被力劝这样做"。

一旦我们开始注意到梦的轶事的这些特征，它们似乎就比比皆是。以下只是在史料中流传下来的几十个例子中几个例子的摘要：

晋咸和初，徐精远行，梦与妻寝，有身。明年归，妻果产。[这则轶事总结道:]"后如其［或者，他们？］言矣。"［大概意思是说，尽管丈夫和妻子之间相距甚远，但他们对梦中相遇的描述是一致的。][33]

（晋太原郭澄之）夜梦见一神人以乌角如意与之，虽是寤中，殊自指的。既觉，便在其头侧。[34]

吴选曹令史刘卓，病笃，梦见一人，以白越单衫与之……

---

32 据《法苑珠林》22.453b；《古小说钩沉》，第439页；王国良：《冥祥记研究》，第101页；以及 Wakatsuki, Hasegawa and Inagaki, *Hōon jurin no sōgōteki kenkyū*, 154–55中的原文翻译。也可参见 Campany, *Signs from the Unseen Realm*, 225。
33 出自刘义庆（卒于444年）撰《幽冥录》，载于《太平广记》276/27；也见于《异苑》7/21。主角是一个叫徐精的人。关于刘义庆，参见 Zhang Zhenjun, "Observations"。
34 《异苑》7/26；《太平御览》703.4a 及 398.6b–7a。主角是郭澄之，他在《晋书》92.2406 中有一个简短的传记（这则轶事没有出现在那里）。

卓觉，果有衫在侧。[35]

（释昙谛）母黄氏昼寝，梦见一僧呼黄为母，寄一麈尾并铁镂书镇二枚，眠觉两物俱存，因而怀孕生谛。谛年五岁，母以麈尾等示之，谛曰："秦王所饷。"母曰："汝置何处？"答云："不忆。"[后来才知道，这两样东西是他前世为著名法师时得到的。][36]

渤海太守史良好一女子，许嫁而不果。良怒，杀之……后梦见曰："还君物。"觉而得昔所与香缨金钗之属。[37]

晋世沙门僧洪……既发心铸丈六金像……便即偷铸，铸竟，像犹在模，所司收洪，禁在相府，锁械甚严。心念观世音，日诵百遍，便梦所铸金像往狱，手摩头曰："无虑。"其像胸前一尺许铜色燋沸。……旬日……洪因放免，像即破模自现。[38]

征北参军明覉之有一从者，夜眠大魇，……梦见一道人，以丸药与之，如桐子。令以水服之。及寤，手中有药，服之遂瘥。[39]

妻梦见万着白衣，坐紫云中，谓其妻曰："深愧修此道场，已蒙天符释放，前罪并尽，今便生天上。……吾有金装割瓜子

---

35 《搜神记》10/6；译于DeWoskin and Crump, *In Search of the Supernatural*, 120。
36 《历代三宝记》49：97a-b；《高僧传》50：370c-371a。讨论参见Campany, "Buddhist Revelation and Taoist Translation," 5。
37 《搜神记》11/6；译于DeWoskin and Crump, *In Search of the Supernatural*, 126。
38 王琰《冥祥记》，译于Campany, *Signs from the Unseen Realm*, 166。
39 《幽冥录》第243条（《古小说钩沉》，第309页），《太平广记》276/39；译于Zhang Zhenjun, *Hidden and Visible Realms*, 60。

刀，留以为验。"梦觉果得此刀，乃棺中随殓之物。[40]

　　河东贾弼之……夜梦有一人，面齄皰，甚多须，大鼻瞋目，请之曰："爱君之貌，欲易头可乎？"弼曰："人各有头面，岂容此理？"明夜又梦，意甚恶之。乃于梦中许易。明朝起，自不觉，而人皆惊走藏……弼取镜自看，方知怪异。[41]

　　从梦中醒来时，肩膀上长着别人的头，可真是一种显行！

　　在注意到这些轶事对真实的立场之后，我现在想问：梦使哪些接触、交流、关系和交换成为可能？梦提供（afford）了哪些种类的东西？

梦的可供性

　　梦提供了一个跨越距离、界限或本体论、生物分类学鸿沟的交流门户。请看颜含传记中的这则故事，它被广泛编选以作为孝德的证明。[42]

40　杜光庭（10世纪初）:《道教灵验记》121.19a-20a。死者是秦万。关于这个汇编，参见 Verellen, "Evidential Miracles in Support of Taoism"；以及 Miyazawa, "'Dōkyō reigen ki' ni tsuite.'"
41　《幽冥录》第141条（第279—280页）；译于 Zhang Zhenjun, *Hidden and Visible Realms*, 30。关于唐代以前志怪文献中的其他例子，参见 Campany, *Strange Writing*, 354。
42　《晋书》88.2285；这个故事也出现在干宝《搜神记》15/10，参见《太平广记》383/4 和《新辑搜神记》，第359—361页。颜含在一定程度上因这则轶事中所例证的孝而闻名。他是颜之推（531—591年后）的九世祖，后者以（转下页）

兄畿咸宁中得疾，就医自疗，遂死于医家。家人迎丧，旐每绕树而不可解，引丧者颠仆，称畿言曰："我寿命未死，但服药太多，伤我五脏耳。今当复生，[43]慎无葬也。"其父祝之曰："若尔有命复生，岂非骨肉所愿！今但欲还家，不尔葬也。"旐乃解。及还，其妇梦之曰："吾当复生。可急开棺。"妇颇说之。其夕，母及家人又梦之，即欲开棺，而父不听。（打开一具已完成入殓仪式的棺材是一件危险的事情。）含时尚少，乃慨然曰："非常之事，古则有之，今灵异至此，开棺之痛，孰与不开相负？"父母从之，乃共发棺，果有生验，以手刮棺，指爪尽伤，然气息甚微，存亡不分矣。饮哺将护，累月不能语，饮食所须，托之以梦。阖家营视，顿废生业，虽在母妻，不能无倦矣。含乃绝弃人事，躬亲侍养，足不出户者十有三年。

观察这个故事中的交流模式。颜畿虽然还活着，但不能说话，他首先通过中断出殡与魂幡的奇异行为来发出紧急信号。（我们本来大概应该是想把颜畿看作是这些异常现象的施动者。这些机制虽没有得到阐明，但这并不是现存的唯一案例。）[44]他借由引丧者之

（接上页）记述个人见闻心得以告诫子孙的《颜氏家训》而闻名。参见Dien, *Pei Ch'i shu* 45; Dien, "Yen Chih-t'ui（531-591+）"; Dien, "Custom and Society"; 以及Teng, *Family Instructions for the Yen Clan*。

43 在这背后发挥作用的是，当时普遍存在的关于我们为什么会死以及接下来会发生什么的想法。参见Campany, "Return-from-Death Narratives"; 以及Campany, "Living Off the Books"。

44 例如，参见《后汉书》81.2677中范式的故事：一位好友死了，出殡时范式还没赶到，将下葬时，"柩不肯进"，直到范式赶到，与他作别，"柩于是乃前"。

口传达了一条口头信息，形式上是通过让引丧者摔倒在地，进入某种出神状态，并以第一人称"称畿言"，就像神通过媒介说话一样。颜畿父亲的反应是"祝之"。这并不出奇，这些交流模式通常分别用于在仪式场合（ritual settings）与神明和精灵交流。被封在棺材里的颜畿不得不从所有可用的这类模式总集中，以另一种模式交流，而他的父亲也像人们通常在这种交流中做的那样做出了回应，虽然对话人是反常的。接着，颜畿诉诸第三种方法：他在梦中出现，直接对家人讲话。（这并非唯一一则被封在棺材里的人同时向多个亲属托梦来表达自己困境的轶事。）[45]从棺材中解脱出来但未能恢复语言能力的颜畿，继续通过梦来表达自己的需求。

这种通过梦进行的定期交流没有被详细说明，这表明它是一种不寻常但并非不为人知的修辞。例如，统治者被嘱咐或被普遍认为通过散布梦来召请隐士为朝廷工作。梦所跨越的鸿沟是地理上的距离，而其目标接收者事先并不知情（因为预期的梦的接收者是隐士，没有人确切地知道他们是谁或在哪里）。"托梦"是这类段落中最常用的习语；有时则是"垂梦"。[46]我不知道中古早期世界的其他

---

45 另一个例子——这个例子被解读为与政治有关的预兆——记载于《晋书》29.907和《宋书》34.1005。（译注：此例均载两书《五行志》中，也是记颜畿事，较简略，并与晋亡附会。）
46 "托梦"只单向运作（来自梦的发出者），"垂梦"则与其不同，也可以从做梦者的视角谦逊地命名这一现象，带有一种圣人或神屈尊"垂"一个到访梦的感觉。例如，参见刘勰（卒于519后）为其著名的《文心雕龙》所作的序志，他在其中提到自己曾被垂梦随孔子南行（这段话的译文和讨论，参见 Richter, "Empty Dreams and Other Omissions"）；以及《道教灵验记》（2.9a-10a）载，楚国太夫人发愿修道观，但未践行，后来在梦中被提醒，她将这个梦描述为是天尊"垂梦"给她的。

227

地方是否留存有关于托梦给接收者的仪式行为的记录;[47] 但至少有一段文字表示,君王可以通过不断思慕所需的辅佐之人,而托梦给他。[48]

这种特权并不限于统治者。有几份记录显示,刚去世的人向他们健在的亲人"托梦",请求通过积累功德的仪式(merit-making rituals)与捐赠的形式提供帮助,或者传递有关来世领域真实发生事情的重要信息。[49] 这里所跨越的鸿沟不再是简单的地理距离,至少不是寻常意义上的距离。托梦也不是只有人类才能做的。甚至动物也被认为拥有这种能力——不仅仅是在人类的梦中出现和说话(这很常见),更不寻常的是,动物可以"托"梦给做梦的人类。所以,我们在《搜神记》中发现了这个简短的条目:"蟪蛄,

---

47 在古代晚期地中海世界中,通过梦(oneiropompoi)发送远距离信息的仪式行为,包括向月亮女神献祭、以魔鬼作为信使、使用蜡制微型动物、使用"发送梦的共鸣玩偶",以及杀死猎鹰或猫,随后以其灵魂充当梦的信使等;灯是其中多种方法的要素。参见Eitrem, "Dreams and Divination in Magical Ritual," 179-82; Johnston, *Ancient Greek Divination*, 161-66; 以及Johnston, "Sending Dreams, Restraining Dreams"。

48 《晋书》82.2145:"思[他需要]佐发梦。"其他段落包括《晋书》52.1452, 56.1543;《三国志》11.356, 19.570, 21.616, 38.968, 65.1546; 以及《南齐书》54.930。

49 道教的例子,参见《云笈七签》121.19a-20a收录杜光庭《道教灵验记》选编的秦万的故事;而佛教的例子,参见收集于《法苑珠林》94.980b和《太平广记》134/6中的故事。在这两个例子中,托梦的死者都是因为曾经在商业交易中短斤缺两欺诈他人而被定罪。其他的例子包括《太平广记》375/19(出自唐代汇编的《芝田录》)、《太平广记》439/16(出自《法苑珠林》);《艺文类聚》18.332(夜托梦以交灵,出自蔡邕[卒于192年]《检逸赋》,参见CL, 64; 这里有一个并不意外的观念,即托梦引发梦的发送者与接收者之间的精神交流);以及《世说新语》在2/97马瑞志没有翻译的笺疏一中,我们发现它引用了佛教论战汇编《辩正论》(52:539c)的评论,其中讲述了不信佛的孔琼在佛诞日陪同他人到寺院一起放生并忏悔的故事。他死后,"托梦"给兄子说:"吾本不信佛,因与范泰放生,乘一善力,今得脱苦。"这个故事出自《孔琼别传》。

蟹也。尝通梦于人，自称'长卿'。今临海人多以长卿呼之。"[50] 在这条23字的记载中，我们看到了两件不同寻常的事情：一种甲壳类动物加入了跨越相当的大生物分类学距离从而向人类传递梦的物种行列；并且记录了一个通过梦将地方习俗以新的方式引入清醒时的生活的例子。

除交流之外，为社会引入新的知识、文本或传统，抑或重新引入旧的知识、文本或传统，这也是梦的另一种可供性。[51] 嵇康（活跃于3世纪中期）[52] 有一个著名的故事：他在临刑前神气不变地用古琴弹奏了一首名为《广陵散》的曲子，并对自己曾固执地拒绝将其传授给他人而表示遗憾。[53] 鲜为人知的是他如何在梦中学到这首

---

50 《搜神记》13/13；《新辑搜神记》，第449—450页。

51 Burridge, *Mambu* 及 Burridge, *New Heaven, New Earth* 两书讨论了梦在清醒时的世界中引发新的社会宗教运动的有力案例。伯里奇（Burridge）表明，"在梦从报告个人经验向外传播，以及向特定群体或社会扩散并可能产生变革性影响的过程之中，不可避免地会牵涉到地位、政治和权力问题"（Tonkinson, "Ambrymese Dreams," 88）。梦的报告也能成就或破坏领导者的声誉（Robbins, "Dreaming and the Defeat of Charisma"；Schnepel, "In Sleep a King"）。参照梦在某些社会中扮演的"增强"（potentiating）清醒时所得知识的角色；例如，参见Devereux, *Ethnopsychoanalysis*, 249-64。

52 他的出生与死亡日期仍有争议。参见CL, 1407-19。

53 可能这个故事最著名的叙述是记载于《世说新语》中的；参见SSHY, 190-91，并参照《晋书》49.1374。有些论述称嵇康弹奏的是另一首曲子，参见CL, 1409-10；以及Holzman, *La vie et la pensée de Hi K'ang*, 49-51。虽然有人坚称《广陵散》成曲于嵇康之前，但我没有找到这个说法的证据。《汉语大词典》3.1266 "广陵散"条引用了《晋书·嵇康传》，从琴曲与嵇康渊源角度对其定义；其中引用的其他资料来源表示，这首琴曲最著名之处在于它一直秘不授人，因此它的美妙闻名于世，但却永远不为人知（这就是秘术的活力！）——除了偶尔通过梦传授，正如我们将在下文中看到的。嵇康所撰《琴赋》中提到了《广陵散》，并将之列在诸曲之首。参见Knechtges, *Wen xuan* 3：297。

曲子的故事——这个故事记载于5世纪初的《异苑》中，也收录在敦煌写本（斯坦因2072号）中：

> 嵇康，字叔夜，谯国人也，少尝昼寝，梦人身长丈余，自称黄帝伶人，骸骨在公舍东三里林中，为人发露。乞为葬埋，当厚相报。康至其处，果有白骨，胫长三尺，遂收葬之。
>
> 其夜，复梦长人来，授以《广陵散》曲。及觉，抚琴而作，其声正妙，都不遗忘。[54]

于是，这两则轶事一起——关于嵇康如何在梦中获授这首曲子，又如何在没有传授下去的情况下死去——巧妙地将《广陵散》框定在秘传的动力学（dynamic）之中：它源于一个梦，因为依附于一个著名的人物而著名，但又明确地随他进入坟墓。因此，《广陵散》一下子因其琴音绝伦与绝世不可知而闻名。然而，关于《广陵散》的知识总是很容易就通过之后的梦和幻觉泄露回清醒时的世界：在另一则轶事中，我们发现已经变成鬼魂的嵇康出现了，

---

[54]《异苑》7/14；译文据Campany, *A Garden of Marvels*, 94修改。关于引自《异苑》的敦煌写本S2072中这个故事的注释本，参见郑炳林：《敦煌写本解梦书校录研究》，第308页。关于国际敦煌项目提供的该写本的数字版本，参见http://idp.bl.uk/database/oo_scroll_h.a4d? uid=2093002176;recnum=2071;index=3 [2020年3月3日访问]。在另一个故事中，一个鬼魂把这首曲子传授给嵇康，而这个鬼魂是被嵇康美妙的古琴声吸引过来的。这个自称古人而身份不明的鬼魂不是在梦中出现的，而是在嵇康清醒时到访。在听完嵇康的演奏后，他赞赏地拿起嵇康的古琴，并弹奏了几首陌生的曲子，包括《广陵散》。鬼魂把这些曲子教给嵇康，条件是他决不能传授给他人。参见《晋书》49.1374中的嵇康传；以及《灵鬼志》第8条（《古小说钩沉》，第198—199页），在《太平广记》卷三百一十七和《太平御览》卷五百七十九中也有记载。这个故事译于CCT, 123-24。

并把《广陵散》传授给了一名善弹琴的人。[55]

通过梦，整部经书可以被以新的方式引入世界。其中一个例子是《高王观世音经》，其文本在吐鲁番和敦煌发现的写本中有载，也收录在《大正新修大藏经》的"疑似部"。[56] 关于这部经文的来源，有许多版本流传于世。有的版本把做梦者的名字定为孙敬德，其他版本则略去了做梦者的名字，但所有版本的基本叙事是一致的：一名观世音菩萨的信徒（有些版本说，他曾造过观世音菩萨的像）被指控并被监禁。在将被处死的前一天晚上，他忏悔并发愿，然后梦到[57]一个僧人现身，教诵给他《观世音救生经》，让他念诵经文一千遍。醒来后，他回忆并开始念诵经文。在刽子手挥刀行刑的前一刻，他刚好诵满一千遍。刽子手用三把刀分别砍了三次，刀都断成了碎片。他因此而获释。回到家后，他查看

---

55 《幽冥录》第222条（《古小说钩沉》，第302—303页；辑自《太平广记》324/4）；译于Zhang Zhenjun, *Hidden and Visible Realms*, 165-166。

56 T85: 1425b-1426a。敦煌写本的版本在Pelliot 3920之中。现存的所有版本，经文都相当简短，包括诸佛和菩萨的名字清单，承诺诵读经文千遍重罪皆消灭，以及赞颂观世音的韵文。参见Makita, *Rikuchō kōitsu Kanzeon ōkenki no kenkyū*, 159-78; Makita, *Gikyō kenkyū*, 272-89（其中有一个吐鲁番写本版本的抄本）；以及Campany, "Buddhist Revelation and Taoist Translation," 10-13。

57 大多数版本都直截了当地说他在梦中被传授此经，其他版本说这是一个"如梦"或"依稀如梦"的突然经历。前者包括《法苑珠林》17（53: 411b-c）、《续高僧传》29（50: 692c-693a）、《释迦方志》3（51: 972b）、《开元释教录》10（55: 581b）、《辩正论》52: 537b-c、《魏书》84.1860、《北史》30.1099，以及《太平广记》111/14（其中认为故事出自《冥祥记》，可能是错误的）。后者包括《法苑珠林》卷十三（53: 389c）、《集神州三宝感通录》2（52: 427a-b）、《大唐内典录》10（55: 339a-b）。据我所知，《北山录》7（52: 619c）是唯一一个将与僧人的相遇表达为既不是梦也不是"如梦"的故事版本；在其中，神秘的僧人只是出现，传授经文，然后就消失了。

观世音像，发现其项上有三处刀痕。他将梦中所学的经文写下并广布于世，这个故事就此结束——而我们可以补充说，正因为这部经文传布广远，才能流传至今。一些寺院的佛经编目者承认这部经是真的，而其他人则认为是伪经，原因倒不是因为它最初本质上是从梦中传播的，而是因为它被直接传入中国，而非首先经过印度。[58] 声称道教经文、方法和其他秘传知识起源于梦，则更为常见。[59]

人们可以列出一份长长的关于梦的其他可供性的清单，但为简洁起见，我将只讲五点。

可以传递至关重要的信息。在弘扬佛教和道教的轶事汇编中都证实有一种故事类型：某人正在建造一样富有宗教价值的东西（造像或庙观），但是缺少一种必要的颜料或建筑材料；一个人物在梦中到访，告诉他在哪里可以找到所缺的材料。[60]

可以维系与远方朋友的关系，即便朋友是非人类的存在者（nonhuman person）。在官员王琰与他儿时见授并供养的观世音像因为各处异地和社会动乱而分离的时期，王琰正是通过两次重要的梦来维系着与观世音像的联系。[61] 王琰曾将观世音像寄放在一座

---

58 参见Campany, "Buddhist Revelation and Taoist Translation," 12-13。
59 仅举一例，杜光庭在其汇编的弘扬道教神迹故事中提到这样一个例子：一个虔诚的女孩经常在玄元像前焚香点灯，梦见老君带着侍从前来，并"口授"给她《九天生神经》一章。参见《道教灵验记》10.3a-6b以及《云笈七签》119.15a-b（这只是一个简要的摘录）。
60 佛教的例子，参见Campany, Signs from the Unseen Realm, 162-63, 240-41。道教的例子，参见《云笈七签》117.14a-b。
61 参见Campany, Signs from the Unseen Realm, 63-67。

寺庙里，以便在他家翻修期间将其置于一个安全的、仪轨纯净的地方，而观世音像通过其中一个梦从平时存放的场所转移了，出现在他面前。因此，观世音像作为一个有目的的、活生生的自我，使用了一种指示符号来表达其紧急的处境。王琰便赶紧来到寺院，迎还观世音像。当晚，寺院里的另外几座金像被盗走了。这意味着，观世音像和/或其包含的强大而慈悲的存在者，准确地预知了盗贼的计划，并通过梦到访王琰，提出警示。

可以在夜里游走遥远的距离。尼姑慧木多次在梦中到访弥陀净土，有一次她差点爬上一朵芙蓉花，并在那里化生。后文表示，只是由于被到访者唤醒（这些人不是来自波罗克［Porlock］），[62] 她在那里的到访才戛然而止。[63]

可以治愈棘手的疾病。在梦中，积久难治的疾病的根本原因或疾病在体内的位置可能会被揭示。外科手术甚至可能在梦中进行！我们在第二章看到了一个例子，即王琰在《冥祥记》中收录的竺法义的故事。[64]

人们可以共享梦。考虑到到访范式所依据的对梦的理解，两

---

[62] 柯勒律治为他的诗歌《忽必烈汗》所作的著名序言中，坚称这首诗是在如梦一般的幻想中创作的（他用第三人称写自己）："醒来时，他对全诗尚有完整而清晰的回忆，于是取出笔、墨和纸，立即奋笔疾书，写下这些诗行。此刻，他不幸被一个从波罗克来出差的人叫了出去，耽搁了一个多小时。回到自己书房后，他十分惊异而沮丧地发现，尽管他仍然模糊地记得幻景的大致内容，却仅仅写下八到十行凌乱的残诗和意象，其余的就像一石击落溪流之后散乱消失的水面意象，再也无法还原了。但，唉！就这样留下残片吧！"

[63] 参见 Campany, *Signs from the Unseen Realm*, 212–14.

[64] 根据《法苑珠林》95.988b。这个故事在 Campany, *Signs from the Unseen Realm*, 132–33 中有进一步的讨论，并列出了一些同源的版本。

个人或更多人在同一个晚上做同样的梦是很有可能的。在"现代的"或赫拉克利特式的（Heraclitean）将梦视为私人精神事件的观点下，这样的案例根据定义似乎是不可能的，也是不可解释的。但是，如果将梦想象为世界中的真实事件——不过是一个存在者通过梦的媒介到访另一个存在者——那么，"同梦"的案例就变得很容易想象，即使不寻常。有很多份据说发生过这种情况的案例记录。[65]

最初的梦的经验的独特性与特定性（它发生于某一个人身上，某一种情况之下）与随后梦所揭示的事物，以及这些事物如何被揭示的故事之广泛传播和长期留存之间，存在着鲜明的对比。虽然我们再也听不到《广陵散》，但是我们有关于如何失去它的故事，所以"广陵散"总能让人想起已成绝响的事物。我们有一整套佛经，依旧收录在现代版本的中文大藏经中。文本刊行、寺院崇奉、人与事物的声誉形成及关于它们如何发生的故事，在几十个世纪之后和世界各地仍不断被阅读与讨论。这就是某些梦与梦的叙述的力量。

---

[65] 有几个例子：《晋书》29.907，88.2285；《宋书》34.1005（一个很好的例子），79.2037；《南齐书》3.43，45.791（一个城市中的所有人都做了同样的梦）；《搜神记》10/11；这个故事（出自一部不详的中古早期汇编）译于 Campany，*A Garden of Marvels*，129-30。略有不同的是，一位研究者称之为"双人心灵感应梦"（telepathic *rêve à deux*）的现象，"当两个或多个互不相识的人在看似各自独立的梦中产生一种心理关系时，这种关系似乎跨越了传统认知上时间、空间与普通感官知觉的障碍"（Eisenbud，"Dreams of Two Patients，" 262）。

面对面

最重要的是，梦提供了一扇门户，使做梦者得以跨越本体论、生物分类、空间及语言的鸿沟，而与他者面对面地相遇。梦提供了关系。再思考一下蚁王的故事。蚁王显然不是一下子就被人类的主角识别为一个有目的的自我，因为中国人就是这样看待被称为"蚂蚁"的这一类存在者的。在许多情况下，一只蚂蚁或许完全不会引人注意。在其他情况下，蚂蚁可能会被视为一个物体、一件工具或一种令人生厌的东西。（实际上，有些故事版本提道："船中人骂：'此是毒蜇物，不可长，我当踏杀之。'昭意甚怜此蚁，因以绳系芦着船。船至岸，蚁得出。"）[66]在这个例子中，蚂蚁被视为一个有目的的自我，这是在这两个存在者在江上特定情况下的互动中显露出来的。蚂蚁在漂浮的短芦上来回窜动；人类注意到这一不寻常的行为，评估了一下情况，推断出了蚂蚁的目的，并提供了帮助。正是这种人类的注意和行为与焦虑的蚂蚁的目的性行为的结合，造成了一种关系，而这一关系在梦的交流门户的帮助下，持续了若干年。[67]

在这一特殊情况下，一个自我的行为引起了另一个自我的注意与回应。董昭之与蚂蚁之间的关系，是一系列不能简化的互动。

---

[66] 这些对话出自广为流传的《搜神记》20/8保存的版本；《艺文类聚》97.1689引称出自《齐谐记》。

[67] 参照Bird-David, "'Animism' Revisited," 75。

在这些互动中，面对面的相遇是关键。而正是在梦中，这些相遇表现出了最完整的形式。这些特点并不是蚁王故事所独有的，我想探讨它们的含义。

A. 欧文·哈洛韦尔（A. Irving Hallowell）在他的经典论文《奥吉布瓦人的本体论、行为与世界观》中写道：

> 由于从语法上讲，石头是有生命的，我曾经问一位老人：我们在这里看到的所有石头都是活着的吗？他思忖良久，然后回答道："不！但有些是。"这个有所保留的回答令我印象深刻。它与其他信息完全一致，表明奥吉布瓦人并非万物有灵论者，不会武断地将活的灵魂归于石头等无生命对象。这个假设不言而喻……即把石头划分至一个有生命的语法范畴……不涉及有意识地制定关于石头本质的理论。它敞开了一扇我们在教条主义立场上紧紧关闭的门。虽然我们永远不该期望石头在任何情况下都表现出有生命的特性，但奥吉布瓦人先验地（a priori）认识到，在某些情况下，某些种类的物体可能会有生命。一般而言，奥吉布瓦人并不比我们更认为石头会有生命。关键的检验标准是经验。是否有任何个人证词呢？[68]

哈洛韦尔又继续叙述了几则轶事，其中，阿尼什纳比人

---

68 Hallowell, "Ojibwa Ontology, Behavior, and World View," 54-55. 关于对哈洛韦尔的论文及其目的的敏锐分析与评价，参见 Strong, "A. Irving Hallowell and the Ontological Turn."

（Anishinaabe people）[69]看到过石头移动，或者遇到了有像眼睛和嘴巴的石头，或者见过石头张开嘴巴好像在说话或吐出物体。所以，阿尼什纳比人并不是将非人类生物或一般自然物体"拟人化"。这意味着有两件事不是这样的：在某种情况下，阿尼什纳比人先将它们视为无生命的物质事物，然后才开始将它们"拟人化"，而且阿尼什纳比人如何看待它们，完全取决于它们在一般种类中的成员身份。相反，它是关于特定情况下的相遇，以及随后在社会上流传的关于此类经验的证词——故事——的问题。同样地，关于南印度的狩猎者—采集者那邪迦人（Nayaka people），尼里·伯德-戴维写道：

> 我认为那邪迦人专注于事件。他们的注意力被教导要专注于事件。他们留心与他们自身变化相关的世界中事物的变化。当在森林中移动和行动时，他们会根据相对不变性，在自身与其他事物之间相互关系的变化中，获取相对变化的信息。当他们以相对变化的自我识别出某个相对变化的事物时——而且更重要的是，当它以某种相对不寻常的方式发生时——他们便将这种特定情况下的这个特定事物视为 devaru［即"超人"］。[70]这……来自那邪迦讲述的故事。[71]

---

69 换成了现今加拿大与美国北部这些原住民使用的本名。
70 然而，不是超自然的（supernatural）人。参见 Bird-David, "'Animism' Revisited," 71; 以及 Astor-Aguilera, "Maya-Mesoamerican Polyontologies," 143。对照 Lohmann, "The Supernatural Is Everywhere"。
71 Bird-David, "'Animism' Revisited," 74.

记住这些要点,现在来探讨一则关于人类与石头的中国轶事。在曹丕(187—226)所撰《列异传》收集的故事中,我们发现:

> 豫宁女子戴氏久病,出见小石曰:"尔有神,能差我疾者,当事汝。"夜梦人告之:"吾将祐汝。"后渐差。遂为立祠,名"石侯祠"。[72]

149   我们没有被告知这名女子为何"见"到这块特别的石头,只知道她见到了。"出"字给我们一种沉重的感觉,或许暗示戴氏长期因病闭门不出,正是在这次罕有的短途出行中,这块石头引起了她的注意。无论如何,这里再一次表明,这名女子似乎并没有被描述为根据一种普遍的文化信仰——即石头是可以治疗疾病的活生生的存在者——而行事。(我认为)这个故事也不是想要主张,任何物体,如果以这种方式接近,都会像这块石头那样作出回应。相反,这块特别的石头吸引了她的目光,她的反应是将注意力与意图集中在它上面,承诺如果它拥有神力且能治愈她的话,将按仪式供奉它。这种识别与承诺打开了一扇关系的门户,彼此依次回应。她与石头交谈,而这

"与……交谈",代表着关注事物在相关状态下行为与反应的变与不变,也代表着随着与这些事物接触时间的推移而了解

---

[72]《列异传》第39条(《古小说钩沉》,第144页;《太平御览》51.6a–b)。

它们发生的变化。"与［石头］交谈"……是在一个人对它采取行动时感知它所做的事情，同时意识到自己和［石头］的变化。它期待反应与回应，发展成为相互回应，并且……可能发展为相互负责。[73]

在女子的梦中，石头以人的形态出现，表明要在这段新形成的关系中发挥作用的意图。同样，梦是交流的关键门户，赋予非人类的自我以人类的形态出现并说人类语言的能力。女子的康复被认为是这个意图已经实现的证据，她则通过建立祠堂来履行承诺。祠堂得到命名，表明它开始引起其他人注意，也常有人出入其中，在当地获得了声誉。显然，这块石头从未确认（或否认）自己拥有神力。我们不禁要问，到底是不是双方之间的互动使石头的神性得以显现。换言之，我们不是将石头的神力看作是独立于女子对它的反应之外而已然存在的，也不是将之视为女子将力量完全投射到一个"哑物"（dumb object）[74]上的结果，而是我们被邀请将这里的"神性"看作是双方关系的一种类型或一个方面，正是通过他们的互动而不是其他方式共同激活和维系的。[75]

这则轶事流传至今的另一个版本，出自干宝的《搜神记》。我用斜体标明它与《列异传》版本存在重要差异的细节：

---

73 Bird-David,"'Animism' Revisited," 77；我用"石头"替代了她所写的"树"。
74 Sahlins, *How "Natives" Think*, 153.
75 这一时期流传的故事中，有几则留存至今，可被解读为确切表明了这一点。参见Campany,"'Religious'as a Category," 363–66。

239

豫章有戴氏女，久病不差。[有一次]见一小石形像偶人。女谓曰："尔有人形。岂神？能差我宿疾者，吾将重汝。"其夜，梦有人告之："吾将祐汝。"自后疾渐差。遂为立祠山下。戴氏为巫，故名戴侯祠。[76]

这个版本补充了女子注意到这块特别的石头的原因：因为它有着不同寻常的类似于人的外形，而女子将它的外形看作是其潜力的暗示，所以引起了她的注意。(在西方关于"宗教"这一现象最初可能是如何产生的思想实验中，这种关于异常物体的主题[motif of the striking object]是一个重要的内容。)[77]石头在女子的梦中所呈现的人形，只是在她清醒时的经验中所呈现给她的形象的延伸。女子的家人继续充当附属于祠堂的灵媒——也就是说，作为字面意义上的代言人，神（或者更准确地说，被戴氏家族和其他当地人看作是英文中"god"那样的存在者）通过他们向人类受众说话。无论是通过梦的门户，还是灵媒的身体，这块石头都有话要说，以回应（而且仅仅回应）人类虔诚的誓言与行为。

《太平寰宇记》又将这则轶事的一个略微不同的版本称是出自《搜神记》。一位久病的戴氏女子冒险外出"觅药"（大概是野外的草药），这时她"见一石立似人形"，"礼之"，然后对石头说了与前述版本相似的话。因此，在这个版本中，这块石头之所以引起女子注意，是因为它有异乎寻常的类似于人的形状及直立的姿态。

---

[76]《搜神记》4/20；《新辑搜神记》，第109—110页；《太平广记》294/15。
[77] 参见Campany，"'Religious' as a Category，" 346-49。

而同上所述，女子的回应是将之视为一个同类的自我，不过，这里还另外提到了"礼"——一种文化模式的回应，石头也按照这种模式作出了回应，双方都落入一种形式之中。[78]

最后，这则故事的另一个版本与《列异传》的版本接近——但增加了后话。石侯祠建成以后，文本继续写道：

> 后人取石投火，咸曰："此神石，不宜犯之。"取者曰："此石何神？"乃投井中，[说]"神当出井中"。明晨视之，出井，取者发疾死。[79]

这个版本的制作者不想简单地保留一个开放性的结局。通过设置一个测试并让石头—人通过测试，他们补充了对石头神性的叙事验证。这个版本也让我们确定无疑地瞥见参与使祠堂崇拜复苏的评价群体（community of estimation）。祠堂已经成为许多人与石头及彼此建立关系的场所——相互回应，可能还相互负责。

梦如果能够让人与石头进行面对面的互动，那么它们也能够让人与各种其他自我进行互动。其中之一是死去的人。在一个常见的故事类型中，一个活着的人在旅行途中或刚搬至新家时，梦见一个死去的人就被埋在附近；这个人解释说他或她的坟墓被损毁了，尸骨暴露在野外或淹没在水中，因此向做梦者求助。一个例子：

---

[78]《太平寰宇记》106.8b。
[79]《北堂书钞》160.17a-b。它将这个文本归于《列仙传》，显然是《列异传》之误（如李剑国辑校《新辑搜神记》6.109）。

　　　　商仲堪[80]在丹徒，梦一人曰："君有济物之心。岂能移我在高燥处，则恩及枯骨矣。"明日，果有一棺逐水流下。仲堪取而葬之于高冈，酹以酒食。其夕，梦见其人来拜谢。[81]

152　　出现在梦中的存在者是一个人，而非他自谦所指的枯骨。虽然他的身体已腐朽，但梦让他再次获得了人形。最初触发互动的原因似乎是简单的物理距离的接近：活着的人刚好住在死者棺材即将被河水冲过之处。死者急切担忧的是，他的遗体不仅被水浸湿，而且还四处飘荡，没有入土。对于在这种关系中活着的一方来说，这种与死者的接触通常会被认为是极其不祥、危险、礼仪性亵渎（ritually impure）的，因而是令人恐惧的。但梦提供了一条无害的接触方式，将这种互动框定在一种安全的文化形式中。除物理距离的接近之外，正是死者从他的棺材漂流所经之地附近的所有人中，识别出商仲堪是特别仁慈良善之人，这使得紧急求助关系成为可能。这种识别与戴氏女子最初注意到石头类似——不过，在这里，不是活着的人类，而是非人类的角色在注意。在死者看来，商仲堪以其善良从当地人群像（the local human scape）中脱颖而出。戴氏女子所求的是治疗她的疾病；死者所求的是遗体不再被损坏与安葬。醒来后，商仲堪从他可用的文化模式处理方式中，采用了一种方式来回应。（比如说，他本可召请某个灵媒来驱逐鬼

---

80 "商仲堪"很可能是"殷仲堪"之误，他是东晋名士，参见 Zürcher, *Buddhist Conquest of China*, 213 [许理和:《佛教征服中国》]。
81 《异苑》7/28。后文继续记载了这个故事的另一版本，与此处所论无关。参见 Campany, *A Garden of Marvels*, 97–98。

魂。)死者在第二个梦中回来表达感谢，完成了这一模式。

　　这种模式在许多叙事中反复出现，表明它是一种关键的文化场景。一个特别迷人的例子（出自许多可以举出的其他例子）是文颖在旅行途中，在梦中见一人前来下跪。同样，最初触发联系的也是接近：死者的棺材溺于水下，距文颖止宿的地方仅有十几步之遥。这个人出现在文颖梦中，请求将他迁移到地势高的干燥之处，又掀开自己的外衣，让文颖看到他的衣服都湿透了。醒来后，文颖向他的同伴讲述了这个梦，但他们认为梦是"虚"的，不足为怪。文颖便回去睡觉，死者再次现身梦中求助，这次他提到了自己棺材的准确位置。醒来后，文颖的同伴认为值得去看一下，以"验"证梦中所言。他们在死者所说的地方找到了棺材，棺材已经朽坏，一半还浸没水中。文颖论说："向闻于人，谓之虚矣。世俗所传，不可无验。"他们便把棺材移走并重新安葬。[82]

接触的危险

　　有许多轶事与我们刚刚看到的相似，但触发一种梦使之成可能的关系之接近，是一种越界。主角有意或无意地跨越了一个边界，

---

[82]《搜神记》16/8；译于 DeWoskin and Crump, *In Search of the Supernatural*, 187；《太平广记》317/4；《法苑珠林》卷三十二（53：536a-b）。关于这一故事情节的进一步讨论与其他例子，参见 Campany, *Strange Writing*, 377-84；以及 Campany, "Ghosts Matter," 26-28。

然后——通常是在当天晚上——被另一方在梦中到访，后者是来发出警告或施以惩罚的。

这里是《异苑》中收集的一个故事：

> 晋温峤至牛渚矶，闻水底有音乐之声。水深不可测，传言下多怪物，乃燃犀角而照之。须臾，见水族覆火，奇形异状，或乘马车，着赤衣帻。
>
> 其夜，梦人谓曰："与君幽明道隔，何意相照耶？"峤甚恶之，未几卒。[83]

决定因素很熟悉：一个人类的主角接近，触发一段关系的开始。在这样的故事中，通常是活着的人类不知不觉地接近某地，但在这里，温峤由于听说水下"多怪物"，又听到水底有些微音乐声，便刻意向水下深处凝视，想看看能见到什么。作为回应，一个"奇形异状"的非人类自我以人的形态出现在梦中，用人类的语言向做梦者讲话。一系列的互动继而发生——在这里，互动是恶意的，做梦者因其以火光照穿"幽明道隔"而遭到责怪之后，醒来时"意甚恶之"，不久即死去。梦与他的死亡之间隐含着一种联系，我们不禁想知道，这是不是我们称之为梦的身心失调影响的另一种情况。

---

[83]《异苑》7/19。参照："合肥口有一大白船，覆在水中，云是曹公白船。尝有渔人夜宿，以船系之，闻筝笛弦节之音，渔人梦人驱遣，云：'勿近官妓。'"《艺文类聚》44.794（引自《续搜神记》）；《太平广记》322/7（引自《广古今五行记》）；《太平御览》399.9a（包括《古小说钩沉》第204页中，引自《灵鬼志》——这个版本补充说："此人惊觉，即移船去。"）；《搜神后记》6/3；《新辑搜神后记》9.569；以及 Campany, *Strange Writing*, 370。

最终收入《晋书·温峤传》中的这个故事的版本，告诉我们，温峤先前有齿疾，如今拔掉了，因此而"中风"，这种病原体在医学文本中通常和我们所说的疯癫（madness）联系在一起。温峤在一周内就去世了，终年42岁。[84]

有时候，违规更加明目张胆。下面举两个例子，其中之一涉及一位著名抒情诗人的父亲：

> 青溪小姑庙，云是蒋侯［神］第三妹。[85] 庙中有大毂扶疏，鸟尝产育其上。
>
> 晋太元中（376—396），陈郡谢庆执弹乘马，缴杀数头，即觉体中慄然。至夜，梦一女子，衣裳楚楚，怒云："此鸟是我所养。何故见侵？"经日，谢卒。
>
> 庆名奂，灵运父也。[86]

---

84 《晋书》67.1795，为《太平御览》(71.4b-5a, 885.2a-b, 890.2a) 三次征引。这些文本中的一个，可能是以另一个文本为基础——《晋书》中的这段话很可能是以《异苑》的故事为基础（历史学家有时将志怪小说作为资料来源，反之亦然）。《太平广记》294/2简要记录了这个故事，题"出志怪"，422/3与此类似，题"出传奇"。这个故事似乎是一个常见的例子，说明了随意探测可见世界和通常不可见的世界之间边界的风险。关于温峤，参见SSHY, 599-600；以及CL, 1309-12。关于作为一种病原体的"风"，参见Chen Hsiu-fen, "Wind Malady as Madness in Medieval China"。

85 蒋侯是东南地区的一位重要的土地神，在很多文本段落中都有提及。参见Lin Fu-shih, "The Cult of Jiang Ziwen in Medieval China"；以及Miyakawa Hisayuki, "Local Cults around Mount Lu"。

86 《异苑》5/10，也收录于《太平广记》295/6和《太平御览》350.2a。谢灵运（385—433）是一名抒情诗人，他是南方士族中著名的北方移民家族的后代。参见Owen, ed., *Cambridge History of Chinese Literature*, 1: 234-38 [[美] 孙康宜、[美] 宇文所安主编，刘倩等译:《剑桥中国文学史》第一卷]；以及CL, 1599-1623。

> 南康营民[87]伍考之伐船材，忽见大社树上有一猴怀孕。考之便登木逐猴，腾赴如飞。树既孤迥，下又有人，猴知不脱，因以左手抱树枝，右手抚腹。考之禽得，遥摆地杀之，割其腹，有一子，形状垂产。
>
> 是夜，梦见一人称神，以杀猴责让之。后考之病经旬，初如狂，因渐化为虎，毛爪悉生，音声亦变，遂逸走入山，永失踪迹。[88]

155　这只母猴似乎已经发出了指示性的信号，表明自己有孕在身。在这些及许多类似的轶事中，不仅犯规者因窃取寺庙的资源而遭到惩罚，而且那些"资源"本身就是活着的存在者——有目的的自我——就像他们的主人一样，由于梦的可供性，他们的主人面对面地出现，直接同作恶者对话。

他者的视角

当然，是人类讲述、书写、汇编与保存了这些叙事。这些故事是从人的视角讲述的。但是，对梦中出现在人类面前的各种非人类的自我，人类是否向他们表达了任何关于世界是什么样的感

---

87 "营民"或"营户"不是指野营度假的人，而是指被剥夺财产的家族或个人，通常是难民，他们被拘制在被俘的地方工作。这是一种仅略高于奴隶的身份。参见《汉语大词典》7.266a，267a。

88 出自祖冲之（429—500）汇编的《述异记》。《古小说钩沉》，第192页；《太平御览》910.4a。参照《太平广记》131/17的不同版本。

觉？如果他者是有目的的自我和主体，那么这些故事有什么办法，让我们瞥见成为他们的样子？或者这些故事至少让我们瞥见了人类想象中成为他们的样子？

探讨一下这个出自陶潜（365—427）所撰《搜神后记》中的故事：

> 吴郡顾旃，猎至一岗，忽闻人语声云："咄咄！今年衰。"乃与众寻觅。岗顶有一阱，是古时冢，见一老狐蹲冢中。前有一卷簿书，老狐对书屈指，有所计校。放犬咋杀之。
>
> 取视，口中无复齿，头毛皆白。簿书悉是奸爱人女名。已经奸者，朱钩头。所疏名有百数，旃女正在簿次。[89]

这个故事让我们瞥见一只灵狐——如果不是普通狐狸的话——的周围世界。这只灵狐是有目的的自我。（这就是我很难在这里使用非人称代词的原因。）他的目的明确无疑地展现在他的言语、行为与置于兽穴里的簿书上。他居住在活着的人类社群的边缘，在一座古墓里。他已获得了人类言语的能力（猎人听到"人语声云……"）与书面记录的能力（他们看到他在"一卷簿书"中计算条目）。故事暗示（根据当时其他关于狐狸的传说），这只狐狸的高龄有部分原因是他屡次对人类成功的性征服。在这种情况下，跨物种互动的发生不再需要梦，因为在清醒时的生活中，这只灵狐已经向人类的特征变化得足够多，以至于他可以说话、写字，而

---

[89]《新辑搜神后记》，第535—356页。《太平御览》909.7b引称出自《续搜神记》。

且——故事暗示——他可以随意变化为迷人的人类形态去诱奸受害者。

我不认为像这样的故事已完全捕捉到了灵狐应该如何看待这个世界,或者如此看待这个世界的目的是什么。它并不是从灵狐的视角讲述的。然而,我认为这个故事和很多类似的故事都预设了这样的一种观点,即这种生物是具有特定目的的特定种类的自我。正是那些目的使人类与灵狐频繁地接触——不仅是接触,而且是关系。灵狐在生活上有一个目标,一个对我们来说可以理解的周围世界,即便它同时对我们来说也是邪恶、略具威胁性以及充满阴谋的周围世界。男性对女性性行为(以及其他男性也一样)的担忧,必定会影响这种故事在其间流传的世界,但这并不是这些故事让我们瞥见的全部。[90]

这种与灵狐的相遇,让人可能瞥见这种生物在其生活世界中的活动,因为猎人接近了灵狐的巢穴,并在野外无意中听到了他的言语。但是做梦提供了一扇更完全的门户,人类可以通过它从一种其他种类自我的具身视角来体验世界。《庄子》中的蝴蝶故事可能是现存最早,肯定也是最有名的这类故事之一,我将在结语中讨论。但与《庄子》的故事不同,段成式(803—863)汇编的《酉阳杂俎》中的以下这则轶事,曾被段成式坚定地宣称真实发生过。

---

[90] 关于狐的大量传说,参见 Chan, *Discourse on Foxes and Ghosts*; Huntington, *Alien Kind*; Huntington, "Foxes and Sex in Late Imperial Chinese Narrative"; Kang, *Cult of the Fox*〔[美]康笑菲著,姚政志译:《说狐》〕; Kang, "The Fox [*hu* 狐] and the Barbarian [*hu* 胡]"; Heine, "Putting the 'Fox' Back in the 'Wild Fox Kōan'";以及李寿菊:《狐仙信仰与狐狸精故事》。

第五章　到访

> 越州有卢冉者，时举秀才，家贫，未及入京，因之顾头堰，堰在山阴县顾头村，与表兄韩确同居，自幼嗜鲙，在堰尝凭吏求鱼。韩方寐，梦身为鱼，在潭有相忘之乐。[91] 见二渔人，乘艇张网，不觉入网中，被掷桶中，覆之以苇。复睹所凭吏，就潭商价，吏即揭鳃贯绠，楚痛殆不可忍。及至舍，历认妻子奴仆。有顷，置砧斫之，苦若脱肤。首落方觉，神痴良久。[92] 卢惊问之，具述所梦。遽呼吏，访所市鱼处，泊渔子形状，与梦不差。韩后入释，住祇园寺。

段成式给这个条目添加了一段说明，让人得以瞥见这种轶事在被写入我们现在通常能看到的书面汇编之前所经历的人际网络："成式书吏沈郛家在越州，与堰相近，目睹其事。"[93]

这个故事可以说是到访范式的一个极端案例：做梦者在做梦的过程中不是被一个非人类的自我到访，而是成了一个非人类的自我。（然而请注意，当他变成一条鱼的时候，他仍然认出了他人类家庭中的小吏。这种变化并不十分彻底，仍有人类的残余。）这场经历在清醒时的世界中留下了深刻的痕迹，促使做梦者放弃了他的家庭生活并宣誓出家。的确，"拥有其他存在者的视角是一件危险的

91　这里可以发现《庄子》蝴蝶梦的回响，庄子描述自己在梦中"自喻适志与，不知周也"。

92　蝴蝶梦寓言的另一个互文性的回响。庄子醒来后，一时搞不清自己是庄子而梦见自己是一只蝴蝶，还是他现在是一只蝴蝶而梦见自己是庄子。但是《庄子》的这段话，就像这个故事一样，都没有就此停止。

93　这个故事也收录于《太平广记》282/8，但不包括段成式关于其来源的结语。我的概述借鉴了 Reed, *A Tang Miscellany*, 136 中的翻译。这个故事中所记的日期是837年。

事情"。[94]

不是一个或两个，而是许多个以通道连接的世界

在《荀子》（公元前3世纪）[95]中，我们发现有一个著名的段落，描述了生命的等级，而人类位于顶端。

水火有气而无生，草木有生而无知，禽兽有知而无义，人有气、有生、有知，亦且有义，故最为天下贵也。[96]

人们想要作出回应：价值被谁评估？森舸澜（Slingerland）在总结评论这段话及类似段落时写道："仔细思索先秦的中国文本，会形成一个印象，即以'心'［mind或heart］为中心的意识及思考、选择的能力，是使人成为人，而非动物或无生命物体的原因。"[97] 然而，请注意，根据这些观点，在那些表现出动物和昆虫拥有意识、记忆、思考和选择的能力及公平或互惠意识的故事中，动物和昆虫是人——只不过不是人类的人。与《荀子》和类似文本中所设想的相比，这些轶事可以被解读为是对于一种更广阔自

---

94 Kohn, "How Dogs Dream," 7.
95 此书是刘向（前77—前6）集录早期篇章而成；具体何时，很难确定。参见 Hutton, *Xunzi*, xviii-xix；以及ECT, 178。
96 《荀子集解》，第164页。我修改了Hutton, *Xunzi*, 76和Slingerland, *Mind and Body*, 112的译文。
97 Slingerland, *Mind and Body*, 111.

第五章 到访

我生态的论证与反映，以及在这种生态中更为相关的认知方式。

我认为，如果我们对史料采取一种更宽泛的观点（换句话说，如果我们把对史料的了解扩大到通常被认为是"哲学的"文本的小圈子之外），那么这种更广阔的自我生态，以及作为其核心的关系认识论，在中国至少与《荀子》这个段落所反映的人类中心主义观点一样普遍存在并有着持久深远的影响，同时在中国和关于中国的许多论述中占有优先地位。这里并不打算对这种宏观论点作进一步讨论。但我想强调的是，这种生态学和认识论并不只是方便的叙事手段。它们不仅仅是一种强加于与之格格不入的、文本之外的生命与思想世界中的文学形式。相反，这许多故事中的每一个都源自生活经验。每一个故事都经过无数人的传播、复述、书写、改写、汇编和重编，他们中的每一个人都对事件在某一点上的具体化叙述有着某种兴趣。每一个故事都是合作的、集体的产物，告诉我们一种看待世界的方式，这种方式被许多人想象得尽可能有趣。所以，我并不宣称任何给定的轶事都准确地记载了所发生的事件，而是它为我们保存了一些人认为已经发生、可能发生及希望他人相信已经发生的事情。简言之，每一则轶事都是一件最直白意义上的集体记忆的人工制品；每一则轶事都是叙事群体的产物，对他们来说，所描述的各种事件及他们所理解的世界观都是熟悉的。[98]正因为它们是集体创造和保存的，所以它们证实了集体认为可能发生的各种事情。也正因为如此，它们被保存在

---

98 关于这些观点的阐释，以及对支持这些观点学术研究的引用，参见Campany, *Making Transcendents*, 8–22；以及Campany, *Signs from the Unseen Realm*, 23–30。

251

史料中：它们赢得了赞同者。

要想清楚地了解到访范式告诉我们的世界观，一个方法是将之与围绕着我们遇到过的其他范式而构建的文本进行比较。例如，在驱魔范式中，某些他者出现在做梦者面前并与之互动——在且仅在这一方面，它与到访范式相似。不过，这个他者仍然是"它"，而不是"你"，更重要的是，它将做梦者视为"它"，当作猎物。梦是由某个仍然是陌生者的存在者进行的一次袭击。它没有带来任何有用的信息，而他者的到访当然也不是为了提供帮助。所要求的回应是，做梦者通过重申指挥权和控制权，祈请更高级别的存在者来帮助驱逐和遏制来自外部的威胁，从而扭转局势。在前瞻范式中，做梦者与可识别的另一方并未体验面对面的相遇，至少不是表面上看起来的那样。相反，做梦者接收到的"象"被理解为是密码。梦没有任何个人的东西。做梦者与其说是某种新形成关系的一方，不如说是一片宇宙在其上铭刻信号的龟甲。在前瞻范式中，做梦者看到的是象骨。在到访范式中，做梦者看到的是活着的大象——或一只蚂蚁——并以某种方式与之互动，形成某种围绕着梦的交流情节而展开的关系。在前瞻范式中，梦在元层面上对关于世界中可能发生事件的陈述进行加密；在到访范式中，梦本身就是世界中的事件，做梦者被另一个自我到访，或到访另一个自我，即便那个自我最初是另一物种的陌生者。

这就是为什么到访范式的梦的语言是生动的，传达了梦对做梦者情绪、有时是身体上的影响。做梦者经历了一个多种感知性的、有时是启示性的事件。叙事所传达的不仅仅是一些内容——比如说，在梦中所显示的内容——还有梦的言外之力（illocutionary force)。而梦是双方关系的媒介。它不是占卜性的象征,而是现实展开的一方。做梦者看到和听到某个说话者,即便最初不认识他,也会立刻将叙述的事件置于相对直接的到访领域,而不是模糊、抽象的"象"的领域之内。

在《人性的、太人性的》（1878）一书中,尼采（Friedrich Nietzsche）写下了一段著名的格言,多少让人想起泰勒关于"万物有灵论"起源的思想实验（1871）：

> 对梦的误解。——野蛮原始文化时代的人相信,在梦中认识到第二个真实世界：这是所有形而上学的起源。没有梦,人们就不会将世界一分为二。灵魂与肉体的区分也是与最古老的梦观念相联系的,同样,对某个灵魂生命的假设,因而所有对灵魂信仰的起源,以及可能还有对神的信仰,也都是如此。"死者还活着,因为他们在梦中出现在活人面前"：这是人们过去得出的贯穿千年的结论。

尼采将自己置于他所想象的原始人性的对立面,确信世界（Welt）只有一个。对很多中国人来说,并非有两个世界,非清醒时的（non-waking）世界是从梦的体验进行形而上学演绎的产物——对于尼采来说,这是一个错误的演绎。相反,有许多个周围世界,许多个由非人类的存在者（extra-human persons）所体验的世界,他们和我们一样,是有目的的自我。但是,这多个周围世界是由门户连接起来的,允许存在者转化（trans-formation）、言语交流、赠送礼物、传授歌曲、请求帮助及其他许多互动。也许在这些门户中，最重要和最普遍的就是做梦。在梦的公共空间里，人类发现自己与大量作为自我的创造符号、释读符号的同伴通过关系连接在一起。通过这种方式，抛开别的不说，梦是一种关系认识论。

一个零碎的结语：绘制与蝴蝶

自人类诞生以来，曾做过无数个但又被遗忘的梦，每思及此，总令人难以释怀。在一个重要的方面，这本书是关于记忆的。被遗忘的梦不会出现在话语中。只有那些被记住的梦才能被讲述、记录、报告、讨论、解读、理论化，以及付诸行动。我们已经瞥见的，只是一座巨大冰山的一角，而这座冰山的大部分将永远淹没在时间的海洋里。这座冰山不仅包括人类已经遗忘的梦，还包括那些其他种类的活着的存在者未说出的梦。他们和我们一样，都是做梦者。

我们不能忘记那些非做梦者（non-dreamers）——在现存文本附带记载或未记载的做梦者之外的人：那些被告知梦，以及记录与传播梦的人。作为一群见证者、一帮匿名文本的制作者与塑造者的"无形大军"，他们在创造及保存古典晚期和中古时期中国梦的现存史料方面，与做梦者一样，发挥了重要作用。

中国文学中最著名的段落之一，[1] 是一则关于梦的神秘寓言：

---

[1] 它经常被很少引用中国史料的学者所引用。例如，参见 O'Flaherty, *Dreams, Illusion and Other Realities*, 250；以及 Thompson, *Waking, Dreaming, Being*, 198-202。奥弗莱厄蒂并未大胆进行解释，而在我看来，汤普森的解释未能把握故事的要点。

> 昔者庄周梦为胡蝶，栩栩然胡蝶也，自喻适志与，不知周也。俄然觉，则蘧蘧然周也。不知周之梦为胡蝶与，胡蝶之梦为周与。周与胡蝶，则必有分矣！此之谓物化。[2]

当然，这段话有很多种解读方式。我不把它解读为"激进的哲学怀疑论"，例如"庄子不知道自己到底是蝴蝶还是人类"。[3] 相反，我和许多其他解读者一样，把它解读为一个关于"物化"的故事，梦和其他经验一起发生，导致主角怀疑他们先前确定的事。在梦中，我们（通常）不知道自己正在做梦；只有在醒来时我们才意识到这一点。正是如此，在任何时刻，"我们可能'觉醒'到更高的洞察力，而它可能使我们自以为知道的东西失效"。[4] 这是关于物化的一个案例，《庄子》的核心建议之一便是接受物化。[5] 另一个人物在生病时，在与前来安慰他的朋友交谈时，表现出了对物化的接受：

> 父母于子，东西南北，唯命之从。阴阳于人，不翅于父

---

[2] 《庄子集解》，第26—27页。译文据Graham, *Chuang-tzu*, 61；以及Watson, *Complete Works of Chuang Tzu*, 49。

[3] Schwitzgebel, "Zhuangzi's Attitude Toward Language," 86.

[4] Harbsmeier, *Language and Logic*, 257。我认为对这段话有说服力的解释包括Wai-yee Li, "Dreams of Interpretation," 30-31; Kupperman, "Spontaneity and Education of the Emotions in the *Zhuangzi*," 189; Hansen, "Guru or Skeptic," 148; Chong, *Zhuangzi's Critique of the Confucians*, 46-50；以及特别是Lusthaus, "Aporetics Ethics in the *Zhuangzi*," 165-72。我的解读也得益于Puett, "Nothing Can Overcome Heaven"，尽管他没有专门讨论这段话。

[5] 参见Raphals, "Debates about Fate in Early China," 33。

一个零碎的结语：绘制与蝴蝶

母！彼近吾死而我不听，我则悍矣！彼何罪焉？夫大块载我以形，劳我以生，佚我以老，息我以死。故善吾生者，乃所以善吾死也。今之大冶铸金，金踊跃曰："我必且为镆铘！"[6]大冶必以为不祥之金。今一犯人之形，而曰："人耳！人耳！"夫造化者必以为不祥之人。今一以天地为大炉，以造化为大冶。恶乎往而不可哉？成然寐，蘧然觉。[7]

梦是一位老师，不断地提醒我们，当我们在永无止境的过程——这里被形象地拟人化为"造化者"——中一路前行时，我们的视角可能会发生变化。在梦中，但只是在梦的空间里，我们甚至可能不再是我们自己，而变成一只蝴蝶，一个变化的具体表现者（embodier of metamorphosis）。对《庄子》而言，宇宙存在一种秩序、一种"理"，但不是我们可以确定地加以绘制的。实际上，试图绘制它必然会忽视整体。更好的做法是"藏天下于天下"，[8]坦然接受生活的不断变化。造化的方向永远无法预测。预测它需要一个定位的世界观，但《庄子》是一个彻底的乌托邦视角，敦促我们"县解"。另一个病倒了且身体正在经历一系列意想不到变化的人物子舆说，"造物者"：

6　传说中与吴王有关的名剑或铸剑师。关于吴越古国剑的传说，参见Milburn, *Glory of Yue*, 273-93; Milburn, "The Weapons of Kings"; 以及Brindley, *Ancient China and the Yue*, 181-85。

7　《庄子集解》，第64页；译文大致采用Watson, *Complete Works of Chuang Tzu*, 85。

8　《庄子集解》，第59页；译文引自Watson, *Complete Works of Chuang Tzu*, 81。

"又将以予为此拘拘也。"子祀曰:"汝恶之乎?"[9]曰:"亡!予何恶?……且夫得者时也;失者顺也。安时而处顺,哀乐不能入也。此古之所谓'县解'也。"[10]

从我们检视过的许多细节中退一步,我们可能会问:梦书、以梦为基础的预测和诊断的方法与指南,以及梦中到访的轶事,它们本质上是什么?将所有这些作为整体,远而观之,它们意味着什么?人们禁不住把它们都看作是绘制梦这一固有神秘现象,将梦纳入秩序之中及驯服梦的多种尝试。这在梦书和诊断指南中最容易看到,绘制的物质形式有表格或征象清单,以统一的成列的词语呈现。这种文本是驯服梦以纳入秩序网格中努力的高水平标志。

---

[9] 这里再次出现"恶之":"你是否厌恶它/觉得它可憎/觉得它恶心/你是否对它感到恶心",或甚至在鬼神学与仪式的语境下(但不是在《庄子》中),"你认为它是亵渎的(polluting)吗?"

[10] 《庄子集解》,第63页。译文据Puett, "Nothing Can Overcome Heaven," 253和Watson, *Complete Works of Chuang Tzu*, 84修改。《养生主》篇的尾也有相同的宾语-动词短语,形象地描述了一个被想象为得到神力帮助的过程:"适来,夫子时也;适去,夫子顺也。安时而处顺,哀乐不能入也。古者谓是'帝之县解'。"(《庄子集解》,第31页,译文据Saussy, *Translation as Citation*, 91修改)。对同一观念,庄子另有一种说法,即《人间世》篇中提到的"心斋"。请注意钱德樑对这一概念具有启发性的讨论:首先,隐喻性地将自我建构为一个容器;其次,从容器中放空个人的欲念,从而允许"将外部的动因收集于身体这一容器之内……[心]斋的他身体之气虚。身体因摒除了欲念,不再受任何东西左右。于是,道就可能如这段文字形象地指出的那样,成为'施动者(agent)、使者(envoy)或指派者(assignment)'('使'),在那里收集外部动因,并取代欲念,成为驱动身体的施动者"(Brindley, *Individualism in Early China*, 56,我添加了着重号;请注意她在第166页注释6对这段话中"使"字含义的评述。)

一个零碎的结语：绘制与蝴蝶

在这种对秩序定位的狂热中，我想起《诏书四时月令五十条》，它在公元5年用墨笔写于悬泉置——一处在昙花一现的新朝时位于敦煌附近的邮驿站——白色泥墙上精心绘制的朱色界栏内。正如柯马丁指出的："目前尚不清楚……这份诏书究竟可能对谁说了"关于一年中每个月应该做什么的指令。它具有"根本上是修辞性的"功能。[11] 这份诏书被置于帝国权力尽头的边境，将秩序领域与缺乏农业、宇宙论及以之为基础的占卜方法、文献遗产和书写系统的邻近文化区分开来。

不过，在帝国疆域之外的人们可能对这些法老奥兹曼迪亚斯式的（Ozymandian）敕令漠不关心，正如梦与做梦无法真正被确切地绘制一样。就像悬泉置驿站墙上的诏令，试图对梦的边远领域秩序化而张贴在清醒时的生活边界的任何网格，最终必定失败。蝴蝶逃走了，飞过地图严格划定的界线，飞向无边荒漠的寂寞平沙。万物恣意迁化。这种绘制中国梦境的尝试，心向往之，但终不能至。

164

---

11 Kern, "Early Chinese Divination and Its Rhetoric," 270–71; Sanft, "Edict of Monthly Ordinances."

引用文献

缩略语征引

BDL　　de Crespigny, Rafe, ed. *A Biographical Dictionary of Later Han to the Three Kingdoms*（*23—220 AD*）. Leiden: E. J. Brill, 2007.

BDQ　　Loewe, Michael, ed. *A Biographical Dictionary of the Qin, Former Han and Xin Periods*（*221 BC—AD 24*）. Leiden: E. J. Brill, 2000.

CCT　　Kao, Karl S. Y., ed. *Classical Chinese Tales of the Supernatural and the Fantastic: Selections from the Third to the Tenth Century*. Bloomington: Indiana University Press, 1985.

CL　　　Knechtges, David R., and Taiping Chang, eds. *Ancient and Early Medieval Chinese Literature: A Reference Guide*. 4 vols. Leiden: E. J. Brill, 2010-14.

ECT　　Loewe, Michael, ed. *Early Chinese Texts: A Bibliographical Guide*. Berkeley: Society for the Study of Early China, 1993.

P　　　 Prefix to the numbers assigned to manuscripts in the Pelliot collection, Bibliothèque nationale de France. These were accessed electronically through the digital library of the Bibliothèque nationale and its partners: gallica.bnf.fr.

S　　　 Prefix to the numbers assigned to manuscripts in the Stein collection, British Museum. These were accessed electronically through the website of the International Dunhuang Project: idp.bl.uk.

SSHY　Mather, Richard B. *Shih-shuo Hsin-yü: A New Account of Tales of the World*. 2nd edition. Ann Arbor: Center for Chinese Studies, University of Michigan, 2002.

T　　　高楠順次郎、渡辺海旭、小野玄妙编:《大正新修大藏经》（*Taishō shinshū daizōkyō*），100卷，东京: 大正一切经刊会，1924—1935年；台北: 新文丰出版有限公司，1983年重印。征引藏中文本时，我将标明罗马化题名、卷号、及其所在页码。

ZT　　　Durrant, Stephen, Wai-yee Li, and David Schaberg. *Zuo Tradition: Zuozhuan*. 3 vols., continuously paginated. Seattle: University of Washington Press, 2016.

标题征引

所参考的朝代史均为由北京中华书局出版的通行版本，我没有列出其出版地和出版时间。

《阿毗达摩大毗婆沙论》，T 1545。
班固:《汉书》。
《北山录》，T 2113。
《本草纲目》，通过《汉籍电子文献资料库》查阅电子版。
《辩正论》，T 2110。
曹丕:《列异传》,《古小说钩沉》。
陈寿:《三国志》。
《大宝积经》，T 310。
《大智度论》，T 1509。
道世:《法苑珠林》，T 2122。
道宣:《大唐内典录》，T 2149。
道宣:《集神州三宝感通录》，T 2106。
道宣:《释迦方志》，T 2088。
道宣:《续高僧传》，T 2060。
东阳无疑:《齐谐记》,《古小说钩沉》。
《洞冥记》，见王国良:《汉武洞冥记研究》。
杜光庭:《道教灵验记》，DZ 590 和《云笈七签》第 117—121 卷。
Encyclopedia of Buddhism. Edited by Robert E. Buswell, Jr. New York: Macmillan, 2004.
范晔:《后汉书》。
房玄龄等:《晋书》。
《放光般若经》，T 221。
费长房:《历代三宝记》，T 2034。
干宝:《搜神记》，杨家骆主编:《新校搜神记》，台北:世界书局，1982 年；又见《新辑搜神记　新辑搜神后记》。
《高王观世音经》，T 2898。
葛洪:《神仙传》，见 Campany, To Live as Long as Heaven and Earth。
程荣:《汉魏丛书》，1592 年刻本，[出版地、出版者不详]；the Joseph Regenstein Library (East Asia Collection), University of Chicago 藏本。
"中研院":《汉籍电子文献数据库》(Scripta Sinica database)，台北，http://sinology.teldap.tw/index.php/a/material。
何宁:《淮南子集释》，3 册，连续编页，北京:中华书局，1998 年。
《黄帝内经灵枢》，见 Unschuld, Huang Di Nei Jing Ling Shu。
黄晖:《论衡校释》，北京:中华书局，1990 年。

引用文献

皇侃:《论语集解义疏》, 2册, 台北: 广文书局, 1969年。
《皇天上清金阙帝君灵书紫文上经》, DZ 639。
慧皎:《高僧传》, T2059。
贾思勰:《齐民要术》,《丛书集成初编》, 上海［？］: 商务印书馆, 1939年。
李昉等编:《太平广记》, 4册, 上海: 上海古籍出版社, 1990年。征引时标记卷号和条目所在卷中的顺序（如"387.1"表示第387卷收录的第一条）。
李昉等编:《太平御览》, 上海: 商务印书馆, 1935年影印宋刊本; 4册, 北京: 中华书局1992年。以卷号和对开页码征引。
李剑国辑校:《新辑搜神记 新辑搜神记辑校》, 2册, 连续编页, 北京: 中华书局, 2007年。
李延寿:《北史》。
李延寿:《南史》。
郦道元注、杨守敬、熊会贞疏:《水经注疏》, 3册, 连续编页, 南京: 江苏古籍出版社, 1989年。
刘敬叔:《异苑》, 张海鹏编:《学津讨原》。严一萍辑选:《原刻景印百部丛书集成》, 台北: 艺文印书馆, 1966年。
刘义庆:《幽明录》,《古小说钩沉》。
刘义庆著, 余嘉锡笺疏:《世说新语笺疏》, 第2版, 上海: 上海古籍出版社, 1993年; 通过《汉籍电子文献资料库》查阅电子版。
鲁迅:《古小说钩沉》, 北京: 人民文学出版社, 1954年。
《录异传》,《古小说钩沉》。
罗竹风主编:《汉语大词典》, 上海: 上海辞书出版社, 1986年。
《摩诃僧祇律》, T 1425。
欧阳询著, 汪绍楹校:《艺文类聚》, 2册, 连续编页, 北京: 中华书局, 1965年。以卷和页码征引。
《菩萨说梦经》, T 310, 11: 80c-91b。
僧祐:《弘明集》, T 2102。
《善见律毗婆沙》, T 1462。
沈约:《宋书》。
陶潜:《搜神后记》,《丛书集成初编》, 上海: 商务印书馆, 1935—1937年; 又见《新辑搜神记 新辑搜神后记》。
王嘉:《拾遗记》,《增订汉魏丛书》。
王明:《抱朴子内篇校释》, 第2版（增订本）, 北京: 中华书局, 1985年。
王先谦:《荀子集解》, 2册, 连续编页, 北京: 中华书局, 1987年。
王先谦:《庄子集解》、刘武:《庄子集解内篇补正》, 北京: 中华书局, 1987年。
王琰:《冥祥记》, 见 Campany, Signs from the Unseen Realm。
汪继培笺, 彭铎校正:《潜夫论笺校正》, 北京: 中华书局, 1985年。
《维摩诘所说经》, T 475。
魏收:《魏书》。
魏徵:《隋书》。
萧子显:《南齐书》。

徐坚等：《初学记》，3册，连续编页，北京：中华书局，1962年。以卷号和页码征引。
《续搜神记》，见《搜神后记》。
荀氏：《灵鬼志》，《古小说钩沉》。
姚思廉：《梁书》。
虞世南辑：《北堂书钞》，影印1888年刻本，2册，台北：文海出版社。以卷号和对开页码征引。
《云笈七签》，DZ 1032。
《晏子春秋》，见Milburn, Spring and Autumn Annals of Master Yan。
杨伯峻：《列子集释》，北京：中华书局，1979年。
应劭撰，王利器校注：《风俗通义校注》，2册，连续编页，北京：中华书局，1981年。于豪亮等编：《睡虎地秦墓竹简》，北京：文物出版社，1990年。
袁珂：《山海经校注》，上海：上海古籍出版社，1980年。
乐史：《太平寰宇记》，乌丝栏抄本，通过《汉籍电子文献资料库》查阅电子版。
《占察善恶业报经》，T 839。
张华撰，范宁校证：《博物志校证》，北京：中华书局，1980年。
《真诰》，DZ 1016。
《正法华经》，T 263。
《正统道藏》，上海：商务印书馆，1923—1926年；台北：新文丰出版股份有限公司，1977年重印。征引藏中文本时，先标Schipper and Verellen, The Taoist Canon中编排的序号，次标卷号和对开页码。
智升：《开元释教录》，T 2154。
《中观论疏》，T 1824。
《周礼注疏》，上海：上海古籍出版社，1990年。
《周易注疏》，上海：上海古籍出版社，1990年。
《诸病源候论校注》，通过《汉籍电子文献资料库》查阅电子版。
宗懔：《荆楚岁时记》，《岁时习俗资料汇编》，台北：艺文印书局，1970；通过《汉籍电子文献资料库》查阅电子版。
祖冲之：《述异记》，《古小说钩沉》。

作者征引

Africa, Thomas W. "Psychohistory, Ancient History, and Freud: The Descent into Avernus." *Arethusa* 12（1979）: 5-34.
Allan, Sarah. *Buried Ideas: Legends of Abdication and Ideal Government in Early Chinese Bamboo-Slip Manuscripts*. Albany: State University of New York Press, 2015. 中译本为［美］艾兰著，蔡雨钱译：《湮没的思想：出土竹简中的禅让传说与理想政制》，北京：商务印书馆，2016年。
Allen, Sarah M. *Shifting Stories: History, Gossip, and Lore in Narratives from Tang Dynasty China*. Cambridge, MA: Harvard University Asia Center, 2014.
Appadurai, Arjun. "Disjuncture and Difference in the Global Cultural Economy." *Theory,*

Culture & Society 7（1990）: 295-310.

Aristotle. *The Complete Works of Aristotle: The Revised Oxford Translation.* Edited by Jonathan Barnes. 2 vols. Princeton: Princeton University Press, 1984.

——. *On the Soul, Parva Naturalia, On Breath.* With an English translation by W. S. Hett. Loeb Classical Library 288. 2nd edition. Cambridge, MA: Harvard University Press, 1957. 中译本为［古希腊］亚里士多德著，苗力田主编：《亚里士多德全集》第三卷，北京：中国人民大学出版社，2016年。

Armstrong, Nancy, and Leonard Tennenhouse. "The Interior Difference: A Brief Genealogy of Dreams, 1650-1717." *Eighteenth-Century Studies* 23（1990）: 458-78.

Artemidorus. *See* Harris-McCoy, Daniel E.

Assmann, Aleida. "Engendering Dreams: The Dreams of Adam and Eve in Milton's *Paradise Lost.*" In *Dream Cultures: Explorations in the Comparative History of Dreaming*, edited by David Shulman and Guy G. Stroumsa, 288-302. New York: Oxford University Press, 1999.

Astor-Aguilera, Miguel. "Maya-Mesoamerican Polyontologies: Breath and Indigenous American Vital Essences." In *Rethinking Relations and Animism: Personhood and Materiality*, edited by Miguel Astor-Aguilera and Graham Harvey, 133-55. London and New York: Routledge, 2018.

Astor-Aguilera, Miguel, and Graham Harvey, eds. *Rethinking Relations and Animism: Personhood and Materiality.* London and New York: Routledge, 2018.

Austin, J. L. *How to Do Things with Words.* Cambridge, MA: Harvard University Press, 1962. 中译本为［英］J. L. 奥斯汀著，杨玉成、赵京超译：《如何以言行事》，北京：商务印书馆，2013年。

Averroes. *Epitome of "Parva Naturalia."* Translated and edited by Harry Blumberg. Cambridge, MA: Medieval Academy of America, 1961.

Balazs, Stephan. "Der Philosoph Fan Dschen und sein Traktat gegen den Buddhismus." *Sinica* 7（1932）: 220-34.

Bapat, P. V., and Akira Hirakawa. *Shan-Chien-P'i-P'o-Sha: A Chinese Version by Saṅghabhadra of Samantapāsādikā.* Poona: Bhandarkar Oriental Research Institute, 1970.

Barrett, Deirdre. "An Evolutionary Theory of Dreams and Problem-Solving." In *The New Science of Dreaming*, Volume 3: *Cultural and Theoretical Perspectives*, edited by Deirdre Barrett and Patrick McNamara, 133-53. Westport, CT: Praeger, 2007.

Barrett, Deirdre, and Patrick McNamara, eds. *The New Science of Dreaming*, Volume 3: *Cultural and Theoretical Perspectives.* Westport, CT: Praeger, 2007.

Barton, Tamsyn S. *Power and Knowledge: Astrology, Physiognomics, and Medicine under the Roman Empire.* Ann Arbor: University of Michigan Press, 1994.

Basso, Ellen B. "The Implications of a Progressive Theory of Dreaming." In *Dreaming: Anthropological and Psychological Interpretations*, edited by Barbara Tedlock, 86-104. 2nd edition. Santa Fe: School of American Research Press, 1992.

Bateson, Gregory. *Steps to an Ecology of Mind.* 2nd edition. Chicago: University of Chicago

Press, 2000.
Bauer, Wolfgang. "Chinese Glyphomancy (*ch'ai-tzu*) and Its Uses in Present-Day Taiwan." In *Legend, Lore, and Religion in China*, edited by Sarah Allan and Alvin P. Cohen, 71-96. San Francisco: Chinese Materials Center, 1979.
Beard, Mary. "Cicero and Divination: The Formation of a Latin Discourse." *Journal of Roman Studies* 76 (1986): 33-46.
Beaulieu-Prévost, Dominic, Catherine Charneau Simard, and Antonio Zadra. "Making Sense of Dream Experiences: A Multidimensional Approach to Beliefs about Dreams." *Dreaming* 19.3 (2009): 119-34.
Beecroft, Alexander. *Authorship and Cultural Identity in Early Greece and China: Patterns of Literary Circulation*. Cambridge: Cambridge University Press, 2010.
Bennett, Jane. *The Enchantment of Modern Life: Attachments, Crossings, and Ethics*. Princeton: Princeton University Press, 2001.
Berkowitz, Alan J. *Patterns of Disengagement: The Practice and Portrayal of Reclusion in Early Medieval China*. Stanford: Stanford University Press, 2000.
Bird-David, Nurit. "'Animism' Revisited: Personhood, Environment, and Relational Epistemology." *Current Anthropology* 40, special issue 1 (February 1999): S67-S91.
Black, Joshua, et al. "Who Dreams of the Deceased? The Roles of Dream Recall, Grief Intensity, Attachment, and Openness to Experience." *Dreaming* 29.1 (2019): 57-78.
Bodde, Derk. *Festivals in Classical China: New Year and Other Annual Observances during the Han Dynasty, 206 B.C.-A.D. 220*. Princeton: Princeton University Press, 1975. 中译本为［美］德克・卜德著，吴格非等译：《古代中国的节日》，北京：学苑出版社，2017年。
Bodiford, William M. "Introduction." In *Going Forth: Visions of Buddhist Vinaya*, edited by William M. Bodiford, 1-16. Honolulu: University of Hawai'i Press, 2005.
Bokenkamp, Stephen R. *Ancestors and Anxiety: Daoism and the Birth of Rebirth in China*. Berkeley: University of California Press, 2007.
——. *Early Daoist Scriptures*. Berkeley: University of California Press, 1997.
——. "Image Work: Dream Interpretation in a Late Fourth Century Daoist Text." Paper presented at the workshop Visions of the Night: Dreams, Dreamers, and Religion in Medieval Societies, University of Southern California, April 2009.
Bourguignon, Erika. "Dreams and Altered States of Consciousness in Anthropological Research." In *Psychological Anthropology*, edited by F. L. K. Hsu, 403-34. Cambridge, MA: Schenkmann, 1972.
——. "Dreams That Speak: Experience and Interpretation." In *Dreaming and the Self: New Perspectives on Subjectivity, Identity, and Emotion*, edited by Jeannette Marie Mageo, 133-53. Albany: State University of New York Press, 2003.
Brakke, David. "The Problematization of Nocturnal Emissions in Early Christian Syria, Egypt, and Gaul." *Journal of Early Christian Studies* 3.4 (1995): 419-60.
Brann, Eva T. H. *The World of the Imagination: Sum and Substance*. Lanham, MD: Rowman & Littlefield, 1991.

Brashier, K. E. *Ancestral Memory in Early China.* Cambridge, MA: Harvard University Press, 2011.

——. "Han Thanatology and the Division of 'Souls.'" *Early China* 21 (1996): 125-58.

Bremmer, Jan. *The Early Greek Concept of the Soul.* Princeton: Princeton University Press, 1983.

Brennan, John. "Dreams, Divination, and Statecraft: The Politics of Dreams in Early Chinese History and Literature." In *The Dream and the Text: Essays on Literature and Language*, edited by Carol Schreier Rupprecht, 73-102. Albany: State University of New York Press, 1993.

Brindley, Erica Fox. *Ancient China and the Yue: Perceptions and Identities on the Southern Frontier, c. 400 BCE-50 CE.* Cambridge: Cambridge University Press, 2015.

——. *Individualism in Early China: Human Agency and the Self in Thought and Politics.* Honolulu: University of Hawai'i Press, 2010.

Brown, Michael F. "Ropes of Sand: Order and Imagery in Aguaruna Dreams." In *Dreaming: Anthropological and Psychological Interpretations*, edited by Barbara Tedlock, 154-70. 2nd edition. Santa Fe: School of American Research Press, 1992.

Brown, Miranda. *The Art of Medicine in Early China: The Ancient and Medieval Origins of a Modern Archive.* Cambridge: Cambridge University Press, 2015.

Bulkeley, Kelly. *Big Dreams: The Science of Dreaming and the Origins of Religion.* New York: Oxford University Press, 2016.

——. "Dreaming Is Imaginative Play in Sleep: A Theory of the Function of Dreams." *Dreaming* 29.1 (2019): 1-21.

——. *Lucrecia the Dreamer: Prophecy, Cognitive Science, and the Spanish Inquisition.* Stanford: Stanford University Press, 2018.

——. "The Meaningful Continuities between Dreaming and Waking: Results of a Blind Analysis of a Woman's 30-Year Dream Journal." *Dreaming* 28.4 (2018): 337-50.

Bunzl, Matti. "Franz Boas and the Humboldtian Tradition: From *Volksgeist* and *Nationalcharakter* to an Anthropological Concept of Culture." In *"Volksgeist" as Method and Ethic: Essays on Boasian Ethnography and the German Anthropological Tradition*, edited by George W. Stocking, Jr., 17-78. History of Anthropology 8. Madison: University of Wisconsin Press, 1996.

Burke, Peter. "L'histoire sociale des rêves." *Annales: Histoire, sciences sociales* 28 (1973): 329-42.

Burlingame, E. W. "The Act of Truth (Saccakiriya): A Hindu Spell and Its Employment as Psychic Motif in Hindu Fiction." *Journal of the Royal Asiatic Society of Great Britain and Ireland* 49 (1917): 429-67.

Burridge, Kenelm. *Mambu: A Study of Melanesian Cargo Movements and Their Ideological Background.* New York: Harper & Row, 1960.

——. *New Heaven, New Earth: A Study of Millennarian Activities.* Oxford: Basil Blackwell, 1969.

Cai Liang. "The Hermeneutics of Omens: The Bankruptcy of Moral Cosmology in Western Han China (206 BCE-8 CE) ." *Journal of the Royal Asiatic Society* 3 (2015): 1-21.

Campany, Robert Ford. "Abstinence Halls (*Zhaitang* 斋堂) in Lay Households in Early Medieval China." *Studies in Chinese Religions* 1.2 (2015): 1-21.

——. "'Buddhism Enters China' in Early Medieval China." In *Old Society, New Belief: Religious Transformation of China and Rome, ca. 1st-6th Centuries*, edited by Poo Mu-chou, Harold Drake, and Lisa Raphals, 13-34. New York: Oxford University Press, 2017.

——. "Buddhist Revelation and Taoist Translation in Early Medieval China." *Taoist Resources* 4.1 (1993): 1-29.

——. "Dreaming and Self-Cultivation." Unpublished manuscript, last updated April 4, 2020.

——. *A Garden of Marvels: Tales of Wonder from Early Medieval China*. Honolulu: University of Hawai'i Press, 2015.

——. "Ghosts Matter: The Culture of Ghosts in Six Dynasties *Zhiguai*." *Chinese Literature: Essays, Articles, Reviews* 13 (1991): 15-34.

——. "Living Off the Books: Fifty Ways to Dodge *Ming* 命 in Early Medieval China." In *The Magnitude of "Ming": Command, Allotment, and Fate in Chinese Culture*, edited by Christopher Lupke, 129-50. Honolulu: University of Hawai'i Press, 2005.

——. "Long-Distance Specialists in Early Medieval China." In *Literature, Religion, and East-West Comparison: Essays in Honor of Anthony C. Yu*, edited by Eric Ziolkowski, 109-24. Newark, DE: University of Delaware Press, 2005.

——. *Making Transcendents: Ascetics and Social Memory in Early Medieval China*. Honolulu: University of Hawai'i Press, 2009. 中译本为 [美] 康儒博著，顾漩译：《修仙：古代中国的修行与社会记忆》，南京：江苏人民出版社，2019年。

——. "Miracle Tales as Scripture Reception: A Case Study involving the *Lotus Sutra* in China, 370-750 CE." *Early Medieval China* 24 (2018): 24-52.

——. "On the Very Idea of Religions (in the Modern West and in Early Medieval China) ." *History of Religions* 42 (2003): 287-319.

——. "The Real Presence." *History of Religions* 32.3 (1993): 233-72.

——. "'Religious' as a Category: A Comparative Case Study." *Numen* 65 (2018): 333-76.

——. "Religious Repertoires and Contestation: A Case Study Based on Buddhist Miracle Tales." *History of Religions* 52.2 (2012): 99-141.

——. "Return-from-Death Narratives in Early Medieval China." *Journal of Chinese Religions* 18 (1990): 91-125.

——. "Secrecy and Display in the Quest for Transcendence in China, ca. 220 B.C.E.-350 C.E." *History of Religions* 45 (2006): 291-336.

——. *Signs from the Unseen Realm: Buddhist Miracle Tales from Early Medieval China*. Honolulu: University of Hawai'i Press, 2012.

——. *Strange Writing: Anomaly Accounts in Early Medieval China*. Albany: State University of New York Press, 1996.

——. "'Survival' as an Interpretive Strategy: A Sino-Western Comparative Case Study." *Method and Theory in the Study of Religion* 2.1（1990）: 1-26.

——. "The *Sword Scripture*: Recovering and Interpreting a Lost 4th-Century Daoist Method for Cheating Death." *Daoism: Religion, History and Society* 道教研究学报 6（2014）: 33-84.

——. "Taoist Bioethics in the Final Age: Therapy and Salvation in the *Book of Divine Incantations for Penetrating the Abyss*." In *Religious Methods and Resources in Bioethics*, edited by Paul Camenisch, 67-91. Dordrecht: Kluwer Academic Publishers, 1994.

——. *To Live as Long as Heaven and Earth: A Translation and Study of Ge Hong's Traditions of Divine Transcendents*. Berkeley: University of California Press, 2002.

——. "Two Religious Thinkers of the Early Eastern Jin: Gan Bao 干宝 and Ge Hong 葛洪 in Multiple Contexts." *Asia Major* 3rd ser. 18（2005）: 175-224.

Cancik, Hubert. "*Idolum* and *Imago*: Roman Dreams and Dream Theories." In *Dream Cultures: Explorations in the Comparative History of Dreaming*, edited by David Shulman and Guy G. Stroumsa, 169-88. New York: Oxford University Press, 1999.

Cappozzo, Valerio. *Dizionario dei sogni nel medioevo: Il Somniale Danielis in manoscritti letterari*. Firenze: Leo S. Olschki Editore, 2018.

Carruthers, Mary. *The Book of Memory: A Study of Memory in Medieval Culture*. 2nd edition. Cambridge: Cambridge University Press, 2008.

Castaneda, Carlos. *The Art of Dreaming*. New York: HarperCollins, 1993.

Cataldo, Lisa M. "Multiple Selves, Multiple Gods? Functional Polytheism and the Postmodern Religious Patient." *Pastoral Psychology* 57（2008）: 45-58.

Chan, Leo Tak-hung. *The Discourse on Foxes and Ghosts: Ji Yun and Eighteenth-Century Literati Storytelling*. Honolulu: University of Hawai'i Press, 1998.

Chandezon, Christophe, Véronique Dasen, and Jérôme Wilgaux. "Dream Interpretation, Physiognomy, Body Divination." In *A Companion to Greek and Roman Sexualities*, edited by Thomas K. Hubbard, 297-313. Oxford: Blackwell, 2014.

Chang, Garma C. C., ed. *A Treasury of Mahāyāna Sūtras: Selections from the Mahāratnakūta Sūtra*. University Park: Pennsylvania State University Press, 1983.

Chen Hsiu-fen. "Between Passion and Repression: Medical Views of Demon Dreams, Demonic Fetuses, and Female Sexual Madness in Late Imperial China." *Late Imperial China* 32（2011）: 51-82.

——. "Wind Malady as Madness in Medieval China: Some Threads from the Dunhuang Medical Manuscript." In *Medieval Chinese Medicine: The Dunhuang Medical Manuscripts*, edited by Vivienne Lo and Christopher Cullen, 345-62. London and New York: RoutledgeCurzon, 2005.

Chen, Jack W., and David Schaberg, eds. *Idle Talk: Gossip and Anecdote in Traditional China*. Berkeley: University of California Press, 2014.

Ch'en, Kenneth. "Filial Piety in Chinese Buddhism." *Harvard Journal of Asiatic Studies* 28（1968）: 81-97.

Cheng, Anne. *Histoire de la pensée chinoise*. Paris：Éditions du Seuil，1997. 中译本为［法］程艾蓝著，冬一、戎恒颖译：《中国思想史》，郑州：河南大学出版社，2018年。
程乐松：《中古道教类书与道教思想》，北京：宗教文化出版社，2017年。
Chennault, Cynthia L. "Lofty Gates or Solitary Impoverishment? Xie Family Members of the Southern Dynasties." *T'oung Pao* 85（1999）：249-327.
Chong, Kim-chong. *Zhuangzi's Critique of the Confucians：Blinded by the Human*. Albany：State University of New York Press, 2016.
Chua, Jude Soo-Meng. "Tracing the Dao：Wang Bi's Theory of Names." In *Philosophy and Religion in Early Medieval China*, edited by Alan K. L. Chan and Yuet-Keung Lo, 53-70. Albany：State University of New York Press, 2010.
Cicero. *De divinatione*. Translated by William Armistead Falconer. Cambridge，MA：Harvard University Press, 1923.
Cohen, Ariela, and Antonio Zadra. "An Analysis of Laypeople's Beliefs Regarding the Origins of Their Worst Nightmare." *International Journal of Dream Research* 8.2（2015）：120-28.
Conze, Edward. *The Short Prajñāpāramitā Texts*. London：Luzac, 1973.
Coolidge, Frederick L. *Dream Interpretation as a Psychotherapeutic Technique*. Boca Raton, FL：CRC Press, 2006.
Copenhaver, Brian P. *Hermetica*. Cambridge：Cambridge University Press, 1992.
Crapanzano, Vincent. "The Betwixt and Between of Dreams." In *Hundert Jahre "Die Traumdeutung"：Kulturwissenschaftliche Perspektiven in der Traumforschung*, edited by Burkhard Schnepel, 232-59. Köln：Rüdiger Köppe Verlag, 2001.
——. "Concluding Reflections." In *Dreaming and the Self：New Perspectives on Subjectivity, Identity, and Emotion*, edited by Jeannette Marie Mageo, 175-97. Albany：State University of New York Press, 2003.
——. *Hermes' Dilemma and Hamlet's Desire：On the Epistemology of Interpretation*. Cambridge，MA：Harvard University Press, 1992.
Csikszentmihalyi, Mark. *Material Virtue：Ethics and the Body in Early China*. Leiden：E. J. Brill, 2004.
Damasio, Antonio R. *The Feeling of What Happens：Body and Emotion in the Making of Consciousness*. New York：Harcourt Brace, 1999. 中译本为［美］安东尼奥·R. 达马西奥著，杨韶刚译：《感受发生的一切：意识产生中的身体和情绪》，北京：教育科学出版社，2007年。
Dayal, Har. *The Bodhisattva Doctrine in Buddhist Sanskrit Literature*. London：Routledge & Kegan Paul, 1932；reprinted Delhi：Motilal Banarsidass, 1978.
Deacon, Terrence W. *Incomplete Nature：How Mind Emerged from Matter*. New York：Norton, 2013.
de Crespigny, Rafe. *A Biographical Dictionary of Later Han to the Three Kingdoms（23-220 AD）*. Leiden：E. J. Brill, 2007.
——. *Imperial Warlord：A Biography of Cao Cao 155-220 AD*. Leiden：E. J. Brill, 2010. 中译本为［澳］张磊夫著，方笑天译：《国之枭雄：曹操传》，南京：江苏人民出版社，

2018年。
de Groot, J. J. M. "On Chinese Divination by Dissecting Written Characters." *T'oung Pao* 1 (1890): 239-47.
——. *The Religious System of China*. 6 vols. Leiden: E. J. Brill, 1892-1910. 中译本为［荷兰］高延著, 芮传明译:《中国的宗教系统及其古代形式、变迁、历史及现状》第六卷, 广州: 花城出版社, 2018年。
Denecke, Wiebke. *The Dynamics of Masters Literature: Early Chinese Thought from Confucius to Han Feizi*. Cambridge, MA: Harvard University Asia Center, 2010.
Descola, Philippe. *Beyond Nature and Culture*. Translated by Janet Lloyd. Chicago: University of Chicago Press, 2013.
Despeux, Catherine. "Physiognomie." In *Divination et société dans la Chine médiévale*, edited by Marc Kalinowski, 513-55. Paris: Bibliothèque nationale de France, 2003.
Devereux, Georges. *Dreams in Greek Tragedy: An Ethno-Psycho-Analytical Study*. Berkeley: University of California Press, 1976.
——. *Ethnopsychoanalysis: Psychoanalysis and Anthropology as Complementary Frames of Reference*. Berkeley: University of California Press, 1978.
——. *Reality and Dream: Psychotherapy of a Plains Indian*. New York: New York University Press, 1969.
——, ed. *Psychoanalysis and the Occult*. New York: International Universities Press, 1953.
Devriese, Lisa. "An Inventory of Medieval Commentaries on pseudo-Aristotle's *Physiognomonica*." *Bulletin de philosophie médiévale* 59 (2017): 215-46.
——. "Physiognomy in Context: Marginal Annotations in the Manuscripts of the *Physiognomonica*." *Recherches de théologie et philosophie médiévales* 84.1 (2017): 107-41.
DeWoskin, Kenneth J. *Doctors, Diviners, and Magicians of Ancient China: Biographies of "Fangshih."* New York: Columbia University Press, 1983.
DeWoskin, Kenneth J., and J. I. Crump, Jr., trans. *In Search of the Supernatural: The Written Record*. Stanford: Stanford University Press, 1996.
De Zengotita, Thomas. "Speakers of Being: Romantic Refusion and Cultural Anthropology." In *Romantic Motives: Essays on Anthropological Sensibility*, edited by George W. Stocking, Jr., 74-123. History of Anthropology 6. Madison: University of Wisconsin Press, 1989.
Dien, Albert E. "Custom and Society: The Family Instructions of Mr. Yan." In *Early Medieval China: A Sourcebook*, edited by Wendy Swartz, Robert Ford Campany, Yang Lu, and Jessey J. C. Choo, 494-510. New York: Columbia University Press, 2014.
——. "On the Name *Shishuo xinyu*." *Early Medieval China* 20 (2014): 7-8.
——. *Pei Ch'i shu 45: Biography of Yen Chih-t'ui*. Bern: Herbert Lang, 1976.
——. "Yen Chih-t'ui (531-591+): A Buddho-Confucian." In *Confucian Personalities*, edited by Arthur F. Wright and Dennis Twitchett, 44-64. Stanford: Stanford University Press, 1962.
Diény, Jean-Pierre. "Le saint ne rêve pas: de Zhuangzi à Michel Jouvet." *Études chinoises* 20 (2001): 127-99.

Di Giacinto, Licia. *The "Chenwei" Riddle: Time, Stars, and Heroes in the Apocrypha*. Gossenberg: Ostasien Verlag, 2013.

Docherty, Thomas. *Alterities: Criticism, History, Representation*. Oxford: Clarendon, 1996.

Dodds, E. R. *The Greeks and the Irrational*. Berkeley: University of California Press, 1951. 中译本为［爱尔兰］E. R. 多兹著，王嘉雯译：《希腊人与非理性》，北京：生活·读书·新知三联书店，2022年。

Domhoff, G. William. *The Emergence of Dreaming: Mind-wandering, Embodied Simulation, and the Default Network*. New York: Oxford University Press, 2018.

———. *The Scientific Study of Dreams: Neural Networks, Cognitive Development, and Content Analysis*. Washington, DC: American Psychological Association, 2003.

Domhoff, G. William, and Adam Schneider. "Are Dreams Social Simulations? Or Are They Enactments of Conceptions and Personal Concerns? An Empirical and Theoretical Comparison of Two Dream Theories." *Dreaming* 28.1 (2018): 1-23.

Drège, Jean-Pierre. "Clefs des songes de Touen-houang." In *Nouvelles contributions aux études de Touen-houang*, edited by Michel Soymié, 205-49. Genève: Droz, 1981.

———. "Notes d'onirologie chinoise." *Bulletin de l'École française d'Extrême-Orient* 70 (1981): 271-89.

Drège, Jean-Pierre, and Dimitri Drettas. "Oniromancie." In *Divination et société dans la Chine médiévale*, edited by Marc Kalinowski, 369-404. Paris: Bibliothèque nationale de France, 2003.

Drettas, Dimitri. "Deux types de manuscrits mantiques: Prognostication par tirage au sort et clefs des songes." In *La fabrique du lisible: la mise en texte des manuscrits de la Chine ancienne et médiévale*, edited by Jean-Pierre Drège and Costantino Moretti, 123-28. Paris: Institut des Hautes Études Chinoises, Collège de France, 2014.

———. "Le rêve mis en ordre: Les traités onirologiques des Ming à l'épreuve des traditions divinatoire, médicale et religieuse du rêve en Chine." PhD diss., École Pratique des Hautes Études, 2007.

Durrant, Stephen, Wai-yee Li, and David Schaberg. *Zuo Tradition: Zuozhuan*. 3 vols., continuously paginated. Seattle: University of Washington Press, 2016.

Eberhard, Wolfram. "Chinesische Träume als soziologisches Quellenmaterial." *Sociologus* new series 17.1 (1967): 71-91.

Egan, Ronald. "Nature and Higher Ideals in Texts on Calligraphy, Music, and Painting." In *Chinese Aesthetics: The Ordering of Literature, the Arts, and the Universe in the Six Dynasties*, edited by Zong-qi Cai, 277-309. Honolulu: University of Hawai'i Press, 2004.

Eggert, Marion. *Rede vom Traum: Traumauffassungen der Literatenschicht im späten kaiserlichen China*. Münchener Ostasiatische Studien 64. Stuttgart: Steiner, 1993.

Eicher, Sebastian. "Fan Ye's Biography in the *Song shu*: Form, Content, and Impact." *Early Medieval China* 22 (2016): 45-64.

Eisenbud, Jule. "The Dreams of Two Patients in Analysis as a Telepathic *Rêve-à-Deux*." In

Psychoanalysis and the Occult, edited by Georges Devereux, 262-76. New York: International Universities Press, 1953.

Eitrem, Samson. "Dreams and Divination in Magical Ritual." In *Magica Hiera: Ancient Greek Magic and Religion*, edited by Christopher A. Faraone and Dirk Obbink, 175-87. New York: Oxford University Press, 1991.

Eliade, Mircea. *Myth and Reality*. Translated by Willard R. Trask. New York: Harper & Row, 1963.

Elman, Benjamin. "Collecting and Classifying: Ming Dynasty Compendia and Encyclopedias (*leishu*)." *Extrême-Orient, Extrême-Occident* hors-série (2007): 131-57.

Erdelyi, Matthew Hugh. "The Continuity Hypothesis." *Dreaming* 27.4 (2017): 334-44.

Esler, Dylan. "Note d'oniromancie tibétaine: Réflexions sur la chapitre 4 du *Bsam-gtan mig-sgron* de Gnubs-chen sangs-rgyas ye-shes." *Acta Orientalia Belgica* 25 (2012): 317-28.

Espesset, Grégoire. "Epiphanies of Sovereignty and the Rite of Jade Disc Immersion in Weft Narratives." *Early China* 37 (2014): 393-443.

Evans-Pritchard, E. E. *Theories of Primitive Religion*. Oxford: Clarendon Press, 1965.

Ewing, Katherine Pratt. "Dreams from a Saint: Anthropological Atheism and the Temptation to Believe." *American Anthropologist* n.s. 96 (1994): 571-83.

Faure, Bernard. *Visions of Power: Imagining Medieval Japanese Buddhism*. Translated by Phyllis Brooks. Princeton: Princeton University Press, 1996.

Firth, Raymond. "The Meaning of Dreams in Tikopia." In *Essays Presented to C. G. Seligman*, edited by E. E. Evans-Pritchard, R. Firth, B. Malinowski, and I. Schapera, 63-74. London: Kegan Paul, 1934.

——. "Tikopia Dreams: Personal Images of Social Reality." *Journal of the Polynesian Society* 110 (2001): 7-29.

Fodde-Reguer, Anna-Alexandra. "Divining Bureaucracy: Divination Manuals as Technology and the Standardization of Efficacy in Early China." PhD diss., University of Michigan, 2014.

Forke, Alfred. *Lun-hêng*. 2 vols. Reprint of 1907-11 edition. New York: Paragon Book Gallery, 1962.

Forte, Antonino. *Political Propaganda and Ideology in China at the End of the Seventh Century*. Napoli: Istituto Universitario Orientale, 1976.

——. "The South Indian Monk Bodhiruci (d. 727): Biographical Evidence." In *A Life Journey to the East: Sinological Studies in Memory of Giuliano Bertuccioli (1923-2001)*, edited by Antonino Forte and Federico Masini, 77-116. Kyoto: Scuola Italiana di Studi sull'Asia Orientale, 2002.

Foucault, Michel. *The Hermeneutics of the Subject: Lectures at the Collège de France, 1981-1982*. Edited by Frédéric Gros. Translated by Graham Burchell. New York: Picador, 2001. 中译本为［法］米歇尔·福柯著，余碧平译：《主体解释学》，上海：上海人民出版社，2010年。

——. *The Order of Things: An Archaeology of the Human Sciences*. New York: Vintage, 1970.

中译本为［法］米歇尔·福柯著，莫伟民译：《词与物：人文科学的考古学》，上海：上海三联书店，2016年。
Freud, Sigmund. *The Interpretation of Dreams*. Translated by Joyce Crick, with an introduction by Ritchie Robertson. Oxford: Oxford University Press, 1999.
傅正谷：《中国梦文化》，北京：中国社会科学出版社，1993年。
Fukatsu Tanefusa 深津胤房. "Kodai chūgokujin no shisō to seikatsu: yume ni tsuite" 古代中國人の思想と生活：夢について. In *Uno Testuto sensei hakuju shukuga kinen Tōyōgaku ronsō* 宇野哲人先生白壽祝賀記念東洋學論叢, 939-61. Tokyo: Uno Testuto sensei hakuju shukuga kinen kai, 1974.
Furth, Charlotte. *A Flourishing Yin: Gender in China's Medical History, 960-1665*. Berkeley: University of California Press, 1999. 中译本为［美］费侠莉著，甄橙主译：《繁盛之阴：中国医学史中的性（960—1665）》，南京：江苏人民出版社，2006年。
Galambos, Imre. "Composite Manuscripts in Medieval China: The Case of Scroll P.3720 from Dunhuang." In *One-Volume Libraries: Composite and Multiple-Text Manuscripts*, edited by Michael Friedrich and Cosmia Schwarke, 355-78. Berlin: De Gruyter, 2016.
Gallagher, Catherine, and Stephen Greenblatt. "Introduction." In *Practicing New Historicism*, edited by Catherine Gallagher and Stephen Greenblatt, 1-19. Chicago: University of Chicago Press, 2000.
Gallagher, Shaun. *How the Body Shapes the Mind*. Oxford: Oxford University Press, 2005.
Gallop, David. *Aristotle on Sleep and Dreams: A Text and Translation with Introduction, Notes and Glossary*. Warminster: Aris & Phillips, 1996.
Galvany, Albert. "Signs, Clues and Traces: Anticipation in Ancient Chinese Political and Military Texts." *Early China* 38 (2015): 151-94.
Geertz, Clifford. "Culture War." *New York Review of Books*, November 30, 1995, 4-6.
George, Marianne. "Dreams, Reality, and the Desire and Intent of Dreamers as Experienced by a Fieldworker." *Anthropology of Consciousness* 6 (1995): 17-33.
George-Joseph, Gizelle, and Edward W. L. Smith. "The Dream World in Dominica." *Dreaming* 18.3 (2008): 167-74.
Gerona, Carla. *Night Journeys: The Power of Dreams in Transatlantic Quaker Culture*. Charlottesville: University of Virginia Press, 2004.
Gethin, Rupert M. L. *The Buddhist Path to Awakening*. Oxford: Oneworld, 2001.
Gibson, James J. "The Theory of Affordances." In *Perceiving, Acting, and Knowing*, edited by R. E. Shaw and J. Bransford, 67-82. Hillsdale, NJ: Lawrence Erlbaum Associates, 1977.
Ginzburg, Carlo. *Clues, Myths, and the Historical Method*. Translated by John and Anne C. Tedeschi. Baltimore: Johns Hopkins University Press, 2013.
Goffman, Erving. *The Presentation of Self in Everyday Life*. New York: Doubleday, 1959. 中译本为［美］欧文·戈夫曼著，黄爱华、冯钢译：《日常生活中的自我呈现》，北京：北京大学出版社，2022年。
Goldin, Paul Rakita. "The Consciousness of the Dead as a Philosophical Problem in Ancient

China." In *The Good Life and Conceptions of Life in Early China and Græco-Roman Antiquity*, edited by R. A. H. King, 59-92. Berlin: De Gruyter, 2015.

———. "Non-Deductive Argumentation in Early Chinese Philosophy." In *Between History and Philosophy: Anecdotes in Early China*, edited by Paul van Els and Sarah A. Queen, 41-62. Albany: State University of New York Press, 2017.

———. "Xunzi and Early Han Philosophy." *Harvard Journal of Asiatic Studies* 67.1 (2007): 136-66.

Goodale, Jane C. "Tiwi Island Dreams." In *Dream Travelers: Sleep Experiences and Culture in the Western Pacific*, edited by Roger Ivar Lohmann, 149-67. New York: Palgrave Macmillan, 2003.

Goodman, Howard L. *Ts'ao P'i Transcendent: The Political Culture of Dynasty-Founding in China at the End of the Han*. Seattle: Scripta Serica, 1998.

Graf, Fritz. "Dreams, Visions and Revelations: Dreams in the Thought of the Latin Fathers." In *Sub Imagine Somni: Nighttime Phenomena in Greco-Roman Culture*, edited by Emma Scioli and Christine Walde, 211-29. Pisa: Edizioni ETS, 2010.

Graff, David. *Medieval Chinese Warfare, 300-900*. London: Routledge, 2001.

Graham, A. C. *The Book of Lieh-tzu: A Classic of the Tao*. 2nd edition. New York: Columbia University Press, 1990.

———. *Chuang-tzu: The Inner Chapters*. London: George Allen & Unwin, 1981.

———. "The Date and Composition of *Lieh-tzu*." In *Studies in Chinese Philosophy and Philosophical Literature*, 216-82. Albany: State University of New York Press, 1990.

Greatrex, Roger. *The Bowu zhi: An Annotated Translation*. Stockholm: Skrifter utgivna av Föreningen för Orientaliska Studier, 1987.

Greenblatt, Stephen. "The Touch of the Real." In *The Fate of "Culture": Geertz and Beyond*, edited by Sherry B. Ortner, 14-29. Berkeley: University of California Press, 1999.

Greenstein, E. L. "Medieval Bible Commentaries." In *Back to the Sources*, edited by B. Holtz, 212-59. New York: Summit, 1984.

Gregor, Thomas. "'Far, Far Away My Shadow Wandered': The Dream Symbolism and Dream Theories of the Mehinaku Indians of Brazil." *American Ethnologist* 8 (1981): 709-20.

Groark, Kevin. "Discourses of the Soul: The Negotiation of Personal Agency in Tzotzil Maya Dream Narrative." *American Ethnologist* 36 (2009): 705-21.

———. "Social Opacity and the Dynamics of Empathic In-Sight among the Tzotzil Maya of Chiapas, Mexico." *Ethos* 36 (2008): 427-48.

———. "Specters of Social Antagonism: The Cultural Psychodynamics of Dream Aggression among the Tzotzil Maya of San Juan Chamula (Chiapas, Mexico)." *Ethos* 45 (2017): 314-41.

———. "Toward a Cultural Phenomenology of Intersubjectivity: The Extended Relational Field of the Tzotzil Maya of Highland Chiapas, Mexico." *Language and Communication* 33 (2013): 278-91.

——. "Willful Souls: Dreaming and the Dialectics of Self-Experience among the Tzotzil Maya of Highland Chiapas, Mexico." In *Toward an Anthropology of the Will*, edited by Keith M. Murphy and C. Jason Throop, 101–22. Stanford: Stanford University Press, 2010.

Gu Ming Dong. *Chinese Theories of Reading and Writing: A Route to Hermeneutics and Open Poetics*. Albany: State University of New York Press, 2005.

Guggenmos, Esther-Maria. "A List of Magic and Mantic Practices in the Buddhist Canon." In *Coping with the Future: Theories and Practices of Divination in East Asia*, edited by Michael Lackner, 151–95. Leiden: E. J. Brill, 2018.

Guinan, Ann Kessler. "A Severed Head Laughed: Stories of Divinatory Interpretation." In *Magic and Divination in the Ancient World*, edited by Leda Ciraolo and Jonathan Seidel, 7–30. Leiden: E. J. Brill, 2002.

Guthrie, Stewart. *Faces in the Clouds: A New Theory of Religion*. New York: Oxford University Press, 1995.

Hachiya Kunio 蜂屋邦夫. *Rōshi* 老子. Tokyo: Iwanami shoten, 2008.

Hacking, Ian. *Historical Ontology*. Cambridge, MA: Harvard University Press, 2002.

Hadot, Pierre. *Philosophy as a Way of Life*. Edited with an introduction by Arnold I. Davidson. Translated by Michael Chase. Oxford: Blackwell, 1995. 中译本为［法］皮埃尔·阿多著, 姜丹丹译:《作为生活方式的哲学: 皮埃尔·阿多与雅妮·卡尔利埃、阿尔诺·戴维森对话录》, 上海: 上海译文出版社, 2014年。

Hall, David H. "Beliefs about Dreams and Their Relationship to Gender and Personality." PhD diss., Wright Institute Graduate School of Psychology, 1996.

Hallowell, A. Irving. "Ojibwa Ontology, Behavior, and World View." In *Primitive Views of the World*, edited by Stanley Diamond, 49–82. New York: Columbia University Press, 1964.［Originally published 1960.］

韩帅:《梦与梦占》, 天津: 天津人民出版社, 2011年。

Hansen, Chad. "Guru or Skeptic? Relativistic Skepticism in the *Zhuangzi*." In *Hiding the World in the World: Uneven Discourses on the "Zhuangzi,"* edited by Scott Cook, 128–62. Albany: State University of New York Press, 2003.

Harbsmeier, Christoph. *Language and Logic*. Volume 7, part 1 of *Science and Civilisation in China*. Edited by Kenneth Robinson. Cambridge: Cambridge University Press, 1998.

Harkness, Ethan Richard. "Cosmology and the Quotidian: Day Books in Early China." PhD diss., University of Chicago, 2011.

Harper, Donald. "A Chinese Demonography of the Third Century B.C." *Harvard Journal of Asiatic Studies* 45 (1985): 459–98.

——. "Dunhuang Iatromantic Manuscripts: P. 2856 Ro and P. 2675 Vo." In *Medieval Chinese Medicine: The Dunhuang Medical Manuscripts*, edited by Vivienne Lo and Christopher Cullen, 134–64. London: Routledge, 2005.

——. "Iatromancie." In *Divination et société dans la Chine médiévale*, edited by Marc Kalinowski, 471–512. Paris: Bibliothèque nationale de France, 2003.

——. "Iatromancy, Diagnosis, and Prognosis in Early Chinese Medicine." In *Innovation in*

Chinese Medicine, edited by Elisabeth Hsu, 99-120. Cambridge: Cambridge University Press, 2001.

———. "A Note on Nightmare Magic in Ancient and Medieval China." *T'ang Studies* 6 (1988): 69-76.

———. "Physicians and Diviners: The Relation of Divination to the Medicine of the *Huangdi neijing* (Inner Canon of the Yellow Thearch)." In *Extrême-Orient, Extrême-Occident: Cahiers de recherches comparatives* vol. 21: *Divination et rationalité en Chine ancienne*, edited by Karine Chemla, Donald Harper, and Marc Kalinowski, 91-110. Paris: Presses Universitaires de Vincennes, 1999.

———. "Spellbinding." In *Religions of China in Practice*, edited by Donald S. Lopez, Jr., 241-50. Princeton: Princeton University Press, 1996.

———. "The Textual Form of Knowledge: Occult Miscellanies in Ancient and Medieval Chinese Manuscripts, Fourth Century B.C. to Tenth Century A.D." In *Looking at It from Asia: The Processes That Shaped the Sources of History of Science*, edited by Florence Bretelle-Establet, 37-80. Paris: Springer, 2010.

———. "Wang Yen-shou's Nightmare Poem." *Harvard Journal of Asiatic Studies* 47 (1987): 239-83.

———. "Warring States Natural Philosophy and Occult Thought." In *The Cambridge History of Ancient China*. Vol. 1, *From the Origins of Civilization to 221 B.C.*, edited by Michael Loewe and Edward L. Shaughnessy, 813-84. Cambridge: Cambridge University Press, 1999.

Harper, Donald, and Marc Kalinowski. "Introduction." In *Books of Fate and Popular Culture in Early China: The Daybook Manuscripts of the Warring States, Qin, and Han*, 1-10. Leiden: E. J. Brill, 2017.

Harper, Donald, and Marc Kalinowski, eds. *Books of Fate and Popular Culture in Early China: The Daybook Manuscripts of the Warring States, Qin, and Han*. Leiden: E. J. Brill, 2017.

Harris, William V. *Dreams and Experience in Classical Antiquity*. Cambridge, MA: Harvard University Press, 2009.

Harris, William V., and Brooke Holmes, eds. *Aelius Aristides between Greece, Rome, and the Gods*. Leiden: E. J. Brill, 2008.

Harris-McCoy, Daniel E. *Artemidorus' Oneirocritica: Text, Translation, and Commentary*. Oxford: Oxford University Press, 2012.

Harrison, Paul M. "Mediums and Messages: Reflections on the Production of Mahāyāna Sūtras." *Eastern Buddhist* 35 (2003): 116-51.

Harrison, Thomas. *Divinity and History: The Religion of Herodotus*. Oxford: Clarendon, 2000.

Harrisson, Juliette. *Dreams and Dreaming in the Roman Empire: Cultural Memory and Imagination*. London: Bloomsbury, 2013.

Hartmann, Ernest. "The Nature and Functions of Dreaming." In *The New Science of Dreaming*,

Volume 3: *Cultural and Theoretical Perspectives*, edited by Deirdre Barrett and Patrick McNamara, 171-92. Westport, CT: Praeger, 2007.

Harvey, Graham. *Animism: Respecting the Living World*. 2nd edition. New York: Columbia University Press, 2017.

Hasan-Rokem, Galit. "Communication with the Dead in Jewish Dream Culture." In *Dream Cultures: Explorations in the Comparative History of Dreaming*, edited by David Shulman and Guy G. Stroumsa, 213-32. New York: Oxford University Press, 1999.

Hasar, Rahman Veisi. "Metaphor and Metonymy in Ancient Dream Interpretation: The Case of Islamic-Iranian Culture." *Journal of Ethnology and Folkloristics* 11.2 (2017): 69-83.

Hattori, Masaaki. "The Dream Simile in Vijñānavāda Treatises." In *Indological and Buddhist Studies: Volume in Honour of Professor J.W. de Jong on his Sixtieth Birthday*, edited by L. A. Hercus et al., 235-41. Sidney: Australian National University, 1982.

Heine, Steven. "Putting the 'Fox' Back in the 'Wild Fox Kōan': The Intersection of Philosophical and Popular Religious Elements in the Ch'an/Zen Kōan Tradition."*Harvard Journal of Asiatic Studies* 56.2 (1996): 257-317.

Henderson, John B. "Divination and Confucian Exegesis." In *Extrême-Orient, Extrême-Occident: Cahiers de recherches comparatives* vol. 21: *Divination et rationalité en Chine ancienne*, edited by Karine Chemla, Donald Harper, and Marc Kalinowski, 79-89. Paris: Presses Universitaires de Vincennes, 1999.

——. *Scripture, Canon, and Commentary: A Comparison of Confucian and Western Exegesis.* Princeton: Princeton University Press, 1991.

Henricks, Robert G. *Lao-tzu Te-Tao Ching: A New Translation Based on the Recently Discovered Ma-wang-tui Texts.* New York: Ballantine, 1989.

Herdt, Gilbert. "Selfhood and Discourse in Sambia Dream Sharing." In *Dreaming: Anthropological and Psychological Interpretations*, edited by Barbara Tedlock, 55-85. 2nd edition. Santa Fe: School of American Research Press, 1992.

Hihara Toshikuni 日原利國. "Saii to shin'i 災異と讖緯." *Tōhōgaku* 43 (1972): 31-43.

Hobson, J. Allan. *Dreaming as Delirium: How the Brain Goes Out of Its Mind.* 1994; reprinted Cambridge, MA: MIT Press, 1999.

Hoffmeyer, Jesper. *Biosemiotics: An Examination into the Signs of Life and the Life of Signs.* Translated by Jesper Hoffmeyer and Donald Favareau. Edited by Donald Favareau. Scranton, PA: University of Scranton Press, 2008.

Hollan, Douglas. "The Cultural and Intersubjective Context of Dream Remembrance and Reporting: Dreams, Aging, and the Anthropological Encounter in Toraja, Indonesia." In *Dream Travelers: Sleep Experiences and Culture in the Western Pacific*, edited by Roger Ivar Lohmann, 169-87. New York: Palgrave Macmillan, 2003.

——. "The Personal Use of Dream Beliefs in the Toraja Highlands." *Ethos* 17 (1989): 166-86.

——. "Selfscape Dreams." In *Dreaming and the Self: New Perspectives on Subjectivity, Identity, and Emotion*, edited by Jeannette Marie Mageo, 61-74. Albany: State University of New York Press, 2003.

Holy, Ladislav. "Berti Dream Interpretation." In *Dreaming, Religion and Society in Africa*, edited by M. C. Je͗drej and Rosalind Shaw, 86–99. Leiden: E. J. Brill, 1992.

Holzman, Donald. *La vie et la pensée de Hi K'ang (223-262 ap. J.-C.)*. Leiden: E. J. Brill, 1957.

Hon, Tze-Ki. "Hexagrams and Politics: Wang Bi's Political Philosophy in the *Zhouyi zhu*." In *Philosophy and Religion in Early Medieval China*, edited by Alan K. L. Chan and Yuet-Keung Lo, 71–95. Albany: State University of New York Press, 2010.

Horowitz, Alexandra. *Inside of a Dog: What Dogs See, Smell, and Know*. New York: Scribner, 2009.

Hou, Ching-lang. "The Chinese Belief in Baleful Stars." In *Facets of Taoism: Essays in Chinese Religion*, edited by Holmes Welch and Anna Seidel, 193–228. New Haven: Yale University Press, 1979.

Hoyland, Robert. "Physiognomy in Islam." *Jerusalem Studies in Arabic and Islam* 30 (2005): 361–402.

Hucker, Charles O. *A Dictionary of Official Titles in Imperial China*. Stanford: Stanford University Press, 1985.

Hughes, J. Donald. "The Dreams of Alexander the Great." *Journal of Psychohistory* 12 (1984): 168–92.

Hume, Robert Ernest. *The Thirteen Principal Upanishads*. 2nd edition. London: Oxford University Press, 1931.

Hung, Wu, and Katherine R. Tsiang, eds. *Body and Face in Chinese Visual Culture*. Cambridge, MA: Harvard University Press, 2005.

Hunter, Michael. *Confucius beyond the "Analects."* Leiden: E. J. Brill, 2017.

Huntington, C. W., Jr. *The Emptiness of Emptiness: An Introduction to Early Indian Mādhyamika*. With Geshé Namgyal Wangchen. Honolulu: University of Hawai'i Press, 1989. 中译本为［美］亨廷顿、南杰旺钦格西著，陈海叶译：《空性的空性：印度早期中观导论》，上海：上海古籍出版社，2017年。

Huntington, Rania. *Alien Kind: Foxes and Late Imperial Chinese Narrative*. Cambridge, MA: Harvard University Asia Center, 2003.

———. "Foxes and Sex in Late Imperial Chinese Narrative." *Nan nü* 2.1 (2000): 78–128.

Hurvitz, Leon. *Scripture of the Lotus Blossom of the Fine Dharma (The Lotus Sutra)*. Revised edition. New York: Columbia University Press, 2009.

Hutton, Eric. *Xunzi: The Complete Text*. Princeton: Princeton University Press, 2014.

Ichikawa, Jonathan. "Dreaming and Imagination." *Mind and Language* 24 (2009): 103–21.

Idel, Moshe. "Astral Dreams in Judaism: Twelfth to Fourteenth Centuries." In *Dream Cultures: Explorations in the Comparative History of Dreaming*, edited by David Shulman and Guy G. Stroumsa, 235–51. New York: Oxford University Press, 1999.

Itō Michiharu 伊藤道治 and Takashima Ken-ichi 高嶋谦一. *Studies in Early Chinese Civilization: Religion, Society, Language and Palaeography*. Edited by Gary F. Arbuckle. 2 vols., separately paginated. Osaka: Intercultural Research Institute, Kansai Gaidai University,

1996.

Jenkins, David. "When is a Continuity Hypothesis Not a Continuity Hypothesis？" *Dreaming* 28.4（2018）: 351-55.

Jensen, Christopher Jon. "Dreaming Betwixt and Between: Oneiric Narratives in Huijiao and Daoxuan's *Biographies of Eminent Monks*." PhD diss., McMaster University, 2018.

Jiang, Tao. *Contexts and Dialogue: Yogācāra Buddhism and Modern Psychology on the Subliminal Mind*. Honolulu: University of Hawai'i Press, 2006.

Johnston, Sarah Iles. *Ancient Greek Divination*. Chichester: Wiley-Blackwell, 2008.

——. "Delphi and the Dead." In *Mantikê: Studies in Ancient Divination*, edited by Sarah Iles Johnston and Peter T. Struck, 283-307. Leiden: E. J. Brill, 2005.

——. "Sending Dreams, Restraining Dreams: *Oneiropompeia* in Theory and Practice." In *Sub Imagine Somni: Nighttime Phenomena in Greco-Roman Culture*, edited by Emma Scioli and Christine Walde, 63-80. Pisa: Edizioni ETS, 2010.

Josephson-Storm, Jason Ā. *The Myth of Disenchantment: Magic, Modernity, and the Birth of the Human Sciences*. Chicago: University of Chicago Press, 2017.

Jung, Carl G. *Dreams*. Translated by R. F. C. Hull. Princeton: Princeton University Press, 2010.

Kahn, David, and Allan Hobson. "Theory of Mind in Dreaming: Awareness of Feelings and Thoughts of Others in Dreams." *Dreaming* 15.1（2005）: 48-57.

Kalinowski, Marc. "Divination and Astrology: Received Texts and Excavated Manuscripts." In *China's Early Empires: A Reappraisal*, edited by Michael Nylan and Michael Loewe, 339-66. Cambridge: Cambridge University Press, 2010.

——, ed. *Divination et société dans la Chine médiévale*. Paris: Bibliothèque nationale de France, 2003.

——. "La divination sous les Zhou orientaux（770-256 avant notre ère）." In *Religion et société en Chine ancienne et médiévale*, edited by John Lagerwey, 101-64. Paris: Cerf, 2009.

——. "Diviners and Astrologers under the Eastern Zhou: Transmitted Texts and Recent Archaeological Discoveries." In *Early Chinese Religion, Part One: Shang through Han（1250 BC-220 AD）*, edited by John Lagerwey and Marc Kalinowski, 341-96. Leiden: E. J. Brill, 2009.

——. "Introduction générale." In *Divination et société dans la Chine médiévale*, edited by Marc Kalinowski, 7-33. Paris: Bibliothèque nationale de France, 2003.

——. "La littérature divinatoire dans le *Daozang*." *Cahiers d'Extrême-Asie* 5（1989-90）: 85-114.

——. "Technical Traditions in Ancient China and *Shushu* Culture in Chinese Religion." In *Religion and Chinese Society*, vol. 1: *Ancient and Medieval China*, edited by John Lagerwey, 223-48. Hong Kong: Chinese University Press, 2004.

——. *Wang Chong, Balance des discours: Destin, providence et divination*. Paris: Les Belles Lettres, 2011.

Kamenarović, Ivan P. *Wang Fu: Propos d'un ermite（Qianfu lun）*. Paris: Les Éditions du

Cerf, 1992.

Kang, Xiaofei. *The Cult of the Fox: Power, Gender, and Popular Religion in Late Imperial and Modern China.* New York: Columbia University Press, 2005. 中译本为［美］康笑菲著，姚政志译：《说狐》，杭州：浙江大学出版社，2011年。

——. "The Fox [*hu* 狐] and the Barbarian [*hu* 胡]: Unraveling Representations of the Other in Late Tang Tales." *Journal of Chinese Religions* 27 (1999): 35–68.

Kany-Turpin, José, and Pierre Pellegrin. "Cicero and the Aristotelian Theory of Divination by Dreams." In *Cicero's Knowledge of the Peripatos*, edited by William W. Fortenbaugh and Peter Steinmetz, 220–45. Rutgers University Studies in Classical Humanities IV. New Brunswick, NJ: Transaction Publishers, 1989.

Kao, Karl S. Y., ed. *Classical Chinese Tales of the Supernatural and the Fantastic: Selections from the Third to the Tenth Century.* Bloomington: Indiana University Press, 1985.

Keen, Ian. "Dreams, Agency, and Traditional Authority in Northeast Arnhem Land." In *Dream Travelers: Sleep Experiences and Culture in the Western Pacific*, edited by Roger Ivar Lohmann, 127–47. New York: Palgrave Macmillan, 2003.

Keightley, David N. *The Ancestral Landscape: Time, Space, and Community in Late Shang China (ca. 1200-1045 B.C.).* Berkeley: Institute of East Asian Studies, University of California, 2000. 中译本为［美］吉德炜著，陈嘉礼译：《祖先的风景：商代晚期的时间、空间和社会（约公元前1200—前1045年）》，上海：上海古籍出版社，2021年。

——. "The 'Science' of the Ancestors: Divination, Curing, and Bronze-Casting in Late Shang China." *Asia Major* 3rd series 14.2 (2001): 143–87.

——. *Sources of Shang History: The Oracle-Bone Inscriptions of Bronze Age China.* Berkeley: University of California Press, 1978.

——. *These Bones Shall Rise Again: Selected Writings on Early China.* Edited by Henry Rosemont Jr. Albany: State University of New York Press, 2014.

Kempf, Wolfgang, and Elfriede Hermann. "Dreamscapes: Transcending the Local in Initiation Rites among the Ngaing of Papua New Guinea." In *Dream Travelers: Sleep Experiences and Culture in the Western Pacific*, edited by Roger Ivar Lohmann, 61-85. New York: Palgrave Macmillan, 2003.

Kern, Martin. "Early Chinese Divination and Its Rhetoric." In *Coping with the Future: Theories and Practices of Divination in East Asia*, edited by Michael Lackner, 255–88. Leiden: E. J. Brill, 2018.

——. "Religious Anxiety and Political Interest in Western Han Omen Interpretation." *Chūgoku shigaku* 中国史学 10 (2000): 1–31.

Kessels, A. H. M. "Ancient Systems of Dream-Classification." *Mnemosyne* 4th ser. 22 (1969): 389–424.

Kilborne, Benjamin. "On Classifying Dreams." In *Dreaming: Anthropological and Psychological Interpretations*, edited by Barbara Tedlock, 171–93. 2nd edition. Santa Fe: School of American Research Press, 1992.

Kimbrough, R. Keller. "Reading the Miraculous Powers of Japanese Poetry: Spells, Truth

Acts, and a Medieval Buddhist Poetics of the Supernatural." *Japanese Journal of Religious Studies* 32.1（2005）: 1-33.

King, David B., and Teresa L. DeCicco. "Dream Relevance and the Continuity Hypothesis: Believe It or Not?" *Dreaming* 19.4（2009）: 207-17.

Kinney, Anne Behnke. *The Art of the Han Essay: Wang Fu's Ch'ien-fu lun*. Tempe: Center for Asian Studies, Arizona State University, 1990.

——. "Predestination and Prognostication in the *Ch'ien-fu lun*." *Journal of Chinese Religions* 19（1991）: 27-45.

Kirk, G. S., and J. E. Raven. *The Presocratic Philosophers*. Cambridge: Cambridge University Press, 1957. 中译本为G. S. 基尔克, J. E. 拉文, M. 斯科菲尔德著, 聂敏里译:《前苏格拉底哲学家——原文精选的批评史》, 上海: 华东师范大学出版社, 2014年。

Klein, Esther S. "Constancy and the *Changes*: A Comparative Reading of *Heng xian*." *Dao* 12（2013）: 207-24.

——. "Were There 'Inner Chapters' in the Warring States? A New Examination of Evidence about the *Zhuangzi*." *T'oung Pao* 96（2011）: 299-369.

Knapp, Keith. "Heaven and Death according to Huangfu Mi, a Third-Century Confucian." *Early Medieval China* 6（2000）: 1-31.

——. *Selfless Offspring: Filial Children and Social Order in Medieval China*. Honolulu: University of Hawai'i Press, 2005. 中译本为［美］南恺时著, 戴卫红译:《中古中国的孝子和社会秩序》, 北京: 中国社会科学出版社, 2021年。

Knechtges, David R. *Wen xuan, or Selections of Refined Literature. Vol. 2, Rhapsodies on Sacrifices, Hunting, Travel, Sightseeing, Palaces and Halls, Rivers and Seas*. Princeton: Princeton University Press, 1987.

——. *Wen xuan, or Selections of Refined Literature. Vol. 3, Rhapsodies on Natural Phenomena, Birds and Animals, Aspirations and Feelings, Sorrowful Laments, Literature, Music, and Passions*. Princeton: Princeton University Press, 1996.

Knight, Sam. "The Premonitions Bureau." *The New Yorker*, 4 March 2019: 38-47.

Knoblock, John, and Jeffrey Riegel. *The Annals of Lü Buwei: A Complete Translation and Study*. Stanford: Stanford University Press, 2000.

Knudson, Roger M., Alexandra L. Adame, and Gillian M. Finocan. "Significant Dreams: Repositioning the Self Narrative." *Dreaming* 16.3（2006）: 215-22.

Kohn, Eduardo. "How Dogs Dream: Amazonian Natures and the Politics of Transspecies Engagement." *American Ethnologist* 34.1（2007）: 3-24.

——. *How Forests Think: Toward an Anthropology beyond the Human*. Berkeley: University of California Press, 2013. 中译本为［加］爱德华多·科恩著, 毛竹译:《森林如何思考: 超越人类的人类学》上海: 上海文艺出版社, 2023年。

Kory, Stephan N. "Cracking to Divine: Pyro-Plastromancy as an Archetypal and Common Mantic and Religious Practice in Han and Medieval China." PhD diss., Indiana University, 2012.

Kracke, Waud. "Afterword: Beyond the Mythologies, a Shape of Dreaming." In *Dream*

Travelers: Sleep Experiences and Culture in the Western Pacific, edited by Roger Ivar Lohmann, 211-35. New York: Palgrave Macmillan, 2003.

——. "Dream: Ghost of a Tiger, a System of Human Words." In *Dreaming and the Self: New Perspectives on Subjectivity, Identity, and Emotion*, edited by Jeannette Marie Mageo, 155-64. Albany: State University of New York Press, 2003.

——. "Dreaming in Kagwahiv: Dream Beliefs and Their Psychic Uses in an Amazonian Indian Culture." In *The Psychoanalytic Study of Society*, edited by Werner Muensterberger and L. Bryce Boyer, 119-71. New Haven: Yale University Press, 1979.

——. "Myths in Dreams, Thought in Images: An Amazonian Contribution to the Psychoanalytic Theory of Primary Process." In *Dreaming: Anthropological and Psychological Interpretations*, edited by Barbara Tedlock, 31-54. 2nd edition. Santa Fe: School of American Research Press, 1992.

Kristeva, Julia. *Powers of Horror: An Essay on Abjection*. Translated by Leon S. Roudiez. New York: Columbia University Press, 1982. 中译本为［法］朱莉娅·克里斯蒂瓦著，张新木译：《恐怖的权力：论卑贱》，北京：商务印书馆，2018年。

Kroll, Paul W. *A Student's Dictionary of Classical and Medieval Chinese*. Leiden: E. J. Brill, 2015.

Kruger, Steven F. *Dreaming in the Middle Ages*. Cambridge: Cambridge University Press, 1992.

Kunzendorf, Robert G., et al. "The Archaic Belief in Dream Visitations as It Relates to 'Seeing Ghosts,' 'Meeting the Lord,' as well as 'Encountering Extraterrestrials.'" *Imagination, Cognition and Personality* 27.1 (2007-08): 71-85.

Kupperman, Joel. "Spontaneity and Education of the Emotions in the *Zhuangzi*." In *Essays on Skepticism, Relativism, and Ethics in the "Zhuangzi,"* edited by Paul Kjellberg and Philip J. Ivanhoe, 183-95. Albany: State University of New York Press, 1996.

Lackner, Michael. *Der chinesische Traumwald: Traditionelle Theorien des Traumes und seiner Deutung im Spiegel der ming-zeitlichen Anthologie Meng-lin hsüan-chieh*. Frankfurt: Peter Lang, 1985.

——, ed. *Coping with the Future: Theories and Practices of Divination in East Asia*. Leiden: E. J. Brill, 2017.

Lakoff, George. "How Metaphor Structures Dreams: The Theory of Conceptual Metaphor Applied to Dream Analysis." *Dreaming* 3 (1993): 77-98.

Lam, Ling Hon. *The Spatiality of Emotion in Early Modern China: From Dreamscapes to Theatricality*. New York: Columbia University Press, 2018.

Lamoreaux, John C. *The Early Muslim Tradition of Dream Interpretation*. Albany: State University of New York Press, 2002.

Lamotte, Étienne. *History of Indian Buddhism from the Origins to the Śaka Era*. Translated by Sara Webb-Boin. Louvain: Peeters, 1988.

Langenberg, Amy Paris. *Birth in Buddhism: The Suffering Fetus and Female Freedom*. New York: Routledge, 2017.

Larsen, Matthew D. C. *Gospels before the Book*. New York: Oxford University Press, 2018.
Latour, Bruno. *We Have Never Been Modern*. Translated by Catherine Porter. Cambridge, MA: Harvard University Press, 1993. 中译本为［法］布鲁诺·拉图尔著，刘鹏、安涅思译：《我们从未现代过：对称性人类学论集》，苏州：苏州大学出版社，2010年。
Levine, Caroline. *Forms: Whole, Rhythm, Hierarchy, Network*. Princeton: Princeton University Press, 2015.
Levine, Lawrence W. *The Unpredictable Past: Explorations in American Cultural History*. New York: Oxford University Press, 1993.
Lewis, Mark Edward. *China between Empires: The Northern and Southern Dynasties*. Cambridge, MA: Harvard University Press, 2009. 中译本为［美］陆威仪著，李磊译：《分裂的帝国：南北朝》，北京：中信出版社，2016年。
——. *The Construction of Space in Early China*. Albany: State University of New York Press, 2006.
——. *The Flood Myths of Early China*. Albany: State University of New York Press, 2006.
——. *Writing and Authority in Early China*. Albany: State University of New York Press, 1999.
李剑国：《唐前志怪小说史》，天津：南开大学出版社，1984年。
李零：《中国方术续考》，北京：东方出版社，2000年。
李寿菊：《狐仙信仰与狐狸精故事》，台北：台湾学生书局，1995年。
Li Wai-yee. "Dreams of Interpretation in Early Chinese Historical and Philosophical Writings." In *Dream Cultures: Explorations in the Comparative History of Dreaming*, edited by David Shulman and Guy G. Stroumsa, 17-42. New York: Oxford University Press, 1999.
——. *The Readability of the Past in Early Chinese Historiography*. Cambridge, MA: Harvard University Press, 2007. 中译本为［美］李惠仪著，文韬、许明德译：《〈左传〉的书写与解读》，南京：江苏人民出版社，2016年。
——. "Riddles, Concealment, and Rhetoric in Early China." In *Facing the Monarch: Modes of Advice in the Early Chinese Court*, edited by Garret P. S. Olberding, 100-132. Cambridge, MA: Harvard University Asia Center, 2013.
——. "*Shishuo xinyu* and the Emergence of Aesthetic Self-Consciousness in the Chinese Tradition." In *Chinese Aesthetics: The Ordering of Literature, the Arts, and the Universe in the Six Dynasties*, edited by Zong-qi Cai, 237-76. Honolulu: University of Hawai'i Press, 2004.
Liebenthal, Walter. "The Immortality of the Soul in Chinese Thought." *Monumenta Nipponica* 8 (1952): 327-96.
Lin Fu-shih 林富士. "The Cult of Jiang Ziwen in Medieval China." *Cahiers d'Extrême-Asie* 10 (1998): 357-75.
——. "Religious Taoism and Dreams: An Analysis of the Dream-data Collected in the *Yün-chi ch'i-ch'ien*." *Cahiers d'Extrême-Asie* 8 (1995): 95-112.
Lincoln, Bruce. *Theorizing Myth: Narrative, Ideology, and Scholarship*. Chicago: University of Chicago Press, 1999.
Linden, David J. *The Accidental Mind*. Cambridge, MA: Harvard University Press, 2007. 中

译本为［美］戴维·J. 林登著，沈颖等译：《进化的大脑：赋予我们爱情、记忆和美梦》，上海：上海科学技术出版社，2009年。

Link, Arthur. "The Biography of Shih Tao-an." *T'oung Pao* 46 (1958): 1-48.

Lippiello, Tiziana. *Auspicious Omens and Miracles in Ancient China: Han, Three Kingdoms and Six Dynasties.* Sankt Augustin: Institut Monumenta Serica, 2001.

Liszka, James Jakób. *A General Introduction to the Semeiotic of Charles Sanders Peirce.* Bloomington: Indiana University Press, 1996.

Liu Guozhong 刘国忠. *Introduction to the Tsinghua Bamboo-Strip Manuscripts.* Translated by Christopher J. Foster and William N. French. Leiden: E. J. Brill, 2016. 中文本为刘国忠著：《走近清华简》，北京：高等教育出版社，2011年。

Liu Mau-tsai. "Die Traumdeutung im alten China." *Asiatische Studien* 16 (1963): 35-65.

刘全波：《魏晋南北朝类书编纂研究》，北京：民族出版社，2018年。

刘文英：《梦的迷信与梦的探索》，北京：中国社会科学出版社，1989年。

——.《中国古代的梦书》，北京：中华书局，1990年。

刘文英、曹田玉：《梦与中国文化》，北京：人民出版社，2003年。

刘钊：《出土简帛文字丛考》，台北：台湾古籍出版有限公司，2004年。

Lo, Yuet Keung. "From a Dual Soul to a Unitary Soul: The Babel of Soul Terminologies in Early China." *Monumenta Serica* 56 (2008): 23-53.

Loewe, Michael. *A Biographical Dictionary of the Qin, Former Han and Xin Periods (221 BC-AD 24).* Leiden: E. J. Brill, 2000.

——. *Divination, Mythology and Monarchy in Han China.* Cambridge: Cambridge University Press, 1994.

Lohmann, Roger Ivar. "Introduction: Dream Travels and Anthropology." In *Dream Travelers: Sleep Experiences and Culture in the Western Pacific*, edited by Roger Ivar Lohmann, 1-18. New York: Palgrave Macmillan, 2003.

——. "Supernatural Encounters of the Asabano in Two Traditions and Three States of Consciousness." In *Dream Travelers: Sleep Experiences and Culture in the Western Pacific*, edited by Roger Ivar Lohmann, 189-210. New York: Palgrave Macmillan, 2003.

——. "The Supernatural Is Everywhere: Defining Qualities of Religion in Melanesia and Beyond." *Anthropological Forum* 13 (2003): 175-85.

——, ed. *Dream Travelers: Sleep Experiences and Culture in the Western Pacific.* New York: Palgrave Macmillan, 2003.

Lorenz, Hendrik. *The Brute Within: Appetitive Desire in Plato and Aristotle.* Oxford: Clarendon, 2006.

Lu Jia 陆贾. *Nouveaux discours.* Edited and translated by Béatrice l'Haridon and Stéphane Feuillas. Paris: Les belles lettres, 2012.

Lu Zongli. *Power of the Words: Chen Prophecy in Chinese Politics, AD 265-618.* Bern: Peter Lang, 2003.

栾保群编著：《中国神怪大辞典》，北京：人民出版社，2009年。

Lucretius. *On the Nature of Things.* Translated by W. H. D. Rouse, revised by Martin F. Smith.

Cambridge, MA: Harvard University Press, 1992. 中译本为［古罗马］卢克莱修著，方书春译：《物性论》，北京：商务印书馆，2017年。
——. *The Nature of Things*. Translated with notes by A. E. Stallings. London: Penguin, 2007.
罗建平：《夜的眼睛：中国梦文化象征》，成都：四川人民出版社，2005年。
Luo Xinhui 罗新慧. "Omens and Politics: The Zhou Concept of the Mandate of Heaven as Seen in the *Chengwu* 程寤 Manuscript." In *Ideology of Power and Power of Ideology in Early China*, edited by Yuri Pines, Paul R. Goldin, and Martin Kern, 49–68. Leiden: E. J. Brill, 2015.
Lusthaus, Dan. "Aporetics Ethics in the *Zhuangzi*." In *Hiding the World in the World: Uneven Discourses on the "Zhuangzi,"* 163–206. Edited by Scott Cook. Albany: State University of New York Press, 2003.
Lynn, Richard John. *The Classic of Changes: A New Translation of the I Ching as Interpreted by Wang Bi*. New York: Columbia University Press, 1994.
Macrobius. *Commentary on the Dream of Scipio*. Translated and edited by William Harris Stahl. New York: Columbia University Press, 1990.
Mageo, Jeannette Marie. *Dreaming Culture: Meanings, Models, and Power in U.S. American Dreams*. New York: Palgrave Macmillan, 2011.
——. "Nightmares, Abjection, and American Not-Quite Identities." *Dreaming* 27.4 (2017): 290–310.
——. "Subjectivity and Identity in Dreams." In *Dreaming and the Self: New Perspectives on Subjectivity, Identity, and Emotion*, edited by Jeannette Marie Mageo, 23–40. Albany: State University of New York Press, 2003.
——. "Theorizing Dreaming and the Self." In *Dreaming and the Self: New Perspectives on Subjectivity, Identity, and Emotion*, edited by Jeannette Marie Mageo, 3–22. Albany: State University of New York Press, 2003.
Mai, Cuong T. "Visualization Apocrypha and the Making of Buddhist Deity Cults in Early Medieval China: With Special Reference to the Cults of Amitābha, Maitreya, and Samantabhadra." PhD diss., Indiana University, 2009.
Major, John S., Sarah A. Queen, Andrew Seth Meyer, and Harold D. Roth. *The Huainanzi: A Guide to the Theory and Practice of Government in Early Han China*. New York: Columbia University Press, 2010.
Makita Tairyō 牧田諦亮. *Gikyō kenkyū* 疑經研究. Kyoto: Kyoto University, Jinbun kagaku kenkyūsho, 1976.
——. *Rikuchō kōitsu Kanzeon ōkenki no kenkyū* 六朝古逸觀世音應驗記の研究. Kyoto: Hyōrakuji shoten, 1970.
Mannheim, Bruce. "A Semiotic of Andean Dreams." In *Dreaming: Anthropological and Psychological Interpretations*, edited by Barbara Tedlock, 132–53. 2nd edition. Santa Fe: School of American Research Press, 1992.
Mather, Richard B. *Shih-shuo Hsin-yü, A New Account of Tales of the World*. 2nd edition. Ann Arbor: Center for Chinese Studies, University of Michigan, 2002.

Mazandarani, Amir Ali, Maria E. Aguilar-Vafaie, and G. William Domhoff. "Iranians' Beliefs about Dreams: Developing and Validating the 'My Beliefs About Dreams'Questionnaire." *Dreaming* 28.3（2018）: 225-34.

McGinn, Colin. *Mindsight: Image, Dream, Meaning.* Cambridge, MA: Harvard University Press, 2004.

McGovern, Nathan. "On the Origins of the 32 Marks of a Great Man." *Journal of the International Association of Buddhist Studies* 39（2016）: 207-47.

McNamara, Patrick, Erica Harris, and Anna Kookoolis. "Costly Signaling Theory of Dream Recall and Dream Sharing." In *The New Science of Dreaming*, Volume 3: *Cultural and Theoretical Perspectives*, 117-32. Westport, CT: Praeger, 2007.

McNamara, Patrick, Luke Dietrich-Egensteiner, and Brian Teed. "Mutual Dreaming." *Dreaming* 27.2（2017）: 87-101.

McRae, John R., tr. *The Vimalakīrti Sutra*. BDK English Tripiṭika 26-I. Berkeley: Numata Center for Buddhist Translation and Research, 2004.

Merrill, William. "The Rarámuri Stereotype of Dreams." In *Dreaming: Anthropological and Psychological Interpretations*, edited by Barbara Tedlock, 194-219. 2nd edition. Santa Fe: School of American Research Press, 1992.

Milburn, Olivia. *The Glory of Yue: An Annotated Translation of the "Yuejue shu."* Leiden: E. J. Brill, 2010.

——. *The Spring and Autumn Annals of Master Yan.* Leiden: E. J. Brill, 2016.

——. "The Weapons of Kings: A New Perspective on Southern Sword Legends in Early China." *Journal of the American Oriental Society* 128.3（2008）: 423-37.

Miller, Patricia Cox. *Dreams in Late Antiquity: Studies in the Imagination of a Culture.* Princeton: Princeton University Press, 1994.

Mittermaier, Amira. "The Book of Visions: Dreams, Poetry, and Prophecy in Contemporary Egypt." *International Journal of Middle East Studies* 39（2007）: 229-47.

——. *Dreams That Matter: Egyptian Landscapes of the Imagination.* Berkeley: University of California Press, 2011.

Miyakawa Hisayuki 宫川尚志. "Local Cults around Mount Lu at the Time of Sun En's Rebellion." In *Facets of Taoism: Essays in Chinese Religion*, edited by Holmes Welch and Anna Seidel, 83-122. New Haven: Yale University Press, 1979.

——. "Son On, Ro Jun no ran hokō" 孫恩盧循の辭補考. In *Suzuki hakushi koki kinen Tōyōgaku ronsō* 鈴木博士古稀記念東洋學論集, 533-48. Tokyo, 1972.

——. "Son On, Ro Jun no ran ni tsuite" 孫恩盧循の亂について. *Tōyōshi kenkyū* 東洋史研究 30.2（1971）: 1-30.

Miyazawa Masayori 宫沢正順. "'Dōkyō reigen ki'ni tsuite" 道教靈驗記について. *Sankō bunka kenkyūjo nempō* 三康文化研究所年報 18（1986）: 1-38.

Montgomery, Sy. *The Soul of an Octopus: A Surprising Exploration into the Wonder of Consciousness.* New York: Atria, 2015. 中译本为［美］赛·蒙哥玛丽著，王小可译：《章鱼星人》，北京：海洋出版社，2017 年。

Moreira, Isabel. *Dreams, Visions, and Spiritual Authority in Merovingian Gaul.* Ithaca: Cornell University Press, 2000.

Morewedge, Carey K., and Michael I. Norton. "When Dreaming Is Believing: The (Motivated) Interpretation of Dreams." *Journal of Personality and Social Psychology* 96 (2009): 249-64.

Müller, Gotelind. "Zum Begriff des Traumes und seiner Funktion im chinesischen buddhistichen Kanon." *Zeitschrift der Deutschen Morgenländischen Gesellschaft* 142 (1992): 343-77.

Müller, Klaus E. "Reguläre Anomalien im Schnittbereich zweier Welten." *Zeitschrift für Parapsychologie und Grenzgebiete der Psychologie* 34 (1992): 33-50.

Näf, Beat. "Artemidor—ein Schlüssel zum Verständnis antiker Traumberichte?" In *Sub Imagine Somni: Nighttime Phenomena in Greco-Roman Culture*, edited by Emma Scioli and Christine Walde, 185-209. Pisa: Edizioni ETS, 2010.

——. *Traum und Traumdeutung im Altertum.* Darmstadt: Wissenschaftliche Buchgesellschaft, 2004.

Neil, Bronwen. "Studying Dream Interpretation from Early Christianity to the Rise of Islam." *Journal of Religious History* 40.1 (2016): 44-64.

Newman, Deena I. J. "The Western Psychic as Diviner: Experience and the Politics of Perception." *Ethnos* 64 (1999): 82-106.

Niehoff, Maren. "A Dream Which Is Not Interpreted Is Like a Letter Which Is Not Read." *Journal of Jewish Studies* 43 (1992): 58-84.

Nishioka Hiromu 西岡弘. "Akumu no zō" 惡夢の贈. In *Ikeda Suetoshi hakushi koki kinen Tōyōgaku ronshū* 池田末利博士古稀記念東洋學論集, 313-28. Hiroshima: Ikeda Suetoshi hakushi koki kinen gikyōkai, 1980.

Niyazioğlu, Asli. *Dreams and Lives in Ottoman Istanbul: A Seventeenth-Century Biographer's Perspective.* London: Routledge, 2017.

Noë, Alva. *Action in Perception.* Cambridge, MA: MIT Press, 2004.

Nussbaum, Martha Craven. *Aristotle's "De Motu Animalium."* Princeton: Princeton University Press, 1978.

Nylan, Michael. "The Many Dukes of Zhou in Early Sources." In *Statecraft and Classical Learning: The Rituals of Zhou in East Asian History*, edited by Benjamin A. Elman and Martin Kern, 94-128. Leiden: E. J. Brill, 2010.

——. *Yang Xiong and the Pleasures of Reading and Classical Learning in China.* American Oriental Series 94. New Haven, CT: American Oriental Society, 2011.

——. "Ying Shao's 'Feng Su T'ung Yi': An Exploration of Problems in Han Dynasty Political, Philosophical and Social Unity." PhD diss., Princeton University, 1982.

Obert, Mathias. "Imagination or Response? Some Remarks on the Understanding of Images and Pictures in Pre-Modern China." In *Dynamics and Performativity of Imagination: The Image between the Visible and the Invisible*, edited by Bernd Huppauf and Christoph Wulf, 116-34. New York: Routledge, 2009.

——. *Welt als Bild: Die theoretische Grundlegung der chinesischen Berg-Wasser-Malerei*

zwischen dem 5. und dem 12. Jahrhundert. München: Verlag Karl Alber Freiburg, 2007.
Obeyesekere, Gananath. *Medusa's Hair: An Essay on Personal Symbols and Religious Experience.* Chicago: University of Chicago Press, 1981.
——. *The Work of Culture: Symbolic Transformation in Psychoanalysis and Anthropology.* Chicago: University of Chicago Press, 1990.
Ochs, Elinor, and Lisa Capps. *Living Narrative: Creating Lives in Everyday Storytelling.* Cambridge, MA: Harvard University Press, 2001.
O'Flaherty, Wendy Doniger. *Dreams, Illusion and Other Realities.* Chicago: University of Chicago Press, 1984. 中译本为［美］温蒂·朵妮吉·奥弗莱厄蒂著, 吴康译:《印度梦幻世界》, 西安: 陕西人民出版社, 1992年。
Ohnuma, Reiko. "The Story of Rūpāvatī: A Female Past Birth of the Buddha." *Journal of the International Association of Buddhist Studies* 23.1 (2000): 103-46.
Olivelle, Patrick. *Saṃnyāsa Upaniṣads: Hindu Scriptures on Asceticism and Renunciation.* New York: Oxford University Press, 1992.
Olsen, Michael Rohde, Michael Schredl, and Ingegerd Carlsson. "Sharing Dreams: Frequency, Motivations, and Relationship Intimacy." *Dreaming* 23.4 (2013): 245-55.
Ong, Roberto Keh. "Image and Meaning: The Hermeneutics of Traditional Chinese Dream Interpretation." In *Psycho-Sinology: The Universe of Dreams in Chinese Culture*, edited by Carolyn T. Brown, 47-54. Washington, D.C.: Woodrow Wilson International Center for Scholars, 1988.
——. *The Interpretation of Dreams in Ancient China.* Bochum: Studienverlag Brockmeyer, 1985.
Oppenheim, A. Leo. "The Interpretation of Dreams in the Ancient Near East, with a Translation of an Assyrian Dream-Book." *Transactions of the American Philosophical Society* 46 (1956): 179-373.
Orsborn, Matthew Bryan. "Chiasmus in the Early *Prajñāpāramitā*: Literary Parallelism Connecting Criticism and Hermeneutics in an Early *Mahāyāna Sūtra*." PhD diss., University of Hong Kong, 2012.
Ortner, Sherry B. "Patterns of History: Cultural Schemas in the Foundings of Sherpa Religious Institutions." In *Culture Through Time: Anthropological Approaches*, edited by Emiko Ohnuki-Tierney, 57-93. Stanford: Stanford University Press, 1990.
Otis, Laura. *Membranes: Metaphors of Invasion in Nineteenth-Century Literature, Science, and Politics.* Baltimore: Johns Hopkins University Press, 1999.
Owczarski, Wojciech. "The Ritual of Dream Interpretation in the Auschwitz Concentration Camp." *Dreaming* 27.4 (2017): 278-89.
Owen, Stephen, ed. *The Cambridge History of Chinese Literature, Volume 1: To 1375.* Cambridge: Cambridge University Press, 2010.
Pagel, Ulrich. *The Bodhisattvapiṭaka: Its Doctrines, Practices and Their Position in Mahāyāna Literature.* Tring: Institute of Buddhist Studies, 1995.
Pandya, Vishvajit. "Forest Smells and Spider Webs: Ritualized Dream Interpretation among

Andaman Islanders." *Dreaming* 14 (2004): 136-50.
Pearcy, Lee T. "Theme, Dream, and Narrative: Reading the *Sacred Tales* of Aelius Aristides." *Transactions of the American Philological Association* 118 (1988): 377-91.
Pearson, Margaret J. *Wang Fu and the "Comments of a Recluse."* Tempe: Center for Asian Studies, Arizona State University, 1989.
Pedersen, K. Priscilla. "Notes on the *Ratnakūṭa* Collection." *Journal of the International Association of Buddhist Studies* 3 (1980): 60-66.
Peirce, Charles. *The Essential Peirce: Selected Philosophical Writings. Volume 2 (1893-1913)*. Bloomington: Indiana University Press, 1998.
Perkins, David. "The Imaginative Vision of *Kubla Khan*: On Coleridge's Introductory Note." In *Samuel Taylor Coleridge*, edited by Harold Bloom, 39-50. 2nd edition. New York: Bloom's Literary Criticism, 2010.
Perls, Frederick. *Gestalt Therapy Verbatim*. Compiled and edited by John O. Stevens. Moab, UT: Real People Press, 1969.
Peterson, Willard J. "Making Connections: 'Commentary on the Attached Verbalizations' of the *Book of Change*." *Harvard Journal of Asiatic Studies* 42 (1982): 67-116.
Petsalis-Diomidis, Alexia. *Truly Beyond Wonders: Aelius Aristides and the Cult of Asklepios*. Oxford: Oxford University Press, 2010.
Pines, Yuri. "From Teachers to Subjects: Ministers Speaking to the Rulers, from Yan Ying 晏嬰 to Li Si 李斯." In *Facing the Monarch: Modes of Advice in the Early Chinese Court*, edited by Garret P. S. Olberding, 69-99. Cambridge, MA: Harvard University Asia Center, 2013.
Pinney, Christopher. "Things Happen: Or, From Which Moment Does That Object Come?" In *Materiality*, edited by Daniel Miller, 256-72. Durham: Duke University Press, 2005.
——. "Visual Culture." In *The Material Culture Reader*, edited by Victor Buchli, 81-104. Oxford: Berg, 2002.
Pinte, Gudrun. "On the Origin of Taishō 1462, the Alleged Translation of the Pāli Samantapāsādikā." *Zeitschrift der Deutschen morgenländischen Gesellschaft* 160 (2010): 435-49.
Poirier, Sylvie. "'This Is Good Country. We Are Good Dreamers': Dreams and Dreaming in the Australian Western Desert." In *Dream Travelers: Sleep Experiences and Culture in the Western Pacific*, edited by Roger Ivar Lohmann, 107-25. New York: Palgrave Macmillan, 2003.
Pollock, Sheldon. *The Language of the Gods in the World of Men: Sanskrit, Culture, and Power in Premodern India*. Berkeley: University of California Press, 2006.
Poo Mu-chou 蒲慕州:《墓葬与生死——中国古代宗教之省思》, 台北: 联经出版事业股份有限公司, 1993年。
——. "Ritual and Ritual Texts in Early China." In *Early Chinese Religion, Part One: Shang through Han (1250 BC-220 AD)*, edited by John Lagerwey and Marc Kalinowski, 281-313. Leiden: E. J. Brill, 2009.

Pregadio, Fabrizio, ed. *The Encyclopedia of Taoism*. 2 vols., continuously paginated. London: Routledge, 2008.
Price, S. R. F. "The Future of Dreams: From Freud to Artemidorous." *Past & Present* 113 (1986): 3-37.
Puett, Michael J. "Genealogies of Gods, Ghosts and Humans: The Capriciousness of the Divine in Early Greece and Early China." In *Ancient Greece and China Compared*, edited by G. E. R. Lloyd and Jingyi Jenny Zhao, 160-85. Cambridge: Cambridge University Press, 2018.
——. "The Haunted World of Humanity: Ritual Theory from Early China." In *Rethinking the Human*, edited by J. Michelle Molina and Donald K. Swearer, 95-110. Cambridge, MA: Center for the Study of World Religions, Harvard University, 2010.
——. "Innovation as Ritualization: The Fractured Cosmology of Early China." *Cardozo Law Review* 28 (2006): 23-36.
——. "Manifesting Sagely Knowledge: Commentarial Strategies in Chinese Late Antiquity." In *The Rhetoric of Hiddenness in Traditional Chinese Culture*, edited by Paula M. Varsano, 303-31. Albany: State University of New York Press, 2016.
——. "'Nothing Can Overcome Heaven': The Notion of Spirit in the *Zhuangzi*." In *Hiding the World in the World: Uneven Discourses on the "Zhuangzi,"* edited by Scott Cook, 248-62. Albany: State University of New York Press, 2003.
——. "Ritual Disjunctions: Ghosts, Philosophy, and Anthropology." In *The Ground Between: Anthropologists Engage Philosophy*, edited by Veena Das, Michael Jackson, Arthur Kleinman, and Bhrigupati Singh, 218-33. Durham: Duke University Press, 2014.
——. "Ritualization as Domestication: Ritual Theory from Classical China." In *Grammars and Morphologies of Ritual Practices in Asia*, section 2: *Ritual Discourse, Ritual Performance in China and Japan*, edited by Lucia Dolce, Gil Raz, and Katja Triplett, 365-76. Wiesbaden: Harrassowitz Verlag, 2010.
——. "Sages, Gods, and History: Commentarial Strategies in Chinese Late Antiquity." *Antiquorum Philosophia* 3 (2009): 71-88.
——. "Social Order or Social Chaos." In *The Cambridge Companion to Religious Studies*, edited by Robert A. Orsi, 102-29. Cambridge: Cambridge University Press, 2012.
——. *To Become a God: Cosmology, Sacrifice, and Self-Divinization in Early China*. Cambridge, MA: Harvard University Press, 2002.
Pulleyblank, Edwin G. *Outline of Classical Chinese Grammar*. Vancouver: University of British Columbia Press, 1995. 中译本为［加］蒲立本著，孙景涛译：《古汉语语法纲要》，北京：语文出版社，2006年。
Queen, Sarah A. "*Han Feizi* and the Old Master: A Comparative Analysis and Translation of *Han Feizi* Chapter 20, 'Jie Lao,' and Chapter 21, 'Yu Lao.'" In *Dao Companion to the Philosophy of Han Feizi*, edited by Paul R. Goldin, 197-256. Dordrecht: Springer, 2013.
Radich, Michael. "Ideas about 'Consciousness' in Fifth and Sixth Century Chinese Buddhist Debates on the Survival of Death by the Spirit, and the Chinese Background to

Amalavijñāna." In *A Distant Mirror: Articulating Indic Ideas in Sixth and Seventh Century Chinese Buddhism*, edited by Chen-kuo Lin and Michael Radich, 471-512. Hamburg: Hamburg University Press, 2014.

——. "A 'Prehistory' to Chinese Debates on the Survival of Death by the Spirit, with a Focus on the Term *shishen* 识神/*shenshi* 神识." *Journal of Chinese Religions* 44（2016）: 105-26.

Raphals, Lisa. "Debates about Fate in Early China." *Études chinoises: Revue de l'Association française d'études chinoises* 33.2（2014）: 13-42.

——. *Divination and Prediction in Early China and Ancient Greece.* Cambridge: Cambridge University Press, 2013.

——. "Divination in the *Han shu* Bibliographic Treatise." *Early China* 32（2008-9）: 45-102.

de Rauw, Tom. "Beyond Buddhist Apology: The Political Use of Buddhism by Emperor Wu of the Liang Dynasty（r. 502-549）." PhD dissertation, Ghent University, 2008.

Rawls, John. *A Theory of Justice.* Cambridge, MA: Harvard University Press, 1971. 中译本为［美］约翰·罗尔斯著, 何怀宏等译:《正义论》, 北京: 中国社会科学出版社, 1988年。

Redmond, Geoffrey, and Tze-ki Hon. *Teaching the "I Ching" (Book of Changes).* Oxford: Oxford University Press, 2014.

Reed, Carrie E. "Motivation and Meaning of a 'Hodge-Podge': Duan Chengshi's *Youyang zazu.*" *Journal of the American Oriental Society* 123.1（2003）: 121-45.

——. *A Tang Miscellany: An Introduction to "Youyang zazu."* New York: Peter Lang, 2003.

Renberg, Gil H. *Where Dreams May Come: Incubation Sanctuaries in the Greco-Roman World.* 2 vols., continuously paginated. Leiden: E. J. Brill, 2017.

Reynolds, Pamela. "Dreams and the Constitution of Self among the Zezuru." In *Dreaming, Religion and Society in Africa*, edited by M.C. Je˛drej and Rosalind Shaw, 21-35. Leiden: E. J. Brill, 1992.

Riches, David. "Dreaming as Social Process, and Its Implications for Consciousness." In *Questions of Consciousness*, edited by A. Cohen and N. Rapport, 101-16. London: Routledge, 1995.

Richter, Antje. *Das Bild des Schlafes in der altchinesischen Literatur.* Hamburger Sinologische Schriften 4. Gossenberg: Ostasien Verlag, 2015.

——. "Empty Dreams and Other Omissions: Liu Xie's *Wenxin diaolong* Preface." *Asia Major* 3rd series 25.1（2012）: 83-110.

——. "Sleeping Time in Early Chinese Literature." In *Night-time and Sleep in Asia and the West: Exploring the Dark Side of Life.* Edited by Brigitte Steger and Lodewijk Brunt, 24-44. London: Routledge, 2004.

Ricoeur, Paul. *Freud and Philosophy: An Essay on Interpretation.* Translated by Denis Savage. New Haven: Yale University Press, 1970.

Robb, Alice. *Why We Dream: The Transformative Power of Our Nightly Journey.* Boston: Houghton Mifflin Harcourt, 2018.

Robbins, Joel. "Dreaming and the Defeat of Charisma: Disconnecting Dreams from Leadership among the Urapmin of Papua New Guinea." In *Dream Travelers: Sleep Experiences and Culture in the Western Pacific*, edited by Roger Ivar Lohmann, 19-41. New York: Palgrave Macmillan, 2003.

Robert, Jean-Noël. *Le sûtra du Lotus*. Paris: Fayard, 1997.

Robinson, Lady Stearn, and Tom Corbett. *The Dreamer's Dictionary from A to Z: 3,000 Magical Mirrors to Reveal the Meaning of Your Dreams*. New York: Warner Books, 1974. 中译本为［美］斯特恩·鲁宾逊、［英］汤姆·库伯特著, 李毅、刘溢译：《析梦辞典》, 上海：学林出版社, 2003年。

Robinson, T. M. *Heraclitus: Fragments: A Text and Translation with a Commentary*. Toronto: University of Toronto Press, 1987.

Rock, Andrea. *The Mind at Night: The New Science of How and Why We Dream*. New York: Basic Books, 2004. 中译本为［美］安德烈·洛克著, 宋真译：《夜间思维：关于我们为什么会做梦以及如何做梦的最新科学观点》, 上海：上海科学技术文献出版社, 2011年。

Rogers, Michael C. *The Chronicle of Fu Chien: A Case of Exemplar History*. Berkeley: University of California Press, 1968.

Rorty, Richard. *Contingency, Irony and Solidarity*. Cambridge: Cambridge University Press, 1989.

Roth, Harold D. "The Classical Daoist Concept of *Li* 理 (Pattern) and Early Chinese Cosmology." *Early China* 35-36 (2012-13): 157-84.

Rulu. *Teachings of the Buddha: Selected Mahāyāna Sutras*. Np: AuthorHouse, 2012.

Rutt, Richard. *The Book of Changes (Zhouyi)*. New York: RoutledgeCurzon, 1996.

Sabourin, Catherine, et al. "Dream Content in Pregnancy and Postpartum: Refined Exploration of Continuity between Waking and Dreaming." *Dreaming* 28.2 (2018): 122-39.

Sacks, Oliver W. *An Anthropologist on Mars: Seven Paradoxical Tales*. New York: Knopf, 1995.

Sahlins, Marshall. *Apologies to Thucydides: Understanding History as Culture and Vice Versa*. Chicago: University of Chicago Press, 2004.

——. *How "Natives" Think: About Captain Cook, For Example*. Chicago: University of Chicago Press, 1995. 中译本为［美］马歇尔·萨林斯著, 张宏明译：《"土著"如何思考：以库克船长为例》, 上海：上海人民出版社, 2003年。

——. *The Use and Abuse of Biology: An Anthropological Critique of Sociobiology*. Ann Arbor: University of Michigan Press, 1976.

Salguero, C. Pierce. "'On Eliminating Disease': Translations of the Medical Chapter from the Chinese Versions of the *Sutra of Golden Light*." *eJournal of Indian Medicine* 6 (2013): 21-43.

Sanders, Graham. "A New Note on *Shishuo xinyu*." *Early Medieval China* 20 (2014): 9-22.

Sanft, Charles. "Edict of Monthly Ordinances for the Four Seasons in Fifty Articles from 5 CE: Introduction to the Wall Inscription Discovered at Xuanquanzhi, with Annotated Translation." *Early China* 32 (2008-09): 125-208.

Saussy, Haun. *Great Walls of Discourse and Other Adventures in Cultural China*. Cambridge,

MA: Harvard University Asia Center, 2001. 中译本为［美］苏源熙著，盛珂译：《话语的长城：文化中国探险记》，南京：江苏人民出版社，2018年。
——. *The Problem of a Chinese Aesthetic*. Stanford: Stanford University Press, 1993. 中译本为［美］苏源熙著，卞东波译：《中国美学问题》，南京：江苏人民出版社，2011年。
——. *Translation as Citation: Zhuangzi Inside Out*. Oxford: Oxford University Press, 2017.
Schaberg, David. *A Patterned Past: Form and Thought in Early Chinese Historiography*. Cambridge, MA: Harvard University Press, 2001.
——. "The *Zhouli* as Constitutional Text." In *Statecraft and Classical Learning: The Rituals of Zhou in East Asian History*, edited by Benjamin A. Elman and Martin Kern, 33–63. Leiden: E. J. Brill, 2010.
Schafer, Edward H. *Pacing the Void: T'ang Approaches to the Stars*. Berkeley: University of California Press, 1977.
Scharff, David E. "Psychoanalysis in China: An Essay on the Recent Literature in English." *The Psychoanalytic Quarterly* 85.4 (2016): 1037-67.
Schilling, Dennis. *Spruch und Zahl: Die chinesischen Orakelbücher "Kanon der Höchsten Geheimen" (Taixuanjing) und "Wald der Wandlungen" (Yilin) aus der Han-Zeit*. Aalen: Scientia Verlag, 1998.
Schipper, Kristofer M., and Franciscus Verellen, eds. *The Taoist Canon: A Historical Companion to the Daozang*. Chicago: University of Chicago Press, 2004.
Schmitt, Jean-Claude. "The Liminality and Centrality of Dreams in the Medieval West." In *Dream Cultures: Explorations in the Comparative History of Dreaming*, edited by David Shulman and Guy G. Stroumsa, 274-87. New York: Oxford University Press, 1999.
Schnepel, Burkhard. "'In Sleep a King …': The Politics of Dreaming in a Cross-Cultural Perspective." *Paideuma: Mitteilungen zur Kulturkunde* 51 (2005): 209-20.
Schredl, Michael. "Frequency of Precognitive Dreams: Association with Dream Recall and Personality Variables." *Journal of the Society for Psychical Research* 73.2 (2009): 83–91.
——. "Positive and Negative Attitudes towards Dreaming: A Representative Study." *Dreaming* 23.3 (2013): 194-201.
——. "Reading Books about Dream Interpretation: Gender Differences." *Dreaming* 20.4 (2010): 248-53.
——. "Theorizing about the Continuity between Waking and Dreaming." *Dreaming* 27 (2017): 351-59.
Schredl, Michael, and Anja S. Göritz. "Dream Recall Frequency, Attitude toward Dreams, and the Big Five Personality Factors." *Dreaming* 27.1 (2017): 49-58.
Schredl, Michael, and Edgar Piel. "Interest in Dream Interpretation: A Gender Difference." *Dreaming* 18.1 (2008): 11-15.
Schultz, Celia E. "Argument and Anecdote in Cicero's *De divinatione*." In *Maxima Debetur Magistro Reverentia: Essays on Rome and the Roman Tradition in Honor of Russell T. Scott*, edited by P. B. Harvey, Jr., and C. Conybeare, 193-206. Como: New Press Edizioni, 2009.

——. *Commentary on Cicero De Divinatione I.* Ann Arbor: University of Michigan Press, 2014.

Schwartz, Sophie. "A Historical Loop of One Hundred Years: Similarities between 19th Century and Contemporary Dream Research." *Dreaming* 10 (2000): 55-66.

Schweitzer, Robert. "A Phenomenological Study of Dream Interpretation among the Xhosa-Speaking People in Rural South Africa." *Journal of Phenomenological Psychology* 27.1 (1996): 72-96.

Schwitzgebel, Eric. "Zhuangzi's Attitude Toward Language and His Skepticism." In *Essays on Skepticism, Relativism, and Ethics in the "Zhuangzi,"* edited by Paul Kjellberg and Philip J. Ivanhoe, 68-96. Albany: State University of New York Press, 1996.

Scioli, Emma, and Christine Walde. "Introduction." In *Sub Imagine Somni: Nighttime Phenomena in Greco-Roman Culture*, edited by Emma Scioli and Christine Walde, vii-xvii. Pisa: Edizioni ETS, 2010.

Seligman, Adam B., Robert P. Weller, Michael J. Puett, and Bennett Simon. *Ritual and Its Consequences: An Essay on the Limits of Sincerity.* New York: Oxford University Press, 2008.

Seligman, Martin E. P., Peter Railton, Roy F. Baumeister, and Chandra Sripada. *Homo Prospectus.* New York: Oxford University Press, 2016.

Selove, Emily, and Kyle Wanberg. "Authorizing the Authorless: A Classical Arabic Dream Interpretation Forgery." In *Mundus vult decipi: Estudios interdisciplinares sobre falsificación textual y literaria*, edited by Javier Martínez, 365-76. Madrid: Ediciones Clásicas, 2012.

Sen, Tansen. "Yijing and the Buddhist Cosmopolis of the Seventh Century." In *Texts and Transformations: Essays in Honor of the 75th Birthday of Victor H. Mair*, edited by Haun Saussy, 345-68. Amherst, NY: Cambria Press, 2018.

Sharf, Robert H. *Coming to Terms with Chinese Buddhism: A Reading of the Treasure Store Treatise.* Honolulu: University of Hawai'i Press, 2002.

Shaughnessy, Edward L. *I Ching: The Classic of Changes.* New York: Ballantine, 1996.

——. *Rewriting Early Chinese Texts.* Albany: State University of New York Press, 2006. 中译本为［美］夏含夷著，周博群等译：《重写中国古代文献》，上海：上海古籍出版社，2012年。

——. "Of Trees, a Son, and Kingship: Recovering an Ancient Chinese Dream." *Journal of Asian Studies* 77.3 (2018): 593-610.

——. *Unearthing the Changes: Recently Discovered Manuscripts of the Yi jing (I Ching) and Related Texts.* New York: Columbia University Press, 2014.

——. "The Wangjiatai *Gui cang*: An Alternative to *Yi Jing* Divination." In *Facets of Tibetan Religious Tradition and Contacts with Neighbouring Cultural Areas*, edited by A. Cadonna and E. Bianchi, 95-126. Orientalia Venetiana 12. Florence: Olschki, 2002.

Sherman, Jeremy. *Neither Ghost nor Machine: The Emergence and Nature of Selves.* New York: Columbia University Press, 2017.

Shima Kunio 島邦男. *Inkyo bokuji sōrui* 殷墟卜辭綜類. Tokyo: Kyuko shoin, 1967. 中译本为［日］岛邦男著, 濮茅左、顾伟良译:《殷墟卜辞研究》, 上海:上海古籍出版社, 2006年.

Shirakawa Shizuka 白川静. *Kōkotsu kimbungaku ronshū* 甲骨金文学论集. Kyoto: Hōyū shoten, 1974.

Shulman, David, and Guy G. Stroumsa. "Introduction." In *Dream Cultures: Explorations in the Comparative History of Dreaming*, edited by David Shulman and Guy G. Stroumsa, 3-13. New York: Oxford University Press, 1999.

Slingerland, Edward. *Mind and Body in Early China: Beyond Orientalism and the Myth of Holism*. New York: Oxford University Press, 2019.

Smail, Daniel Lord. *On Deep History and the Brain*. Berkeley: University of California Press, 2008.

Smith, Jonathan Z. *Drudgery Divine: On the Comparison of Early Christianities and the Religions of Late Antiquity*. Chicago: University of Chicago Press, 1990.

——. *Imagining Religion: From Babylon to Jonestown*. Chicago: University of Chicago Press, 1982.

——. *Map Is Not Territory: Studies in the History of Religions*. Leiden: E. J. Brill, 1978.

——. *Relating Religion: Essays in the Study of Religion*. Chicago: University of Chicago Press, 2004.

Smith, Richard J. *Fathoming the Cosmos and Ordering the World: The* Yijing *(I-Ching, or Classic of Changes) and Its Evolution in China*. Charlottesville: University of Virginia Press, 2008.

——. *Fortune-Tellers and Philosophers: Divination in Traditional Chinese Society*. Boulder: Westview Press, 1991.

Smith, Thomas E. "Ritual and the Shaping of Narrative: The Legend of Han Emperor Wu." PhD diss., University of Michigan, 1992.

Sosa, Ernest. "Dreams and Philosophy." *Proceedings and Addresses of the American Philosophical Association* 79 (2005): 7-18.

Soymié, Michel. "Les songes et leur interprétation en Chine." In *Sources orientales II: Les songes et leur interprétation*, 275-305. Paris: Le Seuil, 1959.

Spaeth, Barbette Stanley. "'The Terror That Comes in the Night': The Night Hag and Supernatural Assault in Latin Literature." In *Sub Imagine Somni: Nighttime Phenomena in Greco-Roman Culture*, edited by Emma Scioli and Christine Walde, 231-58. Pisa: Edizioni ETS, 2010.

States, Bert O. *Dreaming and Storytelling*. Ithaca: Cornell University Press, 1993.

——. *Seeing in the Dark: Reflections on Dreams and Dreaming*. New Haven: Yale University Press, 1997.

Stephen, Michele. *A'aisa's Gifts: A Study of Magic and the Self*. Berkeley: University of California Press, 1995.

——. "Dreams of Change: The Innovative Role of Altered States of Consciousness in Traditional Melanesian Religion." *Oceania* 50.3 (1979): 3-22.

———. "Memory, Emotion, and the Imaginal Mind." In *Dreaming and the Self: New Perspectives on Subjectivity, Identity, and Emotion*, edited by Jeannette Marie Mageo, 97-129. Albany: State University of New York Press, 2003.

Stephens, John. "The Dreams of Aelius Aristides: A Psychological Interpretation." *International Journal of Dream Research* 5 (2012): 76-86.

Sterckx, Roel. *The Animal and the Daemon in Early China*. Albany: State University of New York Press, 2002. 中译本为［英］胡司德著，蓝旭译：《古代中国的动物与灵异》，南京：江苏人民出版社，2016年。

———. *Food, Sacrifice, and Sagehood in Early China*. Cambridge: Cambridge University Press, 2011. 中译本为［英］胡司德著，刘丰译：《早期中国的食物、祭祀和圣贤》，杭州：浙江大学出版社，2018年。

———. "Le pouvoir des sens: Sagesse et perception sensorielle en Chine ancienne." *Cahiers d'Institut Marcel Granet* 1: 71-92.

———. "Searching for Spirit: Shen and Sacrifice in Warring States and Han Philosophy and Ritual." *Extrême-Orient, Extrême-Occident* 29 (2007): 23-54.

Stewart, Charles. *Dreaming and Historical Consciousness in Island Greece*. Chicago: University of Chicago Press, 2017.

———. "Fields in Dreams: Anxiety, Experience, and the Limits of Social Constructionism in Modern Greek Dream Narratives." *American Ethnologist* 24.4 (1997): 877-94.

Stewart, Pamela J., and Andrew J. Strathern. "Dreaming and Ghosts among the Hagen and Duna of the Southern Highlands, Papua New Guinea." In *Dream Travelers: Sleep Experiences and Culture in the Western Pacific*, edited by Roger Ivar Lohmann, 43-59. New York: Palgrave Macmillan, 2003.

Stocking, George W., Jr. *Delimiting Anthropology: Occasional Inquiries and Reflections*. Madison: University of Wisconsin Press, 2001.

———. *Victorian Anthropology*. New York: Free Press, 1987.

Strassberg, Richard E. "Glyphomantic Dream Anecdotes." In *Idle Talk: Gossip and Anecdote in Traditional China*, edited by Jack W. Chen and David Schaberg, 178-93. Berkeley: University of California Press, 2014.

———. *Wandering Spirits: Chen Shiyuan's Encyclopedia of Dreams*. Berkeley: University of California Press, 2008.

Strickmann, Michel. *Chinese Poetry and Prophecy: The Written Oracle in East Asia*. Edited by Bernard Faure. Stanford: Stanford University Press, 2005.

———. "The *Consecration Sūtra*: A Buddhist Book of Spells." In *Chinese Buddhist Apocrypha*, edited by Robert E. Buswell, Jr., 75-118. Honolulu: University of Hawai'i Press, 1990.

———. "Dreamwork of Psycho-Sinologists: Doctors, Taoists, Monks." In *Psycho-Sinology: The Universe of Dreams in Chinese Culture*, edited by Carolyn T. Brown, 25-46. Washington, D.C.: Woodrow Wilson International Center for Scholars, 1988.

———. *Mantras et mandarins: Le bouddhisme tantrique en Chine*. Paris: Gallimard, 1996.

———. "Saintly Fools and Taoist Masters (Holy Fools)." *Asia Major* 3rd series 7.1 (1994):

35-57.
Strong, Pauline Turner. "A. Irving Hallowell and the Ontological Turn." *Hau: Journal of Ethnographic Theory* 7.1（2017）: 468-72.
Stroumsa, Guy G. "Dreams and Visions in Early Christian Discourse." In *Dream Cultures: Explorations in the Comparative History of Dreaming*, edited by David Shulman and Guy G. Stroumsa, 189-212. New York: Oxford University Press, 1999.
Struve, Lynn A. "Dreaming and Self-search during the Ming Collapse: The *Xue xiemeng biji*, 1642-1646." *T'oung Pao* 93（2007）: 159-92.
——. *The Dreaming Mind and the End of the Ming World*. Honolulu: University of Hawai'i Press, 2019.
Svenbro, Jesper. *Phrasikleia: An Anthropology of Reading in Ancient Greece*. Translated by Janet Lloyd. Ithaca: Cornell University Press, 1993.
Sviri, Sara. "Dreaming Analyzed and Recorded: Dreams in the World of Medieval Islam." In *Dream Cultures: Explorations in the Comparative History of Dreaming*, edited by David Shulman and Guy G. Stroumsa, 252-73. New York: Oxford University Press, 1999.
Swain, Simon, ed. *Seeing the Face, Seeing the Soul: Polemon's "Physiognomy" from Classical Antiquity to Medieval Islam*. Oxford: Oxford University Press, 2007.
Swanson, Paul L. *Clear Serenity, Quiet Insight: T'ien-t'ai Chih-i's Mo-ho chih-kuan*. 3 vols., continuously paginated. Honolulu: University of Hawai'i Press, 2018.
Swartz, Wendy. *Reading Philosophy, Writing Poetry: Intertextual Modes of Making Meaning in Early Medieval China*. Cambridge, MA: Harvard University Asia Center, 2018.
Swartz, Wendy, Robert Ford Campany, Yang Lu, and Jessey J. C. Choo, eds. *Early Medieval China: A Sourcebook*. New York: Columbia University Press, 2014.
Szpakowska, Kasia. "Dream Interpretation in the Ramesside Age." In *Ramesside Studies in Honour of K. A. Kitchen*, edited by Mark Collier and Steven Snape, 509-17. Bolton: Rutherford Press, 2011.
Takashima Ken-ichi 高嶋谦一. "Negatives in the King Wu-ting Bone Inscriptions." PhD diss., University of Washington, 1973.
Taves, Ann. "The Fragmentation of Consciousness and *The Varieties of Religious Experience*: William James's Contribution to a Theory of Religion." In *William James and a Science of Religions*, edited by Wayne Proudfoot, 48-72. New York: Columbia University Press, 2004.
——. *Religious Experience Reconsidered: A Building-Block Approach to the Study of Religion and Other Special Things*. Princeton: Princeton University Press, 2009.
Taylor, Charles. "Western Secularity." In *Rethinking Secularism*, edited by Craig Calhoun, Mark Juergensmeyer, and Jonathan VanAntwerpen, 31-53. New York: Oxford University Press, 2011.
Tedlock, Barbara, ed. *Dreaming: Anthropological and Psychological Interpretations*. 2nd edition. Santa Fe: School of American Research Press, 1992.
——. "Dreaming and Dream Research." In *Dreaming: Anthropological and Psychological*

Interpretations, edited by Barbara Tedlock, 1-30. 2nd edition. Santa Fe: School of American Research Press, 1992.

——. "A New Anthropology of Dreaming." In *Dreams: A Reader on the Religious, Cultural, and Psychological Dimensions of Dreaming*, edited by Kelly Bulkeley, 249-64. New York: Palgrave Macmillan, 2001.

——. "Sharing and Interpreting Dreams in Amerindian Nations." In *Dream Cultures: Explorations in the Comparative History of Dreaming*, edited by David Shulman and Guy G. Stroumsa, 87-103. New York: Oxford University Press, 1999.

——. "Zuni and Quiché Dream Sharing and Interpreting." In *Dreaming: Anthropological and Psychological Interpretations*, edited by Barbara Tedlock, 105-31. 2nd edition. Santa Fe: School of American Research Press, 1992.

Tedlock, Dennis. "Mythic Dreams and Double Voicing." In *Dream Cultures: Explorations in the Comparative History of Dreaming*, edited by David Shulman and Guy G. Stroumsa, 104-18. New York: Oxford University Press, 1999.

Teng, Ssu-yu. *Family Instructions for the Yan Clan: Yen-shih Chia-hsun*. Leiden: E. J. Brill, 1966.

ter Haar, Barend. Review of Eggert, *Rede vom Traum. T'oung Pao* 85 (1999): 197-200.

Thompson, Evan. *Waking, Dreaming, Being: Self and Consciousness in Neuroscience, Meditation, and Philosophy*. New York: Columbia University Press, 2015.

Thompson, Laurence G. "Dream Divination and Chinese Popular Religion." *Journal of Chinese Religions* 16 (1988): 73-82.

Thote, Alain. "Shang and Zhou Funeral Practices: Interpretation of Material Vestiges." In *Early Chinese Religion, Part One: Shang through Han (1250 BC-220 AD)*, edited by John Lagerwey and Marc Kalinowski, 103-42. Leiden: E. J. Brill, 2009.

Tian, Xiaofei. *Beacon Fire and Shooting Star: The Literary Culture of the Liang (502-557)*. Cambridge, MA: Harvard University Press, 2007.

Tonkinson, Robert. "Ambrymese Dreams and the Mardu Dreaming." In *Dream Travelers: Sleep Experiences and Culture in the Western Pacific*, edited by Roger Ivar Lohmann, 87-105. New York: Palgrave Macmillan, 2003.

Tsukamoto Zenryū 塚本善隆. *A History of Early Chinese Buddhism*. Translated by Leon Hurvitz. 2 vols. Tokyo: Kodansha, 1985.

Turner, Edith. *Experiencing Ritual: A New Interpretation of African Healing*. Philadelphia: University of Pennsylvania Press, 1992.

Tuzin, Donald. "The Breath of a Ghost: Dreams and the Fear of the Dead." *Ethos* 3.4 (1975): 555-78.

Twitchett, Denis. *The Writing of Official History under the T'ang*. Cambridge: Cambridge University Press, 1992.

Tylor, Edward Burnett. *The Origins of Culture*. With an introduction by Paul Radin. Gloucester: Peter Smith, 1970. First published as Chapters I-X of *Primitive Culture* in 1871 by John Murray. 中译本为 [英] 泰勒著，连树声译:《原始文化：神话、哲学、宗教、语言、

艺术和习俗发展之研究》，桂林：广西师范大学，2005年。

———. *Religion in Primitive Culture*. With an introduction by Paul Radin. Gloucester：Peter Smith，1970. First published as Chapters XI-XIX of *Primitive Culture* in 1871 by John Murray.

Tzohar, Roy. "Imagine Being a Preta：Early Indian Yogācāra Approaches to Intersubjectivity." *Sophia* 56（2017）：337-54.

———. *A Yogācāra Buddhist Theory of Metaphor*. Oxford：Oxford University Press，2018.

Uexküll, Jakob von. *A Foray into the Worlds of Animals and Humans, with A Theory of Meaning*. Translated by Joseph D. O'Neil. Minneapolis：University of Minnesota Press，2010.

Ullman, Montague. *Appreciating Dreams：A Group Approach*. New York：Cosimo，2006. 中译本为Montague Ullman著；汪淑媛译：《读梦团体原理与实务技巧》，新北：心理出版社，2007年。

Unger, Ulrich. "Die Fragmente des *So-Yü*." In *Studia Sino-Mongolica：Festschrift für Herbert Franke*, edited by Wolfgang Bauer, 373-400. Wiesbaden：Franz Steiner，1979.

Unschuld, Paul U. *Huang Di Nei Jing Ling Shu：The Ancient Classic on Needle Therapy*. Berkeley：University of California Press，2016.

van Els, Paul, and Sarah A. Queen, eds. *Between History and Philosophy：Anecdotes in Early China*. Albany：State University of New York Press，2017.

van Zoeren, Steven. *Poetry and Personality：Reading, Exegesis, and Hermeneutics in Traditional China*. Stanford：Stanford University Press，1991. 中译本为［美］方泽林著，赵四方译：《诗与人格：传统中国的阅读、注解与诠释》，北京：商务印书馆，2022年。

Vance, Brigid E. "Deciphering Dreams：How Glyphomancy Worked in Late Ming Dream Encyclopedic Divination." *Chinese Historical Review* 24（2017）：5-20.

———. "Divining Political Legitimacy in a Late Ming Dream Encyclopedia：The Encyclopedia and Its Historical Context." *Extrême-Orient, Extrême-Occident* 42（2018）：15-42.

———. "Exorcising Dreams and Nightmares in Late Ming China." In *Psychiatry and Chinese History*, edited by Howard Chiang, 17-36. London：Pickering & Chatto，2014.

———. "Textualizing Dreams in a Late Ming Dream Encyclopedia." PhD diss., Princeton University，2012.

Vann, Barbara, and Neil Alperstein. "Dream Sharing as Social Interaction." *Dreaming* 10.2（2000）：111-19.

Verellen, Franciscus. "Evidential Miracles in Support of Taoism：The Inversion of a Buddhist Apologetic Tradition in Late Tang China." *T'oung Pao* 2nd series 78（1992）：217-63.

Vogelsang, Kai. "The Shape of History：On Reading Li Wai-yee." *Early China* 37（2014）：579-99.

Vovin, Alexander, Edward Vajda, and Étienne de la Vaissière. "Who Were the Kjet（羯）and What Language Did They Speak？" *Journal Asiatique* 304.1（2016）：125-44.

Wagner, Rudolf G. "Imperial Dreams in China." In *Psycho-Sinology：The Universe of Dreams in Chinese Culture*, edited by Carolyn T. Brown, 11-24. Washington, D.C.：Woodrow

Wilson International Center for Scholars, 1988.

Wakatsuki Toshihide 若槻俊秀, Hasegawa Makoto 長谷川愼, and Inagaki Akio 稻垣淳央, eds. *Hōon jurin no sōgōteki kenkyū: Omo to shite Hōon jurin shoroku Meishoki no honbun kōtei narabi ni senchū senyaku* 法苑珠林の總合的研究：主として法苑珠林所錄冥祥記の本文校訂並びに選注選譯. *Shinshū Sōgō Kenkyū Sho kenkyū kiyō* 真宗総合研究所研究紀要（*Annual Memoirs of the Otani Shin Buddhist Comprehensive Research Institute*）25 (2007): 1–224.

Walde, Christine. "Dream Interpretation in a Prosperous Age? Artemidorous, the Greek Interpreter of Dreams." In *Dream Cultures: Explorations in the Comparative History of Dreaming*, edited by David Shulman and Guy G. Stroumsa, 121–42. New York: Oxford University Press, 1999.

Waley, Arthur. *The Book of Songs*. Edited with additional translations by Joseph R. Allen. Foreword by Stephen Owen. New York: Grove, 1996.

Walker, Matthew. *Why We Sleep: Unlocking the Power of Sleep and Dreams*. New York: Scribner, 2017. 中译本为［英］马修·沃克著，田盈春译：《我们为什么要睡觉?》，北京：北京联合出版公司，2021年。

Wang, Aihe. *Cosmology and Political Culture in Early China*. Cambridge: Cambridge University Press, 2000. 中译本为王爱和著，［美］金蕾、徐峰译：《中国古代宇宙观与政治文化》，上海：上海古籍出版社，2011年。

王国良：《汉武洞冥记研究》，台北：文海出版社，1989年。

——.《冥祥记研究》，台北：文史哲出版社，1999年。

——.《魏晋南北朝志怪小说研究》，台北：文史哲出版社，1984年。

王力：《王力古汉语字典》，北京：中华书局，2000年。

王青：《中国神话研究》，北京：中华书局，2010年。

王子今：《长沙简牍研究》，北京：中国社会科学出版社，2017年。

Wansbrough, John. *Quranic Studies: Sources and Methods of Scriptural Interpretation*. New York: Prometheus, 2004.

Watson, Burton. *The Complete Works of Chuang Tzu*. New York: Columbia University Press, 1968.

Wechsler, Howard. *Offerings of Jade and Silk: Ritual and Symbol in the Legitimation of the T'ang Dynasty*. New Haven: Yale University Press, 1985.

Weinstein, Stanley. *Buddhism under the T'ang*. Cambridge: Cambridge University Press, 1987. 中译本为［美］斯坦利·威斯坦因著，张煜译：《唐代佛教》，上海：上海古籍出版社，2015年。

Wheeler, Wendy. *The Whole Creature: Complexity, Biosemiotics and the Evolution of Culture*. London: Lawrence & Wishart, 2006.

White, Jonathan W. *Midnight in America: Darkness, Sleep, and Dreams during the Civil War*. Chapel Hill: University of North Carolina Press, 2017.

Wilkinson, Endymion. *Chinese History: A New Manual*. 4th edition. Cambridge, MA: Harvard University Press, 2015. 中译本为［英］魏根深著，侯旭东等译：《中国历史研

究手册》，北京：北京大学出版社，2016年。
Williams, Paul. *Mahāyāna Buddhism: The Doctrinal Foundations*. 2nd edition. London: Routledge, 2009. 中译本为［英］保罗·威廉姆斯著，纪赟译：《大乘佛教：教义之基础》，新加坡：世界学术出版社，2023年。
Wilson, Thomas. "Spirits and the Soul in Confucian Ritual Discourse." *Journal of Chinese Religions* 42 (2014): 185-212.
Windt, Jennifer M. *Dreaming: A Conceptual Framework for Philosophy of Mind and Empirical Research*. Cambridge, MA: MIT Press, 2015.
Windt, Jennifer M., and Thomas Metzinger. "The Philosophy of Dreaming and Self-Consciousness: What Happens to the Experiential Subject during the Dream State?" In *The New Science of Dreaming*, Volume 3: *Cultural and Theoretical Perspectives*, edited by Deirdre Barrett and Patrick McNamara, 193-247. Westport, CT: Praeger, 2007.
Wright, Arthur F. *Studies in Chinese Buddhism*. Edited by Robert M. Somers. New Haven: Yale University Press, 1990. 中译本为［美］芮沃寿著，常蕾译：《中国历史中的佛教》，北京：北京大学出版社，2017年。
萧艾：《中国古代相术研究与批判》，长沙：岳麓书社，1996年。
徐中舒：《甲骨文字典》，成都：四川辞书出版社，1988年。
杨健民：《中国古代梦文化史》，北京：社会科学文献出版社，2015年。
Yelle, Robert. "The Peircean Icon and the Study of Religion: A Brief Overview." *Material Religion* 12.2 (2016): 241-45. DOI: 10.1080/17432200.2016.1172771.
Yifa. *The Origins of Buddhist Monastic Codes in China: An Annotated Translation and Study of the "Chanyuan qingqui."* Honolulu: University of Hawai'i Press, 2002.
吉川忠夫著，王启发译：《六朝精神史研究》，南京：江苏人民出版社，2010年。译自 Yoshikawa Tadao. *Rikuchō seishinshi kenkyū* (Kyoto: Dōhōsha, 1984)。
Yu, Calvin Kai-Ching. "Typical Dreams Experienced by Chinese People." *Dreaming* 18.1 (2008): 1-10.
——. "We Dream Typical Themes Every Single Night." *Dreaming* 26.4 (2016): 319-29.
袁珂：《中国古代神话》，北京：中华书局，1960年。
詹石窗主编：《梦与道：中华传统梦文化研究》，2册，北京：东方出版社，2009年。
Zhang Hanmo. *Authorship and Text-Making in Early China*. Boston and Berlin: Walter de Gruyter, 2018.
张捷夫：《中国丧葬史》，台北：文津出版社，1995年。
Zhang Longxi. *Mighty Opposites: From Dichotomies to Differences in the Comparative Study of China*. Stanford: Stanford University Press, 1998.
Zhang Zhenjun. *Hidden and Visible Realms: Early Medieval Chinese Tales of the Supernatural and the Fantastic*. New York: Columbia University Press, 2018.
——. "Observations on the Life and Works of Liu Yiqing." *Early Medieval China* 20 (2014): 83-104.
郑炳林：《敦煌写本解梦书校录研究》，北京：民族出版社，2005年。
郑炳林、羊萍：《敦煌本梦书》，兰州：甘肃文化出版社，1995年。

朱汉民、陈长松:《岳麓书院藏秦简》,2册,上海:上海辞书出版社,2010年。
祝平一:《汉代的相人术》,台北:学生书局,1990年。
Zufferey, Nicolas. *Discussions critiques par Wang Chong*. Paris: Gallimard, 1997.
Zürcher, Erik. *The Buddhist Conquest of China: The Spread and Adaptation of Buddhism in Early Medieval China*. 3rd edition. Leiden: E. J. Brill, 2007. 中译本为[荷]许理和著,李四龙、裴勇等译:《佛教征服中国:佛教在中国中古早期的传播与适应》,南京:江苏人民出版社,2018年。
Zysk, Kenneth G. *The Indian System of Human Marks*. Leiden: E. J. Brill, 2016.

索 引

斜体页码指表格

Abedsalem, Moulay 穆莱·阿卜杜斯勒姆, 79
acupuncture 针灸, 47-49
Aelius Aristides 埃利乌斯·阿里斯提得斯, 27, 206-207n182
affordances of dreams 梦的可供性: communication 交流, 134, 141-143, 149; creating new knowledge 创造新知识, 143-145, 146; defined 定义, 25-26; examples 例子, 145-146; relationships 关系, 22, 26-27, 146-155, 159-160
Alexander the Great, 亚历山大大帝 27
alterity 他异性, 13-17, 169n57, 170n63. *See also* Others 也参见"他者"词条
Amazon basin rubber economy 亚马孙橡胶经济, 24-25
Analects《论语》, 54
animals 动物: bears 熊, 54, 96; boars 野猪, 94; dreaming by 做梦, 16, 30; in dreams 梦中, 39; dreams sent by 托梦给, 143; elephants 象, 60, 64, 76-77, 89, 93, 99-100, 159; fish 鱼, 156-157; foxes 狐狸, 155-156; horses 马, 30, 106-107, 113; human traits 人类的特征, 155-156, 158; pregnant monkey 怀孕的猴子, 154-155; straw dogs 刍狗, 111-112, 204n143; tortoises 龟, 52, 108, 120, 159; *Umwelten* 周围世界, 26, 133, 155-156; wolves 狼, 114
animism 万物有灵论, 19, 20, 22
Anishinaabe people 阿尼什纳比人, 147-148
Annals of Jin（*Jin yangqiu*）《晋阳秋》, 99-100
Annals of Master Yan（*Yanzi chunqiu*）《晏子春秋》, 80, 94-95
ant, tale of 蚂蚁的故事, 132-134, 147, 207n5
Appadurai, Arjun 阿尔君·阿帕杜莱, 14, 166n11
apports 显形, 138, 140-141, 209n25
archery 射箭, 203n131
Aristotle 亚里士多德, 53, 182n99, 187n26, 194n86
Arrayed Accounts of Marvels（*Lieyi zhuan*）《列异传》, 148-149
Artemidorus 阿特米多罗斯, 53, 172-173n4, 189n45, 204n142
Assay of Arguments（*Lun heng*）《论衡》, 49-52, 66, 67, 178n69, 178nn72-73

Bakhtin, Mikhail 米哈伊尔·巴赫金, 8
Ban Gu 班固: "Communicating with the Hidden" ("Youtong fu")《幽通赋》, 42; *History*

of the Han《汉书》, 80, 190n49
Basso, Ellen B. 爱伦·巴索, 204n144
Beecroft, Alexander 亚历山大·比克罗夫特, 3
Bennett, Jane 简·班纳特, 11, 12
Bird-David, Nurit 尼里·伯德 — 戴维, 25, 148
Bodhiruci 菩提流支, 87
bodhisattva path 菩萨道, 87-90
Book of Odes《诗经》, 54, 75
Borges, Jorge Luis 博尔赫斯, 56
Bṛhad-Āraṇyaka Upaniṣad《大林间奥义书》, 66-67
Brown, Michael F. 迈克尔·F. 布朗, 187n23
Buddhism 佛教: acts of truth 真言, 39-40; bodhisattva path 菩萨道, 87-90; dreambooks 梦书, 87-90; dream of Buddha's mother 佛陀母亲的梦, 59-60; on dreams and dreaming 关于梦和做梦, 2, 59-60, 66, 67, 71-72, 182n100; dream taxonomies 梦的分类, 59-61, 67; karma 业力, 59-60, 66, 67, 88-89; monks 僧人, 38-39, 40, 59, 60; view of divination 占卜观, 71-72; vinaya 律藏, 59-61
bureaucracies 官僚政治, 30
Burridge, Kenelm 肯纳姆·伯里奇, 211n51
butterfly dream 蝴蝶梦, 156, 161-162, 214-215nn91-92

Cai Mao 蔡茂, 102-103
Campany, Linda F. 谢琳达·F. 坎帕尼, 193n73
Cao Cao 曹操, 110, 202n105
Cao Pi 曹丕, *Arrayed Accounts of Marvels* (*Lieyi zhuan*)《列异传》, 148-149
Chang, prince of Liang 梁王畅, 107
Chao Yuanfang 巢元方, *On the Origins and Symptoms of Disease* (*Zhubing yuanhou lun*)《诸病源候论》, 49
Cheng, Anne 程艾兰, 76
Chowchilla 乔奇拉, California 加利福尼亚州, school bus hijacking 劫持校车, 123-124
Christian dream interpretation 基督教的释梦, 181n92. See also European dreambooks 也参见"欧洲的梦书"词条
Classic of Changes (*Yi jing*)《易经》, 77-79, 95-96, 105-107, 108-109, 117
Classic of Mountains and Waterways (*Shanhai jing*)《山海经》, 77
cloudsouls 魂, 41-43, 47, 51, 64
coffins 棺材: dreams of 梦到, 100-101, 113, 151-153; funeral processions 出殡, 210n44; opening 打开, 141-142; reburial 迁葬, 137. See also dead 也参见"死者"词条
Coleridge 柯勒律治, Samuel Taylor, "Kubla Khan,"《忽必烈汗》, 213n62
communication 交流, afforded by dreams 由梦提供的, 134, 141-143, 149
Confucius 孔子, 54, 85, 105, 125-126
corpses 尸体: disinterred 被掘出, 37; dreams of 梦到, 101, 104; malevolent spirits 恶毒的精灵, 46-47. See also dead 也参见"死者"词条
crack divination 裂纹占卜, 52, 120-121
Crapanzano, Vincent 文森特·克拉潘扎诺, 79, 126
culture 文化: context of dream interpretation 释梦的背景, 17-18, 125, 194n91; divinatory practices and 占卜实践与, 195n102; relationship to dreams 与梦的关系, 13-15, 17-18, 91, 170n63, 194n91; scholarly approaches and assumptions 学术方法和预设, 1-2, 8-9, 10-11, 168n48; Sino-cosmopolis 中国文化圈, 3; *Umwelten* and 周围世界与, 133; visual artifacts 视觉人

工制品，14-15

Dai clanswoman and stone anecdote 戴氏女子和石头的轶事，148-151，152
Dao 道，76-77
Dao'an 道安，40
Dao de jing《道德经》，76，77，184n6
Daoism 道教：on dreams and dreaming 关于梦和做梦，2-3，45-47，165n6；*Purple Texts*《皇天上清金阙帝君灵书紫文上经》，42-43
Deacon, Terrence W. 特兰斯·W. 狄肯，207n6
dead 死者：coffins 棺材，100-101，113，137，141-142，151-153，210n44；corpses 尸体，37，101，104；funerals 出殡，100，141-142，210n44；ghosts and spirits 鬼魂和精灵，37，39，46-47，49，104；visits from 到访，10，37，137-138，141，151-153
death 死亡：caused by reactions to dreams 由对梦的反应引起，97-98，154；dreams portending 梦的预示，93-94，99-100，101-102，104-105，113-114；resemblance to sleep 与睡眠类似，44；returns from 返回，44
de Groot, Jan Jakob Maria 高延，20
Deng Ai 邓艾，105
Deng Yang 邓飏，109
Deng Yin 邓殷，103
Deng You 邓攸，103
devas 天人，dreams caused by 由天人引起的梦，59
diagnostic paradigm 诊断范式，6，47-49. *See also* illnesses 也参见"疾病"词条
direct dreams 直梦：anecdotes 轶事，135-141，148-155，156-157，158-160，209n18，209n21；boundaries breached 越界，153-155；characteristics 特征，134-135，137；effects 影响，134；face-to-face encounters with Others 面对面地与他者相遇，146-155，159-160；straightforward meanings 直截了当的意义，73；visits from dead persons 死人到访，10，37，137-138，141，151-153；visits from spirits or deities 精灵或神灵到访，58；Wang Chong on 王充论，52，178n73，186n15；in Wang Fu's taxonomy 在王符的分类中，54，58. *See also* visitation paradigm 也参见"到访范式"词条
Discourses of a Recluse (*Qianfu lun*)《潜夫论》，54-58，63，81，*81*，85-86，97-98，120，180n84
diseases 病. *See* illnesses; medical cures 参见"疾病""医学上的治疗"词条
disenchantment, myth of 祛魅的迷思，11-12，68
divination 占卜：anecdotes 轶事，95-97，98-101；boundaries crossed 跨越边界，70；Buddhist view of 佛教的观点，71-72；in contemporary societies 在当代社会，10；of cracks 裂纹，52，120-121；cultural context 文化背景，195n102；Daoist criticism of 道家的批评，70-71；in dreams 在梦中占卜，100-101；of dreams 占梦，52，69，72-73，79，80，85-86，167n25；of dreams by royals 王室占梦，33-34，53，115-116，185-186n14；importance 重要性，30；locative worldview 定位的世界观，69，71，122；manuals 指南，80，87，190n52；methods 方法，108；performative nature 述行性的本质，122；physiognomy 相，71，108；purposes 目的，69-70，87；rejection of 拒绝，45；textual exegesis and 文本的解释与，186n22. *See also* interpretation of dreams 也参见"释梦"词条

diviners 占卜者. *See* interpreters of dreams

参见"释梦者"词条
divinity of stones 石头的神性，148-151
Docherty, Thomas 托马斯·杜契提，169n57
Dong Feng 董丰，105-107
Dong Zhaozhi 董昭之，tale of ant and 蚂蚁的故事与，132-134，147，207-208n5
Dongfang Shuo 东方朔，35，117
dream accounts 梦的叙述：authenticity 真实性，27-28；false 伪造的，111，125-126，204n136，204n143；language used 使用的语言，15，128；putting into words 用语言表达，126-127；recorded by dreamers 被做梦者记录，129-130，161；recounts of dreamers 做梦者的叙述，15-16，17-18，74，86，92-93，98，126-129，204n136；textual sources 文献来源，5，17，29，32-33. See also interpretation of dreams, narratives 也参见"释梦""叙事"词条
dreambooks 梦书：Buddhist 佛教的，87-90；catalogs of symbols 象征的目录，80-81，83，84-85，88-89，112，163，189n45；categories 类别，83；Dunhuang manuscripts 敦煌写本，82-83，84，87，90，196n7；European 欧洲，91，189n45；purposes 目的，163；Shuihudi daybooks 睡虎地日书，34-35，82，191n65；simplicity 精简性，85，90；use of 使用，83-87，91；Yuelu Academy slips 岳麓书院的竹简，81-82，83，89，90，190n56
dream interpretation 释梦. See interpretation of dreams 参见"释梦"词条
dreams：alterity 梦：他异性，13-17，170n63；cultural place 文化地位，13-15，17-18，91，170n63，194n91；defined 定义，7，166-167n19；forgotten 遗忘，161；gender differences in experiences 经验的性别差异，10；as interpersonal experiences 作为人际关系的经验，128，134-135，159-160；lessons 教训，162-163；modern experiences and attitudes 现代的经验和态度，9-12，118-119，123-124；mysteriousness 神秘性，16，32，62，68；narrative 叙述，16，90，170n68；nightmares 噩梦，34-36，107；origins of religion and 宗教的起源与，18-22；reasons for studying 研究的理由，30；reception 接受，17，98，125-131；scholarly approach to topic 这一主题的学术方法，7-13，15；sending 托，142-143，210n44，211n49；shared 分享，10，146，213n65；status-dependent 取决于身份地位，55，57；taxonomies 分类，53-61，178-179n74；witnesses 见证者，161. See also affordances；dream accounts 也参见"可供性""梦的叙述"词条

dreams and dreaming 梦和做梦，models of 模型：agent of dreaming 梦的施动者，66-67；Buddhist 佛教的，2-3，59-60，66，67，71-72，182n100；combined 存在关联的，49；as connection to other beings or entities 作为与其他存在者或实体的联系，20，21，65；cultural and religious context 文化和宗教的背景，20-21；Daoist 道教的，2，45-47，165n6；diversity 多样性，2-3，12，32-33；implied in narratives 叙事中的暗示，61-65；as manifestation of inner imbalance 作为内在失衡的显现，46-49，56，59，66；as manifestation of inner struggles 作为内在冲突的显现，45-47，65-66；mental activity as cause 作为原因的思想活动，49-52，54-55，57，66；modern 现代的，9-12，193n73；neuroscientific 神经科学

索 引

的, 68, 119; Nietzsche on 尼采的观点, 160; patterns 理, 3, 4; responses to dreamer's valorized action 对做梦者的被赋予价值之行为的回应, 37-40; responses to energetic and bodily stimuli 对能量和身体刺激的回应, 44-45; spirits as cause 作为原因的精灵, 33-37, 58, 59, 60; temperament dependence 取决于性情的, 56, 57; textual sources 文献来源, 5, 32-33; wandering souls 灵魂游荡, 41-44, 47, 51-52, 58, 62. See also paradigms 也参见"范式"词条

dreamscape 梦境: defined 定义, 4-5; mapping, 绘制 1, 4, 5, 163-164

Drège, Jean-Pierre 让-皮埃尔·德勒热, 83, 190n50

Drettas, Dimitri 迪米特里·德里塔斯, 83, 190n50

Duan Chengshi 段成式, *Miscellaneous Morsels from South of You* (*Youyang zazu*)《酉阳杂俎》, 156-157

Dunhuang manuscripts 敦煌写本: on demons 关于鬼, 58; divination anecdotes 占卜的轶事, 98; dream accounts 梦的叙述, 143-144; dreambooks 梦书, 82-83, 84, 87, 90, 196n7; on multiple souls 多个灵魂, 43; *Scripture of Sound Observer from the Era of Prince Gao*《高王观世音经》, 144; on spirits causing dreams 关于精灵引起的梦, 34-35

Egan, Ronald 艾朗诺, 79

Eliade, Mircea 米尔恰·伊利亚德, 22

emergent forms 萌发形态, 24-25

European dreambooks 欧洲的梦书, 91, 189n45

Evans-Pritchard, E. E. 埃文思—普里查德, 20, 170n79

exorcistic paradigm 驱魔范式, 5-6, 34-37, 159

exotopy 外位性, 8-9

filial piety 孝, 38, 141

forms 形态, emergent 萌发, 24-25

Fotudeng 佛图澄, 102

Foucault, Michel 米歇尔·福柯, 56

foxes 狐狸, 155-156

Freud, Sigmund 西格蒙德·弗洛伊德, 27, 66, 86, 118-119, 121, 198n40

Fu Rong 苻融, 105-107

Fu Zhenggu 傅正谷, 20

funerals 出殡, 100, 141-142, 210n44

Further Records of an Inquest into the Spirit Realm (*Soushen houji*)《搜神后记》, 155

Gallagher, Catherine 凯瑟琳·加勒赫, 1

Gan Bao 干宝, *Records of an Inquest into the Spirit Realm* (*Soushen ji*)《搜神记》, 63-64, 143, 150, 183n110

Garden of Marvels, A (*Yi yuan*)《异苑》, 99, 142-144, 153

Ge Hong 葛洪, *Traditions of Divine Transcendents* (*Shenxian zhuan*)《神仙传》, 46

ghosts 鬼: in dreams 在梦中, 49, 104; vengeful 复仇的, 39, 183n112. See also dead; spirits 也参见"死者""精灵"词条

Gibson, James J. 詹姆斯·吉布森, 25

Ginzburg, Carlo 卡洛·金茨堡, 169n52

glyphomancy 拆字法, 103-104

Granet, Marcel 葛兰言, 5

Greenblatt, Stephen 斯蒂芬·格林布拉特, 1

Groark, Kevin 凯文·格罗尔克, 126-127, 128, 135

Gu Zhan 顾旃, 155

Guangling Melody《广陵散》, 143-144,

309

146, 212nn53-54
Guan Lu 管辂, 108-109, 117
Guan Yu 关羽, 94
Gui zang (*Returning to Be Stored*)《归藏》, 95-96, 98
Guo He 郭贺, 103
Guo Pu 郭璞, 77, 188n33
Guo Yu 郭瑀, 103-104
Guthrie, Stewart 斯图尔特·格思里, 21

Hallowell, A. Irving A. 欧文·哈洛韦尔 147-148
Han Que 韩确, 156-157
Han Fei zi《韩非子》, 76-77
Harper, Donald 夏德安, 35, 36, 174n19
Hawaiians 夏威夷人, 20-21
He Yan 何晏, 108-109
He Zhi 何祇, 115
health 健康. *See* illnesses; medical cures 参见 "疾病" "医学上的治疗" 词条
hemerological dream interpretation 择日学的释梦, 81-82, 84
Henderson, John B. 约翰·亨德森, 186n22
Heraclitus 赫拉克利特, 65
herbs 药草, "dream herb" (*meng cao*) 梦草, 117
hermeneutics 解释学, 75, 91, 94-98, 111, 117, 130
Herodotus 希罗多德, 181n98
hexagrams 卦. *See Classic of Changes* 参见"易经"词条
History of the Han《汉书》, 80, 190n49
History of the Jin《晋书》, 80-81, 96, 99, 103-104, 105-107, 112-114, 154
History of the Sui《隋书》, 80, 190n50
Hoffmeyer, Jesper 杰斯帕·霍夫梅耶, 208n7
Hollan, Douglas 道格拉斯·霍兰, 15
Hou Han shu《后汉书》, 75
Huainanzi《淮南子》, 41-42, 77, 173n11,

188n33
Huan Wen 桓温, 104, 196n6
Huang Ping 黄平, 113
Huimu 慧木, 145
Hunan University. *See* Yuelu Academy slips 参见"岳麓书院的竹简"词条
Huzi 壶子, 70-71

Ibn Rushd 伊本·路世德, 188n32
illnesses 疾病: caused by reactions to dreams 由对梦的反应引起, 64, 96, 97-98, 128, 154; causes 原因, 43, 50; diagnosing 诊断, 48, 62-63, 84, 94-95, 146; dreams caused by 由疾病导致的梦, 56, 57, 61; *qi* 与气与, 47-49. *See also* medical cures 也参见"医学上的治疗"词条
Inquest into the Spirit Realm (*Soushen ji*)《搜神记》, 63-64, 143, 150, 183n110
insects 昆虫: ants 蚂蚁, 132-134, 147, 207n5; butterflies 蝴蝶, 156, 161-162, 214-215nn91-92; human traits 人类的特征, 158; ticks 蜱虫, 26
interpretation of dreams 释梦: accuracy 准确性, 85-86; based on day or hour (hemerological) 择日学的, 81-82, 84; based on single image 基于单个图像, 83-84, 85, 86-87, 90; catalogs of symbols 象征的目录, 53, 80-81, 83, 84-85, 88-89, 163, 189n45; challenges 挑战, 85-86; cosmic correlations 宇宙关联性, 104-106; cultural context 文化背景, 17-18, 125, 194n91; disagreements 不一致, 125; entangled with theories 区分理论, 67; Freudian 弗洛伊德的, 27, 86, 118-119, 121, 198n40; glyphomancy 拆字法, 103-104; hermeneutics 解释学, 75, 91, 94-98, 111, 117, 130; importance 重要性,

索 引

17，18，72-73，118；Jungian 荣格的，119；locative dimension 定位的维度，17，85；manuals 指南，73，80-82，83-85，90；modalities 方法，75；multiple details included 包含多个细节，84，193n73；multiple meanings 多种意义，129；personal factors 个人因素，120；predictions 预言，121-122；processes 过程，74，83-84，86-87，90-91，97，120-121；social settings 社会背景，17-18，74，90，126；specificity 特异性，121；successful predictions 成功预测，74-75，92-93，97，103，104-105，118，121，123，130. See also divination; dreambooks; xiang（describing dreams）也参见"占卜""梦书""相"（描述梦）词条

interpretation of dreams 释梦，narratives 叙事：anecdotes 轶事，74，80，90-91，92-94；compiling 汇编，130-131；hermeneutics 解释学，91，94-98，111，117，118，130；recounting dreams 叙述梦，74；retrospective 回顾性的，122-123；social memory and 社会记忆与，91；wordplay 文字游戏，98-104，118，198n40；as written record 作为书面记录，17，74-75，90-91，118，129-130

interpreters of dreams 释梦者：dreamers as 做梦者，74，88，92-94，99；errors 错误，86；family members as 家人，74，93；need for 需要，73-74；relations with clients 与问卜者的关系，116-118；secret methods 隐秘的方法，85，117；specialists 专业人士，74，83，87，94-95，107-118，186n17，193n80

Ji Kang 嵇康，143-144，212nn53-54
Ji Xian 季咸，70-71

Ji Zang 吉藏，72
Jiang, Marquis 蒋侯，154，214n85
Jiang Wan 蒋琬，115，203n121
Jing, Duke of Qi 齐景公，94-95，96-97
Johnston, Sarah Iles 莎拉·伊尔斯·约翰斯顿，69
Josephson-Storm, Jason A. 杰森·约瑟夫-斯托姆，12
Jung, Carl 荣格，27，119

karma 业力，59-60，66，67，88-89
Keats, John 约翰·济慈，168n48
Kern, Martin 柯马丁，163
knowledge created by dreams 梦创造的知识，143-145，146
Kohn, Eduardo 爱德华多·科恩，24-25，133-134，208n14
Kracke, Waud 沃德·克拉克，15，21
Kumārajīva 鸠摩罗什，72，196n8

Lakoff, George 乔治·莱考夫，119
Lam, Ling Hon 林凌翰，4，166n13
language 语言：in dream accounts 在梦的叙述中，15，128；metaphors 隐喻，102-103，119；puns 双关语，198n40；of visitation dreams 到访的梦的，159；wordplay 文字游戏，98-104，118，198n40
Latour, Bruno 布鲁诺·拉图尔，11-12，14
Legge, James 詹姆斯·理雅各，75
Levine, Caroline 卡洛琳·列维尼，1-2
Lewis, Mark Edward 陆威仪，76
Li Wai-yee 李惠仪，205n148
Li Yi 李毅，102
Liezi《列子》，44-45，67，70-71，136，203n131
Lin Fu-shih 林富士，165n6
Lincoln, Abraham 亚伯拉罕·林肯，205n158

311

Linden, David J. 戴维·林登, 16, 170n68
Ling, emperor of Han 汉灵帝, 65
Linghu Ce 令狐策, 112
Listenwissenschaft 清单科学, 80
literal dreams 如其所是的梦. *See* direct dreams 参见"直梦"词条
Liu Gen 刘根, 46
Liu Jingxuan 刘敬宣, 99
Liu Jun 刘峻, 183n110
Liu Laozhi 刘牢之, 99
Liu Qu 刘去, 37
Liu Yin 刘殷, 37-38
Liu Zhao 刘照, 137-138
Liu Zhen 刘桢, 110
locative style in religions 宗教的定位模式, 22-23, 69, 71, 85, 122, 163, 171n94, 179n74
Lohmann, Roger Ivar 罗杰·伊瓦尔·罗曼, 20
Lotus Sutra《法华经》, 38, 39, 140
Lü Guang 吕光, 93, 196n8
Lu Jia 陆贾, 40
lucid dreaming 清醒梦, 28, 87, 209n25
Lucretius 卢克莱修, 15, 53, 180n86
Luo Han 罗含, 93, 196n6
Lüshi chunqiu《吕氏春秋》, 176n42

Mahāvibhāṣā [śāstra?]《阿毗达磨大毗婆沙论》, 61
medical cures 医学上的治疗, 39, 138-39, 146. *See also* illnesses 也参见"疾病"词条
medical manuals 医疗指南, 84
Miller, Patricia Cox 帕特里夏·科克斯·米勒, 98
Miscellaneous Morsels from South of You（*Youyang zazu*）《酉阳杂俎》, 156-157
Mohesengqi lü《摩诃僧祇律》, 60-61
moral self-cultivation 道德的自我修行. *See* self-cultivation 参见"自我修行"词条
Moreira, Isabel 伊莎贝尔·莫尔拉, 181n92

narrative dreams 叙事的梦, 16, 90, 170n68
nature 自然: emergent forms 萌发形态, 24-25; stones 石头, 147-151; *Umwelt* concept "周围世界"概念, 26, 160. *See also* animals; insects 也参见"动物""昆虫"词条
Nayaka people 那邪迦人, 148
neuroscience 神经科学, 68, 119
New Collection of the Duke of Zhou's Book for Interpreting Dreams（*Xinji Zhougong jiemeng shu*）《新集周公解梦书》, 83, 84
Newman, Deena I. J. 迪娜·纽曼, 10
Nietzsche 弗里德里希·尼采, Friedrich, *Menschliches, Allzumenschliches*《人性的，太人性的》, 160
nightmares 噩梦, 34-36, 107
Niyazioğlu, Asli 阿斯利·尼亚齐奥卢, 4

Obeyesekere, Gananath 加纳纳特·奥贝塞克雷, 20-21
Ojibwa people 奥吉布瓦人, 147-148
omens 预兆/瑞/兆, 58, 92, 115-116, 124, 186n22, 205n158
On the Origins and Symptoms of Disease（*Zhubing yuanhou lun*）《诸病源候论》, 49
oracle inscriptions 甲骨文, 33-34, 185-186n14
Others 他者: boundary with self 与自我的边界, 10; China as 中国, 10-11, 29; exorcizing 驱逐, 159; face-to-face encounters in dreams 在梦中面对面的相遇, 146-155, 159-160; as selves with aims 作为有目的的自我, 155-157. *See also* alterity; spirits 也参

见"他者""精灵"词条

Pan Geng 盘庚, 96-97, 198n30
paradigms 范式: descriptions 描述, 5-7; diagnostic 诊断, 6, 47-49; exorcistic 驱魔, 5-6, 34-37, 159; prospective 前瞻, 6, 79, 120-124, 159; spillover 溢出, 6, 40; visitation 到访, 6, 79, 134-135, 137, 146, 157, 159
Pei Songzhi 裴松之, 115
Peirce, Charles 查尔斯·皮尔士, 134, 208n8
Perls, Frederick 弗雷德里克·皮尔斯, 119, 193n73
Peterson, Willard J. 威拉德·彼得森, 76
physiognomy (*xiang*) 相, 71, 108
Pinney, Christopher 克里斯多夫·皮尼, 14-15
Poirier, Sylvie 西尔维·普瓦里耶, 176-177n49
Prajñāpāramitā sutra《放光般若经》, 72
premonitions 预知, 124
Price, S. R. F. 普赖斯, 172-173n4
prospective paradigm 前瞻范式, 6, 79, 120-124, 159
psychosomatic illnesses 身心失调的疾病, 64, 97-98, 128, 154
Puett, Michael J. 迈克尔·普鸣, 122
Purple Texts《皇天上清金阙帝君灵书紫文上经》, 42-43
Pusa shuomeng jing《菩萨说梦经》. See *Sutra on the Explication of Dreams for Bodhisattvas* 也参见《菩萨说梦经》词条

qi 气: abundant 盛, 48-49, 48, 50, 52; dreams associated with 梦与气相关, 47-49, 48, 66; of humans 人的, 157-158; insufficient 不足, 48-49,

48, 50-51; pathogenic 邪, 47, 66; seasonal cycles 季节性循环, 53

Rawls, John 约翰·罗尔斯, 20
reception of dreams 对梦的接受, 17, 98, 125-131
recluses 隐士, 142-143
Record of Anomalies, A《录异传》, 138-139
Records of an Inquest into the Spirit Realm (*Soushen ji*)《搜神记》, 63-64, 143, 150, 183n110
Records of the Three Kingdoms《三国志》, 105, 109-111, 114-115
religions 宗教: animism 万物有灵论, 19, 20, 22; locative vs. utopian 定位与乌托邦, 22-24; origins 起源, 18-22, 150; scholarly approaches 学术方法, 3; striking objects and 异常物体与, 150. See also Buddhism; Christian dream interpretation; Daoism 也参见"佛教""基督教的释梦"词条
Reynolds, Pamela 帕梅拉·雷诺兹, 128
"Rhapsody on Dreams" ("Meng fu")《梦赋》, 34-36, 45, 47, 58
Richter, Antje 安特耶·里希特, 28
Rock, Andrea 安德里亚·洛克, 183n109
Rorty, Richard 理查德·罗蒂, 33
royalty 王室. See rulers 参见"统治者"词条
rubber trees 橡胶树, 24-25
rulers 统治者: dreams of 梦到, 33-34, 53, 115-116, 185-186n14; dreams sent by 托梦给, 142-143; Southern Qi court 南齐宫廷, 115-116
Rutt, Richard 卢大荣, 76

Sacks, Oliver W. 奥利佛·萨克斯, 183n109
Sahlins, Marshall 马歇尔·萨林斯, 8, 20-21, 169n50, 171n87, 180-181n89
Saussy, Haun 苏源熙, 5, 12, 13, 168n49

313

Schaberg, David 大卫·史嘉伯, 123
Schafer, Edward H. 薛爱华, 76
Schmitt, Jean-Claude 让—克洛德·施密特, 91
Scripture of Sound Observer from the Era of Prince Gao (*Gaowang Guanshiyin jing*)《高王观世音经》, 144-145
self-cultivation 自我修行, 36, 40, 50, 57, 58, 203n131
selves 自我: ants as 作为自我的蚂蚁, 132-134, 147; boundary with Other 与他者的边界, 10; dividuality 可分解性, 44, 66, 121, 176-177n49; ecology and epistemology of 生态学和认识论的, 158; inner struggles 内在冲突, 45-47, 65-66; presentation 展现, 127; reflection in dreams 梦所反映的, 166n14. See also Others 也参见"他者"词条
semiotics 符号学, 17, 24, 26, 70, 208n8
shamans 巫, 71
Shang Zhongkan 商仲堪, 151-152
Shang oracle inscriptions 商代的甲骨文, 33-34, 185-186n14
Shanjianlü piposha《善见律毗婆沙》, 59-60
Shen Qingzhi 沈庆之, 102, 199n56
Shi Hu 石虎, 102
Shi Chun《师春》, 96, 98
Shu Xi 束皙, 96
Shuihudi daybooks 睡虎地日书, 34-35, 82, 191n65
simulacra (*xiang*) 拟像 ("象"), 50-51, 52, 76, 120-121, 178nn72-73, 186n15. See also *xiang* (describing dreams) 也参见"相"(描述梦)
Sino-cosmopolis 中国文化圈, 3
sleep 睡眠: REM and non-REM 快速眼动睡眠和非快速眼动睡眠, 170n68; resemblance to death 与死亡类似, 44;

scholarship on 关于梦的学术研究, 28; souls wandering during 灵魂在睡眠期间游荡, 41-44, 47, 51-52, 58, 62
Slingerland, Edward 森舸澜, 158
Smith, Jonathan Z. 乔纳森·史密斯, 3, 22-23, 80
social status 社会地位, dreams and 梦和, 55, 57
Song Jue 宋桷, 113
souls 灵魂, wandering 游荡, 41-44, 47, 51-52, 58, 62
Sound Observer 观世音, 39, 140, 144-145
Southern Qi court 南齐宫廷, 115-116
spillover paradigm 溢出范式, 6, 40
spirit-foxes 灵狐, 155-156
spirits 精灵: contacts from in dreams 梦中的接触, 21, 37-40, 49; of deceased 亡灵, 37; dreams as evidence of 梦是精灵存在的证据, 20; dreams caused by 由精灵引起的梦, 33-37, 58, 59, 60; imagined 想象的, 49-51; malevolent 恶毒的, 46-47; wandering souls 游荡的灵魂, 41-44, 47, 51-52, 58, 62. See also ghosts; visitation paradigm 也参见"鬼""到访范式"词条
spiritualism 通灵术, 19-20
Stephen, Michele 米歇尔·斯蒂芬, 123, 128, 168n48, 206n174
Stewart, Charles 查尔斯·斯图瓦特, 15
stones 石头: as animate objects 作为有生命的对象, 147-148; divinity of 神性, 148-151
Sun Jian 孙坚, 92
Sun Jingde 孙敬德, 144-145
Sun Jun 孙峻, 64
Sun Sheng 孙盛, *Annals of Jin* (*Jin yangqiu*)《晋阳秋》, 99-100

索 引

Suo Chong 索充, 113
Suo Dan 索统, 112-114, 116, 117
Suo Sui 索绥, 113-114
Suo yu（*Trifling Anecdotes*）《琐语》, 96-97, 98
Sutra on the Explication of Dreams for Bodhisattvas（*Pusa shuomeng jing*; *Svapnanirdeśa*）《菩萨说梦经》, 87-90, 121, 195n97
Synesius 西奈修斯, 181n92

Taiping huanyu ji《太平寰宇记》, 150-151
Tao Qian 陶潜, *Further Records of an Inquest into the Spirit Realm*（*Soushen houji*）《搜神后记》, 155
Taylor, Charles 查尔斯·泰勒, 11
Tedlock, Barbara 芭芭拉·特德洛克, 33, 173nn5-6
Tedlock, Dennis 丹尼斯·特德洛克, 206n167
Thompson, Evan 埃文·汤普森, 209n25
torque 扭矩, 14-15
tortoise shells 龟甲, 52, 108, 120, 159
Traditional Tales and Recent Accounts（*Shishuo xinyu*）《世说新语》, 62-63
Traditions of Divine Transcendents（*Shenxian zhuan*）《神仙传》, 46
transformation of things 物化, 161-163, 164
Treatise on Curiosities（*Bowu zhi*）《博物志》, 95
Turfan manuscripts 吐鲁番写本, 144
Tylor, Edward Burnett 爱德华·伯内特·泰勒, 18-20, 21, 170-171n81
Tzotzil Maya 佐齐尔玛雅人, 128, 135

Uexküll, Jakob von 雅各布·冯·乌克斯库尔, 26
Umwelten 周围世界, 26, 133, 155-156, 160
utopian religions 乌托邦式的宗教, 22-23

Vimalakīrti Sutra《维摩诘所说经》, 72
visitation paradigm 到访范式: characteristics of dreams 梦的特征, 134-135, 137, 159-160, 198n38; compared to other paradigms 与其他范式比较, 159; description 描述, 6; dreams as events 作为事件的梦, 6, 79, 134, 138, 146, 159; messages from spirits 精灵带来的信息, 58; shared dreams 共享的梦, 146; tale of ant 蚂蚁的故事, 132-134; transformation into extra-human self 转化为非人类的自我, 157. *See also* direct dreams 也参见"直梦词条"
visual artifacts 视觉的人工制品, 14-15

wandering souls 游荡的灵魂, 41-44, 47, 51-52, 58, 62
Wang Bi 王弼, 77-79
Wang Chong 王充: *Assay of Arguments*（*Lun heng*）《论衡》, 49-52, 66, 67, 178n69, 178nn72-73, 190n54; on direct dreams 关于"直梦", 52, 178n73, 186n15
Wang Dao 王导, 92, 196n3
Wang Dun 王敦, 101-102
Wang Fu 王符, *Discourses of a Recluse*（*Qianfu lun*）《潜夫论》, 54-58, 63, 81, *81*, 85-86, 97-98, 120, 180n84
Wang Jun 王濬, 102, 103
Wang Rong（of Taiyuan）王戎（太原人）, 99
Wang Rong（Seven Sages of Bamboo Grove）王戎（竹林七贤）, 113, 198-199n41, 202n113
Wang Xun 王珣, 92-93
Wang Yan 王琰: *Records of Signs from the Unseen Realm*（*Mingxiang ji*）《冥祥记》, 38-39, 139, 146; Sound Observer icon and 观世音像与, 145

315

Wang Yanshou 王延寿, "Rhapsody on Dreams" ("Meng fu")《梦赋》, 34–36, 45, 47, 58

Wang Zhaoping 王昭平, 37

Wangjiatai tomb 王家台墓, 95

Weber, Max 马克斯·韦伯, 11

Wei Yan 魏延, 114

Wen, emperor 文帝, 110

Wen, king of Zhou 周文王, 125, 201n87

Wen Qiao 温峤, 153–154

Wen Ying 文颖, 152–153

Western Jin texts 西晋的文本, 95–97, 98

whitesouls 魄, 41–43, 47

women 女性, dreams of 女性的, 10, 49

wordplay 文字游戏, 98–104, 118, 198n40

Wu, emperor of Han 汉武帝, 117

Wu, emperor of Liang 梁武帝, 42

Wu Kaozhi 伍考之, 154

Wu Shiji 吴士季, 138–139

xiang (describing dream contents) 象（描述梦的内容）: meanings 意义, 62, 75–79, 81; simulacra 拟像, 50–51, 52, 76, 120–121, 178nn72–73, 186n15; in Wang Fu's taxonomy 在王符的分类中, 54–55, 57

xiang (physiognomy) 相（相术）, 71, 108

Xiao Zixian 萧子显, Treatise on Auspicious Omens (Xiangrui zhi)《祥瑞志》, 115–116

"Xi ci" ("Commentary on the Appended Phrases")《系辞》, 75–76, 77–79

Xie An 谢安, 104–105, 200n75

Xie Lingyun 谢灵运, 154, 214n86

Xie Qing 谢庆, 154

Xuanyuan outpost inscription 悬泉置邮驿站的题字, 163–164

Xun Maoyuan 荀茂远, 100–101

Xunzi《荀子》, 157–158

Yan Han 颜含, 141–142, 210n42

Yan Ji 颜畿, 141–142

Yan Zhitui 颜之推, 210n42

Yan, Master 晏子, 94–95, 96–97

Yang Hong 杨洪, 115

Yang Jianmin 杨健民, 20

Yang Pei 杨沛, 109–110

Yang Xiong 扬雄, 203nn130–131

Yangcheng Zhaoxin 阳城昭信, 37

Yanzi chunqiu《晏子春秋》, 80

Yelle, Robert 罗伯特·耶勒, 208n8

Yellow Thearch's Classic on the Numinous Pivot, The (Huangdi neijing lingshu)《黄帝内经·灵枢》, 47–49, 48

Yi Xiong 易雄, 101–102

Yi jing《易经》. See Classic of Changes 参见 "《易经》" 词条

Yin Hao 殷浩, 101, 199n51

Yin Zhan 阴澹, 114, 117

Ying Shao 应劭, Penetrating Account of Customs (Fengsu tongyi)《风俗通义》, 80, 94

Yu Fakai 于法开, 72

Yu Wen 庾温, 115–116

Yuan Shao 爱邵, 105

Yue Guang 乐广, 61–63, 66, 67, 182–183nn105–106, 183n110

Yuelu Academy slips 岳麓书院的竹简, 81–82, 83, 89, 90, 190n56

Zhang Hua 张华, Treatise on Curiosities (Bowu zhi)《博物志》, 95

Zhang Mao 张茂, 99–100

Zhang Miao 张邈, 114

Zhang Zhai 张宅, 113

Zhao Xi 赵习, 139–140

Zhao Yang 赵鞅, 84

Zhao Zhi 赵直, 114–115

Zheng Xuan 郑玄, 179–180nn77–78

Zhong Hui 钟会, 105

Zhou, Duke of 周公, 54, 85, 193n80

Zhou Pan 周磐, 93-94

Zhou Xuan 周宣, 109-111, 117, 125, 193n80, 204n143

Zhou Rites (*Zhou li*)《周礼》, 53, 180n78

Zhu Fayi 竺法义, 38-39, 146

Zhuangzi《庄子》: analogies 比喻, 79; archer story 弓箭手的故事, 203n131; Butcher Ding story 庖丁的故事, 178n69; butterfly dream 蝴蝶梦, 156, 161-162, 214-215nn91-92; carpenter and tree story 木匠和树的故事, 136-137; criticism of divination 对占卜的批评, 70-71; on dreams 关于梦, 45; false dream story 虚假的梦的故事, 125-126; on fasting of mind 关于心斋, 216n10; *Qiwu lun* chapter《齐物论》篇, 41; on transformation of things 物化, 161-163

Zhuge Liang 诸葛亮, 114

Zichan 子产, 96, 198n33

Zou Zhan 邹湛, 104

Zuo Tradition《左传》, 41, 54, 55, 58, 62-63, 84, 96, 123, 183n112

译后记

此书中文版的翻译出版，历时两年有余，有三位译者、一位译校者，兹说明如下。

康儒博教授的《中国梦境：公元前300年—公元800年》英文版于2020年10月由哈佛大学亚洲中心出版、哈佛大学出版社印行，2021年11月东方出版中心开始与哈佛大学亚洲中心协商购权事宜，2022年3月双方正式签署中文简体字版购权合同。

与此同时，笔者又"怂恿"世界书局股份有限公司董事长阎初女士购买了中文繁体字版权。世界书局1917年在上海成立，是中国现代出版史上与商务印书馆、中华书局鼎足而三的出版重镇；阎初董事长于20世纪80年代执掌世界书局后，数十年来始终抱持传承弘扬中华文化的情怀与使命，持续推进两岸文化交流，出版了一大批中国古籍及西方经典。当我推荐此书时，她欣然同意，并约定繁体字版用简体字版译稿，同时在海峡两岸出版。

随后，东方出版中心即邀请《修仙：古代中国的修行与社会记忆》的译者顾漩翻译此书，并请中国社会科学院哲学研究所陈霞研究员校译。陈霞是康儒博早年间来中国访学时在四川大学结识的好友，由她校译，康儒博对译文会比较放心。当年10月底，顾漩很快完成初译稿。陈霞审阅后，于11月推荐她的博士生、现为暨南大学文学院哲学研究所讲师的罗启权进行改译。2023年3月底，在陈霞指导下，罗启权重新根据英文原著，完成改译工作，对顾漩译稿作了通篇的大幅正补，提高了译稿的准确度。

在收到罗启权译稿后，东方出版中心与世界书局即开始分头编辑。双方于2023年8月完成初审和复审。之后，笔者开始校读。在校读过程中，笔者对照英文原著，结合东方出版中心与世界书局的编辑稿，又对罗启权的译稿作了通篇的校正和较多改译，于12月完成。

2024年1月，罗启权又用近一个月的时间对校读稿作了修改，笔者择其去取，于2月春节放假前两日将改定稿交由陈霞和罗启权最后审阅。他们不辞劳苦，利用春节假期，提出了修改意见。3月初，笔者就译稿中存在的翻译体例和一些具体翻译问题多次致信康儒博，我用中文向其请教，他用英文耐心解答。就康儒博的答复，笔者与陈霞、罗启权及世界书局商量后基本定稿。3月中旬此书正式排版并开始校对，至5月初罗启权又陆续发来个别修改。如今，此书终于出版了。

因而，此书之译与一般的多个译者分章翻译、一人统稿有所不同，而每一位参与此书翻译和编校的人都很认真负责。

康儒博是中国宗教和文化史家，此书在2022年先后获得美国亚洲研究协会列文森中国研究著作奖和法兰西学院儒莲奖，可见既得到了美国中国学界的认可，也得到了欧洲汉学界的认同，正如此书既有汉学研究的考证严谨，也有美国中国学研究的独特视野。此书内容，超出笔者研究领域，读者可径自阅读。

关于翻译过程，上文已作说明，下文就一些翻译具体问题和感受作一申说。

此书的翻译力求"案本而传"，以"信"为主，"达""雅"非所敢望。在这方面，罗启权花了很大工夫，他与笔者经常就有关翻译问题进行商讨。就在付型前，他还来信说："我刚刚意识到康儒博用 text maker 一词要与传统的 author 观念区分开来，他接受了解释学对二者的区分，所以译稿还是要统一译为'文本制作者'。"如此之类还有很多。但在翻译过程中，我们也并不全是直译。康儒博书中有大量中外文文献的引文。关于外文引文，最初我的设想是如所引有中译文，则直接用中译文；但罗启权指出，有些非英文的文献，康儒博引用的是英译本，且有时加入了自己的理解，所以书中的外文引文应据康儒博所引来译，适当参考中译文而不照搬。关于中文引文，康儒博书中有两种情况，一种是对中文原文的基本照译，另一种是根据论述对中文原文的摘要翻译，两种情况均用引文格式，且存在时间、地点、人物及故事细节的省略。就如何翻译中文引文，最初笔者与罗启权的意见不同。罗启权认为，康儒博原著中翻译的中文引文加入了自己的理解，包括对古文的句读，因此应照其英文译为现代中文；而笔者认为，康儒博所引中文即是其翻译的原本，还原为中文，有助于增进阅读的"亲近感"，使中文读者能较快地进入康儒博论著的语境，理解其论述。就此事，笔者专门致信康儒博，向其询问当初中文引文的英译是否包含他的特殊理解，他赞成还原为中文并要求全书体例统一。因此，书中的中文引文在不违背作者原著的情况下，将英译还原为中文的同时，适当作了增补。如，此书开篇所引"若

321

与予也皆物也，奈何哉其相物也"，康儒博原著未注明出处，中译本增补了"见《庄子·人间世》"；再如，中译本第223—225页，原著摘要英译了《幽冥录》《异苑》《搜神记》《历代三宝记》《冥祥记》《道教灵验记》等书中一些梦的轶事，多略去时代、地名、官职、人名及故事细节，中译本作了适当的增补还原。如此处理，缘于读者对象不同。康儒博的写作对象是英文读者，如"晋咸和初徐精""晋太原郭澄之""渤海太守史良""晋世沙门僧洪"等，对作者而言难以翻译，即使译了，英文读者也可能觉得画蛇添足，不但不明就里，还增加了阅读理解的障碍，因此作者往往用A man、A monk等简译；但译成中文，给中文读者看，增补这些，可以让现如今可能不熟悉康儒博引文的中文读者了解故事的详细情况，增强阅读的语境。当然，中译本在还原中文时，采用的版本与康儒博的一致，有些体现康儒博句读理解的，在不违背现有标点规范的情况下，也尽量予以保留。此外，对于中文参考文献，笔者也作了还原并重新编排。

康儒博曾将多部中国古代典籍译为英文，对于翻译有着深刻的认识。笔者约请他撰写的中文版序言中有言："我知道，正如他们所做的那样，将一位作者的文字翻译为一种非常不同的语言有时是相当困难的。这是一项充满了误解或者歪曲他人原意、存在风险的事业。"语言是约定俗成的。中英两种语言文字，均有漫长的形成演变历史，而其背后是各自经典不断形塑和各自言说运用而成的文字本义、引申义、比喻义、象征义，以及句式乃至谋篇布局背后不同的思维方式。正如中文有训诂，中国经典有注疏，英文也一样，近义字词的不同应用、句式的前后不同，乃至文风

译后记

的选择，都关涉到两种语言背后的语义学以及东西方不同的思维方式。

康儒博将其著作称为 prose，可见他认为他的写作与一般的论文不同，行文中有其隐喻，前后文也有其呼应，乃至不容易被中文读者理解的西方典故的引用。笔者在向其请教全书正文结语最后一段的翻译时，他答复说："可能你有兴趣听一下我为什么用这种方式来结尾。在我脑海里，浮现出的是一首伟大的英语诗歌——雪莱的《奥兹曼迪亚斯》（1818 年，该诗最后一行有 lone and level sands 这个短语）。本书最后一段，我隐喻地对比了四件事：中华帝国曾试图用写在悬泉置驿站墙上的《月令》'绘制'（'map'，即以其对秩序的理解）边疆地区的人们；许多古代/中古的中国人也曾试图'绘制'本书论述的梦，特别是梦书用固定的一一对应来解释梦的意义；我自己试图'绘制'古代/中古绘制梦的各种尝试；而统治者奥兹曼迪亚斯曾试图在巨石纪念雕像上刻下'Look on my works, ye mighty, and despair'，以永久纪念其功绩，然而雕像如今只剩残片。所有的人都曾经或正在试图做一些他们最终无法实现的事情。"根据他的解释，笔者将结语最后一段改成了现在的表述。

至于此书"dreamscape"的涵义和翻译，罗启权指出，如康儒博所言，近几十年来，英语世界中以 scape 为后缀的术语激增，人言人殊，部分原因可以追溯到阿尔君·阿帕杜莱（Arjun Appadurai）的论述。他说：

> 我使用带有共同后缀 scape 的术语，首先表明这些不是客

323

观给定的、从任何角度看都是一样的关系，相反，它们是深度的视角构造，被不同类型行动者的历史、语言和政治处境……改变……这些景观（landscapes）……延伸到本尼迪克·安德森（Benedict Anderson）的，是我想称之为"想象的世界（imagined worlds）……"的组成部分……后缀scape也可以让我们指出这些景观流动、不规则的形状。[1]

阿帕杜莱把当今全球经济的复杂性之成因归结为族群景观（ethnoscapes）、媒体景观（mediascapes）、技术景观（technoscapes）、金融景观（finanscapes）和意识形态景观（ideoscapes）之间的根本性散裂：人们不仅住在想象的共同体（imagined communities）中，而且住在由这五种"人类文化活动所影响和创造的"[2]景观构成的想象的世界里。景观对现实境况具有很强的解释力，但它们根本上是人为制造出来的，并被有心人利用，而人们的思想和实践则不免受其形塑，有时甚至因此而迷失了自身社会存在的真实性。显然，在文化研究领域，scape逐渐被赋予一种与地理学和人造实体意义上的"景观"不同的意义。康儒博在使用dreamscape一词的时候，保留了scape的视角构造、人为制造和可变性等意义，将前者界定为是一种"数个世纪以内的现存文本所谈论的关于梦的

---

[1] Appadurai Arjun, "Disjuncture and Difference in the Global Cultural Economy," *Theory, Culture & Society* 7（1990），pp.296—97。中译文参见［美］阿尔君·阿帕杜莱著，刘冉译：《消散的现代性：全球化的文化维度》，上海：上海三联书店，2012年，第43—54页。

[2] 林敏霞：《文化资源开发概论》，北京：知识产权出版社，2021年，第129页。

译后记

形态或者结构——一种关于梦的集体想象物（imaginaire）"（见本书第7页），它不仅仅是现存文本中所记载的梦的内容（contents），而且是人们对梦的类型、意义、组成、功能的讨论，以及人们对梦的回应（有时还包括梦对人们的再度回应及其后续事件）。易言之，dreamscape是"一种关于梦的文化的集体想象物"（a culture's imaginaire of dreaming）[3]、人文化的构境，呈现为一系列基于人的视角并由流传、理解和解释而构成的说梦形态或者结构。康儒博选用了"纹理"义的"理"字来对应"形态"或者"结构"诸词。"理"的表面意思是类似于在半透明石头上可见的纹理，康儒博则以"半透明石头"来意指人们的"说梦"，而"纹理"则由人的言说和想象而"见"，并不是自明地显现出来的。因此，dreamscape应当理解为"梦的理境"，然而"境"即足以表明此词通过寻理、说理而"绘制"（map）人文化之境界、境域的独特含义。梦境是基于中国古代关于梦的文本所建构（make）而非发现（find）的梦之形态或结构。

在英文版序言中，康儒博提到了《中国梦境：公元前300年—公元800年》的姊妹篇《中国的梦与自我修行：公元前300年—公元800年》。此书也已由东方出版中心购权，我们希望能较快出版，让读者更全面地了解康儒博，一位西方学者的中国梦境观。

一位著名学者曾对笔者讲，翻译无止境，很容易出错，需要不

3　Robert Ford Campany, *Dreaming and Self-Cultivation in China, 300 BCE-800 CE*, Cambridge: Harvard University Asia Center, p.7.

325

断修正。此书所论不仅涉及即使现如今中文读者也不太关注的一些志怪小说、佛道故事，更涉及西方论梦的学术史乃至整个西方的文化史，尤其是对于后者的了解，三位译者在此方面均有欠缺。所以，此译稿必定存在一些不足之处，除了已经尽量避免但可能仍旧存在的字词句翻译的不准确外，当然更有可能存在的是因不了解康儒博的 prose，为求"信"而造成的"不信"——"误解或者歪曲他人原意"。但正如康儒博在中文版序言最后所写："这项工作至关重要，因为我们必须永不停息地尝试跨越国家、文化、时代与语言来相互理解。也许在人类历史上，这种努力从未像今天这般重要。"希望读者批评指正！

朱宝元
2024年5月4日于沪上